Segger / Zurowetz

Training TMS
Der Medizinertest

Optimale Vorbereitung auf den TMS

STARK

Die Autoren

Felix Segger
studierte Psychologie und Medizin in Wien. Er unterrichtet seit vielen Jahren in Vorbereitungskursen für das Medizinstudium und ist Autor zahlreicher Bücher zur Vorbereitung auf den TMS und MedAT.

Werner Zurowetz
studierte gymnasiales Lehramt für Biologie und Chemie an der TU München. Seit 2014 ist er Dozent bei der Medbreaker GmbH und bereitet angehende Studentinnen und Studenten auf die Medizinertests TMS, MedAT und EMS vor.

Bildnachweis

Umschlagbild: © Caiaimage | Chris Cross
Umschlaginnenseite: © picture alliance | APA | picturedesk.com
S. 7: © Chad Baker
S. 21: © temmuz can arsiray
S. 45: © billyfoto | iStockphoto
S. 63: © James Brey
S. 155: © Steve Debenport | iStockphoto
S. 181: © Hill Street Studios
S. 203: © AlexRaths | iStockphoto
S. 221: © Dimitri Otis
S. 243: © Floortje | iStockphoto
S. 277: © liangpv

www.stark-verlag.de
1. Auflage 2016

Inhalt

Vorwort

Liebe Schülerinnen, liebe Schüler, liebe zukünftige Teilnehmerinnen und Teilnehmer am TMS,

das vorliegende Werk **Testtraining TMS** soll Sie ganzheitlich und zielgerichtet auf den Test für medizinische Studiengänge (TMS) vorbereiten.
Der TMS als Nachfolgeversion zu dem bereits früher abgehaltenen Medizinertest soll in verschiedenen Untertests die Studieneignung von Bewerberinnen und Bewerbern für das Medizinstudium prüfen. Obwohl es sich beim TMS explizit nicht um einen Wissenstest handelt, können die Ergebnisse dennoch durch eine ausgiebige Vorbereitung signifikant verbessert werden. Es werden Kompetenzen geprüft, welche Sie durch die hier vorgestellten Bearbeitungsstrategien perfektionieren können.
Der STARK-Verlag hat in Kooperation mit der MedBreaker GmbH ein Trainingsbuch entwickelt, das den Anspruch erhebt, die angehenden Testteilnehmerinnen und Testteilnehmer mit dem TMS, seinem Ablauf und seinen Untertests vertraut zu machen und effizient auf den Testtag vorzubereiten.
Die wichtigste Voraussetzung in der Vorbereitung auf den TMS ist persönliche Motivation bzw. der Wille, Medizin zu studieren.
Aus diesem Grund werden Sie hier nicht nur eine Ansammlung von Übungen finden, sondern ein Gesamtwerk, das von Ihnen aktive Beteiligung fordert. Nutzen Sie unser Angebot an speziellen Bearbeitungsstrategien und Informationen zu jedem Untertest, vertiefen Sie Ihr erworbenes Wissen durch Aufgaben, erweitern Sie Ihren Horizont über unterschiedliche Lösungswege und reflektieren Sie Ihre neuen Erfahrungen. Sie werden selbst bemerken, wie Ihre Fähigkeiten wachsen und sich der TMS zu einer gut zu bewältigenden Herausforderung entwickelt.
Den Autoren ist bewusst, dass jeder Leser unterschiedliche Stärken und Schwächen mitbringt. Wir haben uns bemüht, auf die verschiedensten Bearbeitungsstrategien einzugehen und unterschiedliche Lösungswege anzubieten.

Wir wünschen Ihnen viel Freude und Erfolg bei der Vorbereitung auf den TMS und alles Gute für Ihren weiteren Lebensweg.

Felix Segger

Werner Zurowetz

Hinweis:

Mit dem „Masterplan Medizinstudium 2020“ hat das Bundesministerium für Bildung und Forschung einen umfangreichen Umbau des Medizinstudiums in den kommenden Jahren angestoßen. So soll nicht nur der Fokus hinsichtlich der Studieninhalte und der Prüfungsordnung auf Kompetenz- statt auf Wissensvermittlung verschoben, sondern auch die Vergabe der Studienplätze mit einem einheitlichen Eignungstest neu geregelt werden.

Da die konkrete Umsetzung weiterhin den Ländern bzw. den Universitäten überlassen ist, befinden sich alle (angehenden) Studienbewerber aktuell in einer Phase des Umbruchs, in der zum jetzigen Zeitpunkt noch nicht bekannt ist, welche Änderungen tatsächlich umgesetzt werden und wann dies geschieht.

Um hier auf aktuelle Entwicklungen reagieren zu können, sollten sich Interessierte regelmäßig auf *https://zv.hochschulstart.de* oder auf den Webseiten ihrer präferierten Universitäten über Änderungen informieren.

Einführung

Aufbau des TMS

Der Test für Medizinische Studiengänge, kurz TMS, ist als psychologischer Leistungstest konzipiert und soll die Studierfähigkeit für das Humanmedizinstudium in Deutschland messen. Getestet werden nicht fachspezifische Kenntnisse, welche man sich im Vorfeld hätte aneignen können, sondern Kompetenzen in verschiedenen studienrelevanten Teilbereichen.

Die Anforderungen des Tests sind hierbei breit gefächert. So werden getestet:
- das Auswerten von komplexen Informationen, Diagrammen und Tabellen
- der Umgang mit Größen, Einheiten und Formeln
- die Genauigkeit der visuellen Wahrnehmung und Verarbeitung
- die Befähigung zur Konzentration und Sorgfalt
- die Gedächtnisleistung in Bezug auf visuelle Objekte und Daten
- das räumliche Vorstellungsvermögen
- das Arbeiten mit komplexen naturwissenschaftlichen Texten

Somit kann der TMS als spezifischer Fähigkeitstest betrachtet werden. Allerdings erwartet Sie neben der Schwierigkeit der einzelnen Aufgaben (Power-Komponente) auch eine äußerst knappe Bearbeitungszeit (Speed-Komponente). Dieser Zeitdruck ist von den Testentwicklern beabsichtigt und prüft Ihre Fähigkeiten unter Stressbedingungen.

Der Test selbst folgt in jedem Jahr dem gleichen, einheitlichen Aufbau:

Aufgabengruppe	Anzahl der Aufgaben	Vorgegebene Zeit
Muster zuordnen	24	22 Minuten
Medizinisch-naturwissenschaftliches Grundverständnis	24	60 Minuten
Schlauchfiguren	24	15 Minuten
Quantitative und formale Probleme	24	60 Minuten
Konzentriertes und sorgfältiges Arbeiten	1	8 Minuten
Pause (60 Minuten)		

Aufgabengruppe	Anzahl der Aufgaben	Vorgegebene Zeit
Merkfähigkeitstest (Einprägphase)		
Figuren lernen	20 Figuren	4 Minuten
Fakten lernen	15 Datensätze	6 Minuten
Textverständnis	24	60 Minuten
Merkfähigkeitstest (Reproduktionsphase)		
Figuren lernen	20	5 Minuten
Fakten lernen	20	7 Minuten
Diagramme und Tabellen	24	60 Minuten

Arbeiten mit dem Buch

Um im TMS besonders zeiteffizient zu arbeiten, ist es notwendig, die eigenen Ressourcen optimal zu nutzen. Dies beginnt damit, sich im Vorfeld über die Durchführung des Tests für Medizinische Studiengänge zu informieren. Je weniger Details für Sie an diesem Tag neu sind, desto besser können Sie sich auf die Bearbeitung der Aufgaben konzentrieren. Nutzen Sie also die Zeit im Vorfeld und erhöhen Sie so Ihre Chancen auf ein zufriedenstellendes Ergebnis.

Wie Sie dem Inhaltsverzeichnis sicher schon entnommen haben, behandeln wir die Aufgabengruppen des TMS in derselben Reihenfolge, in der sie Ihnen auch in der Prüfung begegnen werden. Aus diesem Grund würden wir Ihnen raten, sich auch beim Lernen an die vorgeschlagene Ordnung zu halten.

Die Kapitel sind jeweils so aufgebaut, dass Sie folgende Informationen erhalten:

- Grundwissen über den Aufbau
- Einschätzung der Trainierbarkeit
- Häufige Fehlerquellen
- Spezifische Bearbeitungsstrategie
- Zusammenfassung
- Übungsaufgaben
- Reflexion bzw. Verbesserungsstrategie

Bitte verwenden Sie zur Bearbeitung der einzelnen Kapitel einen Textmarker oder andere Hilfsmittel, um wichtige Informationen hervorzuheben. Wir möchten Sie dazu einladen, nicht nur ein passiver Betrachter zu sein. Es liegt vor allem an Ihnen, den Lernerfolg mit diesem Buch zu optimieren.

Die Einschätzung der Trainierbarkeit gibt keine Aussage darüber ab, ob Sie sich in diesem Untertest verbessern können. Vielmehr bedeutet eine hohe Trainierbarkeit, dass eine hier investierte Stunde mehr Nutzen bringen wird als bei einem Untertest mit vergleichsweise niedriger Trainierbarkeit. Behalten Sie bitte im Hinterkopf, dass jeder verdiente Punkt gleich viel zählt. Aus diesem Grund sollten Sie bei Zeitmangel zuerst die Untertests lernen, welche sich durch eine besonders hohe Trainierbarkeit auszeichnen. Kapitel mit geringer Trainierbarkeit brauchen Wiederholungen in regelmäßigen Abständen. Teilen Sie sich deswegen Ihre Zeit sorgfältig ein.

Kennen Sie das Sprichwort „Lerne aus den Fehlern anderer, denn das Leben ist viel zu kurz, um alle Fehler selbst zu machen"? Frei nach dieser Devise haben wir Ihnen in jedem Kapitel die häufigsten Fehler und Fehlvorstellungen aufgelistet. Profitieren Sie aus unserer Erfahrung. Denn jede dieser Informationen kann es Ihnen erleichtern, sich Punkte im TMS zu sichern.

Die von uns erstellten Bearbeitungsstrategien verfolgen immer drei Ziele:
- Zeiteffizientes Arbeiten
- Generieren von Lösungen
- Vermeidung von Fehlern

Wo es möglich ist, zeigen wir Ihnen mehrere Wege zur Bearbeitung auf. Uns ist bewusst, dass wir kein Buch für den einen „Standardmenschen" schreiben. Jeder von uns ist unterschiedlich und bevorzugt andere Wege der Bearbeitung. Nehmen Sie bitte deswegen die von uns dargestellten Informationen als Basis, um diese für sich zu individualisieren. Testen Sie sich und schreiben Sie Ihre Erfahrungen auf. Wir haben zu diesem Zweck freien Raum für Ihre Notizen eingeplant.

Am Ende eines jeden Kapitels finden Sie eine Zusammenfassung der Bearbeitungsstrategie. Um auch hier verschiedene Optionen für Sie zu eröffnen, finden Sie diese in zwei Formen vor:
- Schritt-für-Schritt-Anleitung
- Flussdiagramm

Um eine besonders effiziente Vorbereitung zu ermöglichen, sollten Sie versuchen, die jeweiligen Zusammenfassungen zu verinnerlichen. Diese dienen als Grundlage der darauffolgenden Übungsaufgaben. Für viele angehende Studenten hat es sich als Vorteil erwiesen, die Abbildungen auf Plakate zu übertragen und aufzuhängen. Dieses Vorgehen wird empfohlen, um eine tägliche Wiederholung der Informationen zu vereinfachen.

Die von uns konzipierten Übungsaufgaben sind so angepasst, dass sie sich optimal für das Erlernen der zuvor erklärten Strategie eignen. Der Fokus dieses Buches liegt also auf der Vermittlung von Wissen über effiziente Lösungswege. Aus diesem Grund bieten wir eine geringere Anzahl von Übungen, welche dafür oft mehrere Ansätze zur Lösungsfindung aufzeigen. Um die Wahrscheinlichkeit des Erfolgs im TMS weiter zu erhöhen, sind zusätzliche Übungen ratsam.

Bitte beachten Sie, dass es ratsam ist, die Übungen in einem möglichst realistischen mentalen Zustand durchzuführen. So sind Aufgaben für den Untertest „Muster zuordnen" dann realitätsnah, wenn Sie sich gerade frisch und erholt fühlen, da es sich hier um den ersten Untertest des TMS handelt. Sollten Sie aber Aufgaben aus dem Kapitel „Quantitative und formale Probleme" lösen, so raten wir Ihnen, davor eine kognitiv anspruchsvolle Aufgabe durchzuführen. Im TMS hätten Sie hier bereits drei Aufgabengruppen bearbeitet und es läge ein Konzentrationszeitraum von 97 Minuten hinter Ihnen.

Im Anschluss an jede Übung finden Sie Raum zur Reflexion, um Ihre persönliche Verbesserungsstrategie zu entwickeln. Hier haben Sie die Möglichkeit, die gewonnenen Erfahrungen unter verschiedenen Aspekten zu überdenken und aufzuschreiben. Zudem finden Sie hier auch den bereits angesprochenen Platz für eigene Notizen. Nutzen Sie diese Seiten, um Ihre eigenen Stärken zu definieren. Je intensiver Sie sich damit beschäftigen, umso mehr Sicherheit werden Sie aus den bearbeiteten Übungen gewinnen. Die Erfahrung hat gezeigt, dass es für viele Kursteilnehmer besonders wirksam war, die Reflexion direkt an die Verbesserung der bearbeiteten Aufgaben anzuschließen.

Ihre Motivation

Wie Sie wohl bereits aus eigener Erfahrung wissen, gibt es auf dem Weg zu unseren Zielen immer Hindernisse, denen wir begegnen. Doch ob wir diese als Problem oder als Herausforderung betrachten, hängt sehr eng mit unserer eigenen Einstellung zusammen. Auch in der Vorbereitung auf den TMS wird es Phasen geben, in denen Sie sich mit Problemen konfrontiert sehen werden. Solche Zeiten übersteht man nur, wenn man sich auf die wichtigste Frage konzentriert:

„*Warum eigentlich?*"

Die Antwort ist Ihnen sicherlich klar. Sie wollen ein medizinisches Studium beginnen. Doch bitte geben Sie sich nicht mit dieser oberflächlichen Antwort zufrieden. Das hier angestrebte Studium ist nur ein Ergebnis. Die Gründe, warum Sie Medizin studieren wollen, liegen tiefer und sind von Person zu Person verschieden.

Deshalb sollten Sie an dieser Stelle Ihre ganz individuelle Motivation für Ihren weiteren Weg festhalten. Denn es wird Momente geben, in denen Sie sich selbst infrage stellen werden. Vergegenwärtigen Sie sich dann diese Seite mit Ihrer eigenen Motivation. Denn Sie haben ein Ziel vor Augen und nichts ist überzeugender und stärker als eine Person, die ihre Wünsche mit vollem Einsatz verfolgt.

Welcher Bereich der Medizin begeistert Sie besonders?

____

____

____

Was möchten Sie, dass Ihre Kollegen in 30 Jahren über Sie sagen?

____

____

____

Warum wollen Sie sich der Herausforderung stellen, Medizin zu studieren?

____

____

____

Bewahren Sie dieses Buch über die Jahre Ihres Studiums auf. Sie stehen im Moment am Anfang eines interessanten Lebensweges. Es wäre doch schade, den Beginn Ihrer Medizinerkarriere zu vergessen.

Muster zuordnen

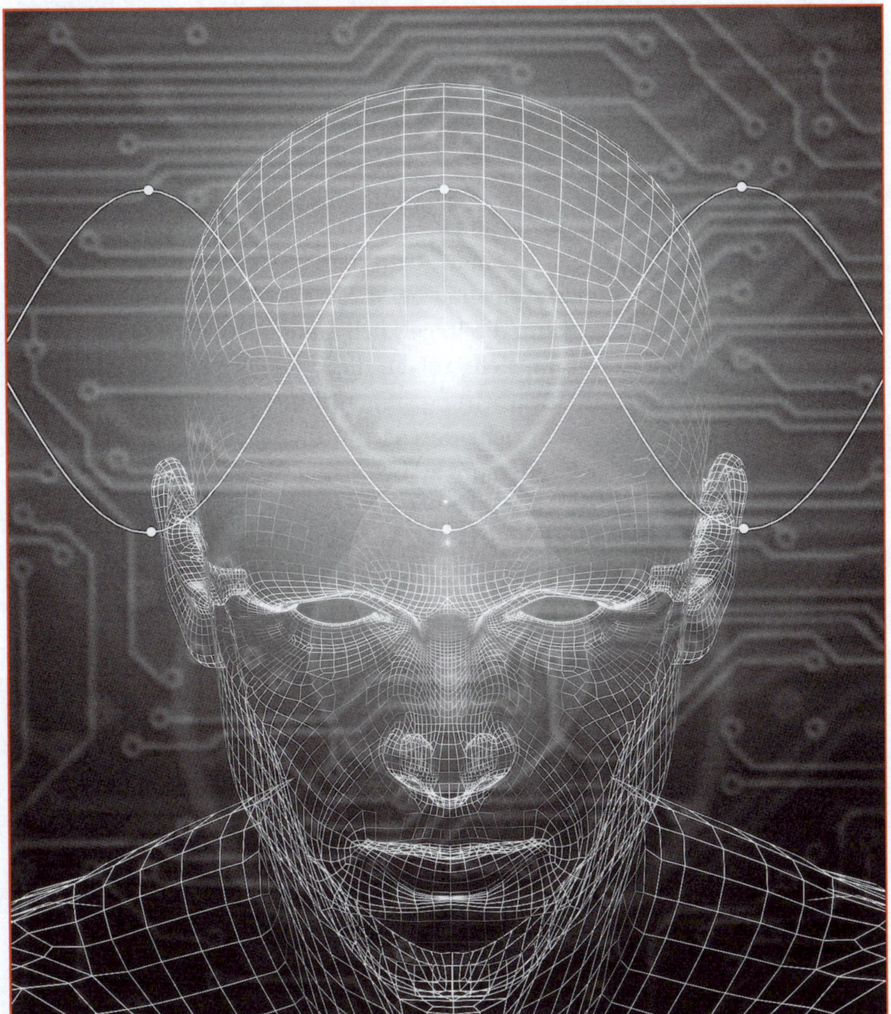

Aufbau und Trainierbarkeit

Wie zuvor bereits erklärt ist der Untertest „Muster zuordnen“ die erste Aufgabengruppe, welche Sie am Vormittag des TMS erwartet. Die differenzierte Wahrnehmungsfähigkeit, die durch diesen Test geprüft werden soll, ist eine wichtige Eigenschaft für das Studium, sowie die Ausübung des Arztberufes. So ist die Fähigkeit, bereits kleine Unterschiede und Auffälligkeiten zur erkennen, beispielsweise wichtig bei der Beurteilung von Röntgenbildern.

Der Untertest selbst besteht aus 24 Aufgaben, von welchen 20 gewertet und 4 unbestimmte als Einstreuaufgaben gestellt werden. Es wird im TMS darauf geachtet, die Aufgaben in einem Untertest in steigender Schwierigkeit zu sortieren. Da der Schwierigkeitsgrad bei diesem Aufgabentyp jedoch stark subjektiv empfunden wird, kann die Regel nicht als allgemeingültig betrachtet werden. Dennoch ist es ratsam, sich grob an die vorgegebene Reihenfolge der Aufgaben zu halten. Für die Bearbeitung stehen Ihnen insgesamt 22 Minuten Zeit zur Verfügung. Dies entspricht durchschnittlich 55 Sekunden pro Aufgabe, respektive etwa 10 Sekunden pro zu überprüfenden Bildausschnitt.

Aufgrund des einheitlichen Aufbaus und der wiederkehrenden Anforderungen, ist die Trainierbarkeit sehr hoch. Auch kurzfristiges Üben verspricht bei Erarbeitung eines festen Systems bereits signifikant bessere Ergebnisse.

Pro Aufgabe wird ein Originalbild (ca. 4,5 cm × 4 cm), gefolgt von 5 Bildausschnitten (ca. 2 cm × 2 cm) gezeigt. Jeder Bildausschnitt bekommt einen Buchstaben von a bis e zugeteilt. Als Lösung soll der Buchstabe angegeben werden, dessen Bildausschnitt unverändert vom Original übernommen ist. Die weiteren 4 Ausschnitte enthalten jeweils einen der im Folgenden beispielhaft dargestellten Fehler.

Analyse der möglichen Fehler

Um in diesem Untertest gute Resultate zu erzielen, ist es effektiver, nach den fehlerhaften Bildausschnitten statt nach dem richtigen zu suchen. Denn es ist wesentlich einfacher, einzelne Fehler zu identifizieren, als einen Ausschnitt auf komplette Deckung mit dem Original zu überprüfen.

Durch das Arbeiten mit einem festen Algorithmus können Sie mögliche Fehler schnell und sicher aufspüren und alle veränderten Bildausschnitte erkennen.

Da Sie pro Aufgabe nur etwa 55 Sekunden zur Verfügung haben, ist ersichtlich, wie wichtig ein systematisches Vorgehen in diesem Untertest ist.

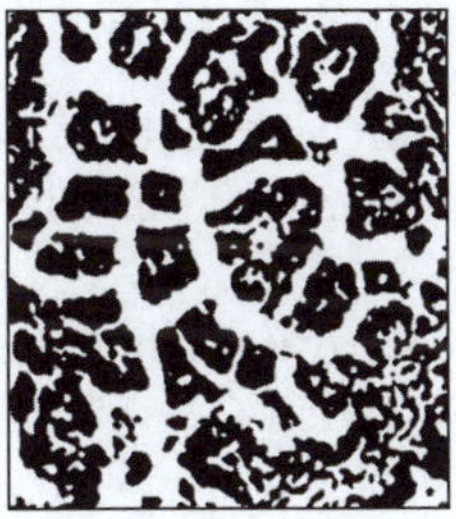

Originalbild

Dies sind die **möglichen Fehler**, die Ihnen beim Untertest „Muster zuordnen" begegnen werden:

unveränderter Ausschnitt / **veränderter Ausschnitt**

Objekt entfernt

Hier wurde aus dem originalen Bildausschnitt ein Element entfernt. Der neu entstandene Ausschnitt wirkt im Vergleich „heller", da er mehr weiße Flächen aufweist.

Objekt hinzugefügt

Hier wurde in den originalen Bildausschnitt ein weiteres Element hinzugefügt. Der neu entstandene Ausschnitt wirkt im Vergleich „dunkler", da er mehr schwarze Flächen aufweist.

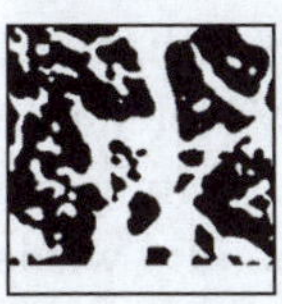

Bildausschnitt hinzugefügt

Der Ausschnitt wurde um einige Millimeter verschoben und danach um ein passendes Muster ergänzt. Der neu entstandene Ausschnitt wird über den Rand schnell als fehlerhaft erkannt.

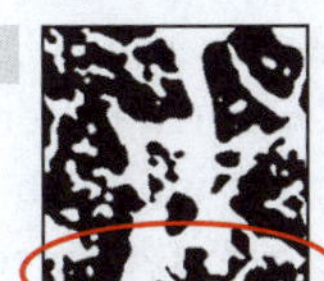

Objekt verschoben

Nicht selten werden auch bereits vorhandene Strukturen oder Objekte um wenige Millimeter verschoben. Diese Form des Fehlers ist oft schwer zu erkennen und wird deswegen erst spät ausgeschlossen.

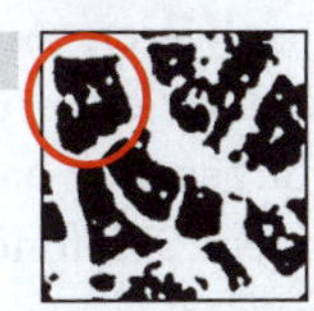

Objekt gedreht/verändert

Oft werden Objekte gedreht oder Pfeile, Symbole oder auch die Winkel von Strukturen verändert. Besondere Vorsicht ist immer bei allem geboten, was danach „enger" oder „weiter" wirkt als davor. Mit ein wenig Übung sind diese Fehler leicht zu erkennen.

Bearbeitungsstrategie

Um bei diesem Untertest besonders erfolgreich zu sein, hilft es, sich bewusst zu machen, wo die eigentlichen Schwierigkeiten liegen. Hier sind vor allem drei Punkte zu nennen:

- die subjektive Einschätzung der Schwierigkeit einzelner Aufgaben
- die vielen Blickwechsel zwischen dem Originalbild und den Bildausschnitten
- die kurze Bearbeitungszeit pro Aufgabe

Doch da diese Probleme alle Testteilnehmer haben, kann man sich mit gezielter Vorbereitung einen Vorteil erarbeiten.

Beachten Sie also den Punkt, dass alle Aufgaben zwar grob nach ihrer Schwierigkeit sortiert sind, aber subjektiv als unterschiedlich schwer empfunden werden. So sind Sie nicht mehr an eine feste Reihenfolge gebunden, in welcher Sie die Aufgaben bearbeiten müssen. Stattdessen können Sie die ersten fünf bis zehn Sekunden nutzen, um sich einen kurzen Überblick über die kommenden Originalmuster zu verschaffen. Entscheiden Sie dann spontan, mit welcher Aufgabe Sie beginnen möchten. Wichtig ist hier nur, dass Sie nicht zu viel Zeit darauf verschwenden, die verschiedenen Originalmuster miteinander zu vergleichen. Wählen Sie also aus dem Gefühl heraus, welche Aufgabe Ihnen im Moment am meisten zusagt.

Bei diesem Untertest kommt es zu vielen Vergleichsblicken zwischen dem Originalmuster und den jeweiligen Bildausschnitten. In den 22 Minuten ist es nicht unüblich, weit über 1 000 Augenbewegungen zu machen. Allein bei nur einem Blickwechsel pro Sekunde (wir bräuchten also 2 Sekunden, um wieder auf den Bildausschnitt zu kommen) würden Sie bereits über 1 360 Wechsel absolvieren. Aus diesem Grund ist es unerlässlich, sich in jedem Muster eine feste Orientierung zu suchen. Ein System, welches sich in vielen unserer Kurse gut bewährt hat, ist die Einteilung des Originalbildes in neun Felder. Wie auf einem Telefondisplay kann so einer jeden Position eine Nummer zugeteilt werden.

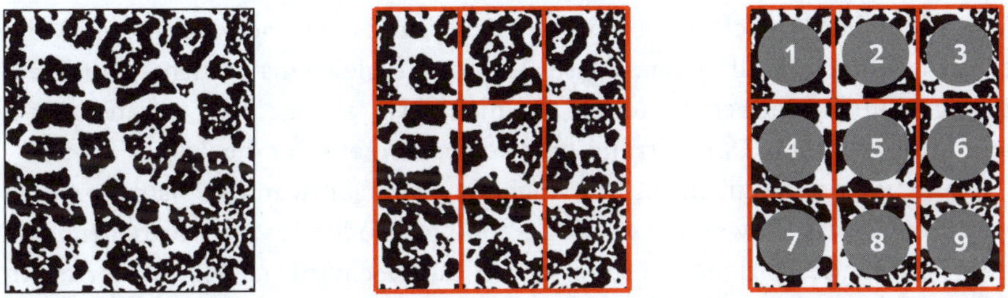

Diese Einteilung hat zwei große Vorteile. Zum einen kann man jetzt wesentlich schneller zwischen einem Bildausschnitt und dem Originalbild wechseln, ohne dabei unnötige Zwischenblicke zu machen. Zum anderen können Bildausschnitte aus gleichen/ähnlichen Bereichen direkt miteinander verglichen werden, um im besten Fall sofort mehrere Fehler auf einmal zu entdecken. Es bedarf ein wenig Übung, aber es bringt große Vorteile, wenn man einzelne Bildschnitte direkt vergleicht.

Beispiel

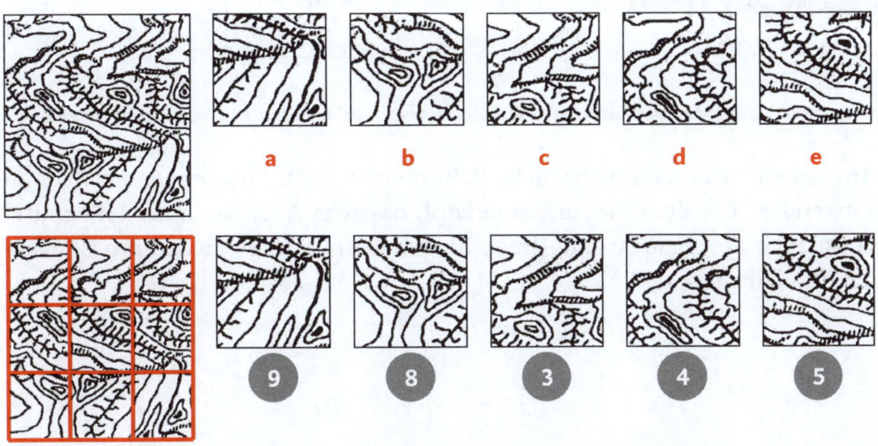

Nun können Sie Bildausschnitte, welche nebeneinander liegen, direkt vergleichen:

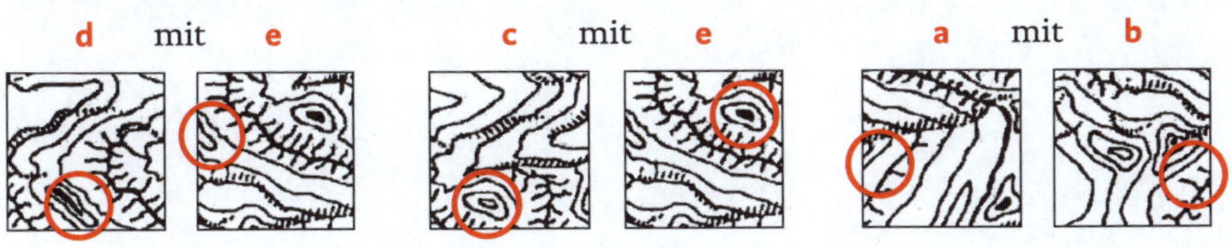

Vor allem bei Ausschnitten mit viel Struktur lassen sich auf diese Weise schnell Fehler identifizieren. Diese Art des Vergleichens braucht jedoch ein wenig Übung. Deswegen sollten Sie nicht erst wenige Tage vor dem Test anfangen zu lernen. Der Nutzen ist danach bemerkenswert hoch.

Eine weitere Möglichkeit, um Augenbewegungen weniger anstrengend zu gestalten, ist das Verwenden von Stiften, Fingern oder des Antwortbogens, um den Bereich des Originalmusters visuell zu beschränken. Das ist vor allem dann von Vorteil, wenn sich viele verschiedene Strukturen oder sehr ähnliche Objekte in einem Bild befinden.

Beispiel

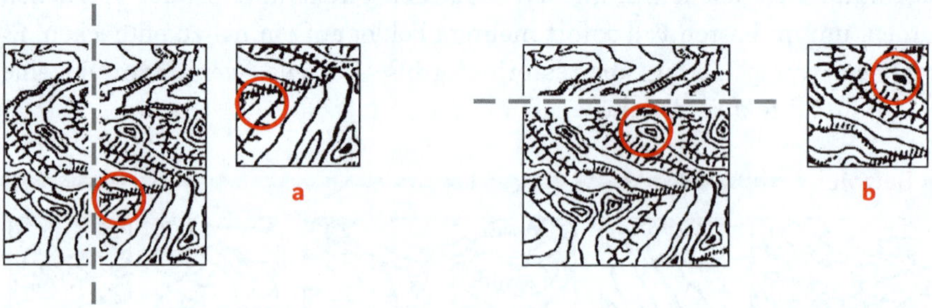

Am besten ist es hier, nicht mehr als nur einen Stift, Finger oder ein Blatt zu verwenden. Behalten Sie im Hinterkopf, dass das Ausrichten der Hilfsmittel selbst auch Zeit braucht und Ihnen im Schnitt nur 10 Sekunden pro Bildausschnitt bleiben.

Zusammenfassung

Nachdem Sie sich für eine Aufgabe entschieden haben, gehen Sie nach folgendem Muster vor:

- **Suche nach groben Fehlern** — 15 Sekunden maximal

Betrachten Sie zunächst alle fünf Ausschnitte (maximal drei Sekunden pro Ausschnitt) und sortieren Sie jedes Bild aus, welches einen groben Fehler enthält. Diese Fehler sind meistens besonders augenscheinlich und springen Ihnen mit etwas Übung häufig gleich sprichwörtlich ins Gesicht. Beispiele hierfür wären fremde Strukturen, ausgefüllte Flächen, stark abweichende Abstände zwischen Objekten oder auch das Entfernen auffälliger Elemente. Jeden Ausschnitt, der auf diese Weise aussortiert werden kann, sollten Sie deutlich wegstreichen. Alternativ reicht es auch, den Buchstaben über dem Bild auszustreichen. Wichtig ist nur, dem eigenen Kopf klar zu machen, dass dieses Bild nicht mehr wichtig ist. Auf diese Weise stolpert man nicht noch einige Male darüber.

- **Auswahl des einfachsten Ausschnitts** — 4 Sekunden maximal

Nachdem wir grobe Fehler ausgefiltert haben, gehen wir nun auf die einzelnen Ausschnitte ein. Wählen Sie hier als Erstes den Ausschnitt, der Ihnen persönlich am einfachsten erscheint, aus. Meistens sind dies die Ausschnitte, die über möglichst wenige Strukturen verfügen oder aufgrund einer Auffälligkeit sofort auf eine bestimmte Position im Originalmuster bezogen werden können. Um jetzt unnötige Augenbewegungen zu vermeiden, kann entweder dem Ausschnitt eine Positionsnummer zugewiesen oder ein Hilfsmittel verwendet werden, um den Bereich des Originalbildes einzuschränken.

- **Fehlersuche** — 8 Sekunden pro Bildausschnitt maximal

Sollten Sie im vorangegangenen Schritt eine Position (1–9) für den Bildausschnitt bestimmt haben, machen Sie das jetzt ebenso für die übrigen Bildausschnitte. Danach vergleichen Sie Ausschnitte aus gleicher oder angrenzender Position miteinander. Fehler, die auf diese Weise gefunden werden, können nicht selten zum Ausschluss beider Möglichkeiten führen. Ansonsten sollten Sie den Ausschnitt mit einem Hilfsmittel im Originalmuster fixieren und mit der direkten Suche nach Fehlern beginnen. Hier verbessert sich durch Übung auch Ihre Intuition und Sie erkennen zum Beispiel schnell, dass etwas „zu hell“ oder „zu dunkel“ ist oder „zu viel Platz“ hat. Durch wiederholtes Training entwickeln Sie eine immer bessere Fähigkeit zur Zuweisung, ausgehend vom Gefühl „Da stimmt was nicht“ hin zum tatsächlichen Fehler.

- **Prüfung auf Gleichheit** — 10 Sekunden maximal

Wie bereits erwähnt ist es viel effizienter, nach Fehlern zu suchen, als den Ausschnitt auf Ähnlichkeit zu überprüfen. Sollten Sie aber nach zehn oder mehr Sekunden keinen Fehler gefunden haben, so ist das oft auch dadurch zu erklären, dass es keinen Fehler gibt. Kombinieren Sie in diesem Fall mehrere Strukturen im Kopf zu einer Einheit und vergleichen Sie sie mit den Strukturen auf dem Originalmuster. Sollten Sie nach dieser Prüfung noch immer keinen Fehler gefunden haben, so gehen Sie davon aus, dass es keinen gibt. Markieren Sie den entsprechenden Ausschnitt als korrekt und gehen zur nächsten Aufgabe weiter. Wichtig ist, dass Sie dieses Vorgehen im Nachhinein hinterfragen. Sollten Sie zu oft lediglich einen Fehler übersehen haben, dann versuchen Sie zukünftig, auf derartige Fehler zu achten, oder bleiben Sie bei der Strategie, nach dem Ausschlussprinzip zu arbeiten.

Bearbeitungsstrategie im Überblick

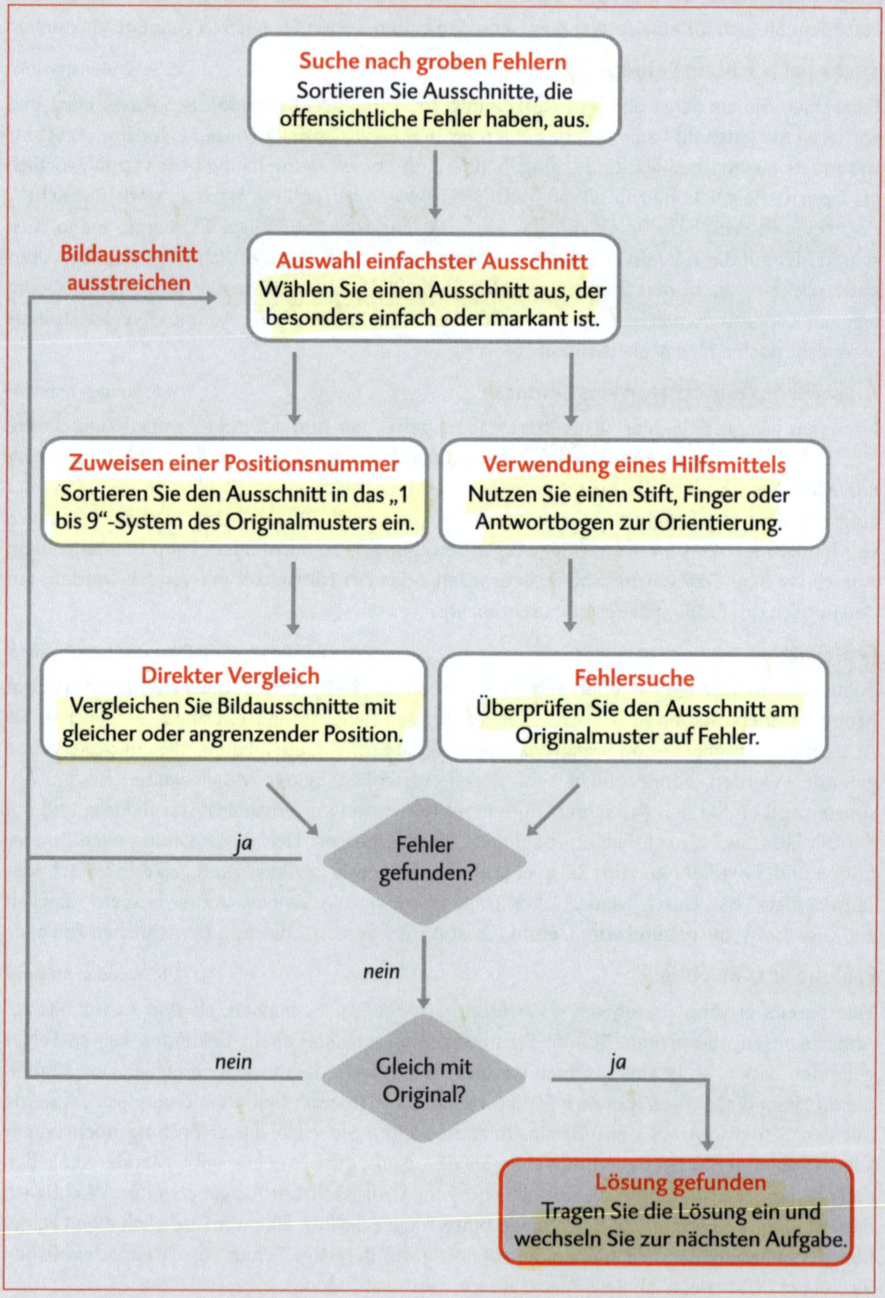

Übungsaufgaben

Während des TMS haben Sie 22 Minuten Zeit, um 24 Aufgaben des Untertests „Muster zuordnen" zu bewältigen. Ihnen stehen also pro Aufgabe durchschnittlich 55 Sekunden zur Verfügung. Um einen Puffer aufzubauen, sollten Sie ein Zeitfenster von 50 Sekunden pro Aufgabe anpeilen. Dies entspricht 10 Sekunden pro Bildausschnitt.

Nachdem „Muster zuordnen" der erste Untertest des TMS am Vormittag ist, sollten Sie sich vor dieser Übung ein wenig Ruhe gönnen.

Es folgen nun acht Aufgaben, welche Sie immer nach gleichem System bearbeiten sollten:

1. Geben Sie an, in welchem Bereich des Originalbildes sich der Bildausschnitt befindet.
2. Geben Sie an, welchen Fehler Sie im Bildausschnitt finden können.
3. Gehen Sie weiter zur nächsten Aufgabe, wenn alle vier fehlerhaften Bildausschnitte gefunden wurden.
4. Wenn Sie die achte Aufgabe abgeschlossen haben, nutzen Sie die restliche Zeit für Überprüfungen.

Das Einüben eines Algorithmus ist für das zeiteffiziente Lösen eines solchen Aufgabentyps ein sehr wertvolles Werkzeug.

- **Anzahl der Aufgaben:** 8
- **Zeit pro Aufgabe:** 50 s
- **Gesamtzeit der Übung:** 7 min 20 s

1

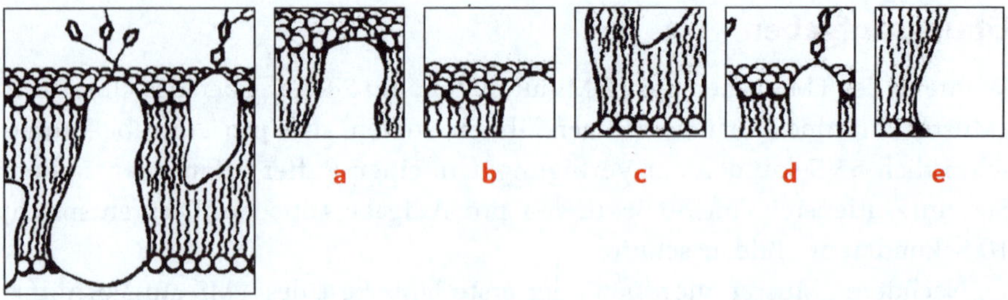

	hinzugefügt	entfernt	gedreht	verschoben	verändert
a Position ___	☐	☐	☐	☐	☒
b Position ___	☒	☐	☐	☐	☐
c Position ___	☐	☐	☐	☐	☐
d Position ___	☐	☐	☐	☐	☐
e Position ___	☐	☐	☐	☐	☐

2

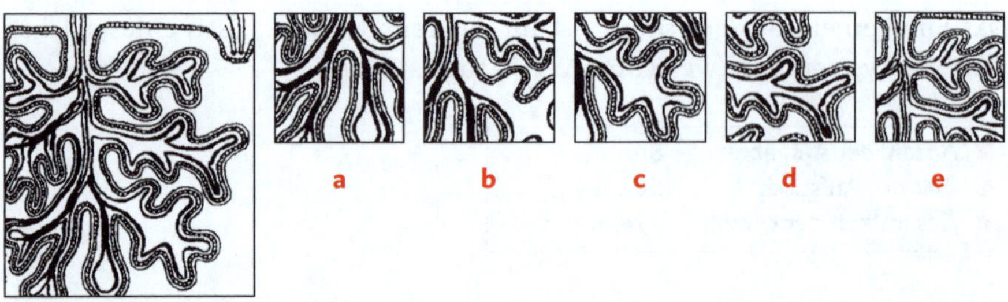

	hinzugefügt	entfernt	gedreht	verschoben	verändert
a Position ___	☐	☐	☐	☐	☐
b Position ___	☐	☐	☐	☐	☐
c Position ___	☐	☐	☐	☐	☐
d Position ___	☐	☐	☐	☐	☐
e Position ___	☐	☐	☐	☐	☐

3

a

b

c

d

e

	hinzugefügt	entfernt	gedreht	verschoben	verändert
a Position ___	☐	☐	☐	☐	☐
b Position ___	☐	☐	☐	☐	☐
c Position ___	☐	☐	☐	☐	☐
d Position ___	☐	☐	☐	☐	☐
e Position ___	☐	☐	☐	☐	☐

4

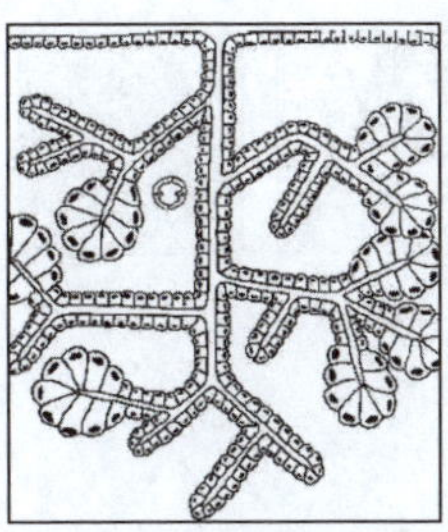

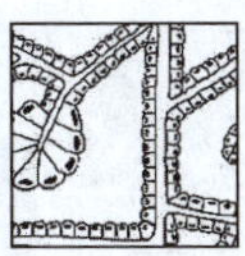
a

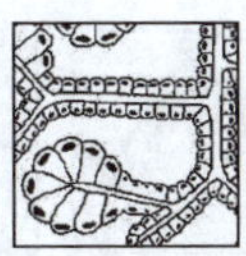
b

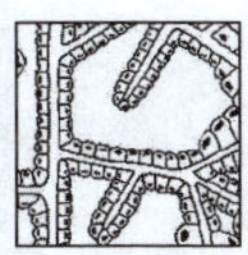
c

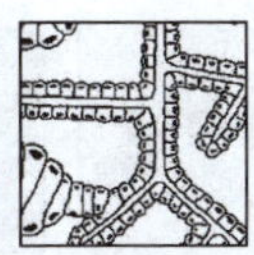
d

e

	hinzugefügt	entfernt	gedreht	verschoben	verändert
a Position ___	☐	☐	☐	☐	☐
b Position ___	☐	☐	☐	☐	☐
c Position ___	☐	☐	☐	☐	☐
d Position ___	☐	☐	☐	☐	☐
e Position ___	☐	☐	☐	☐	☐

5

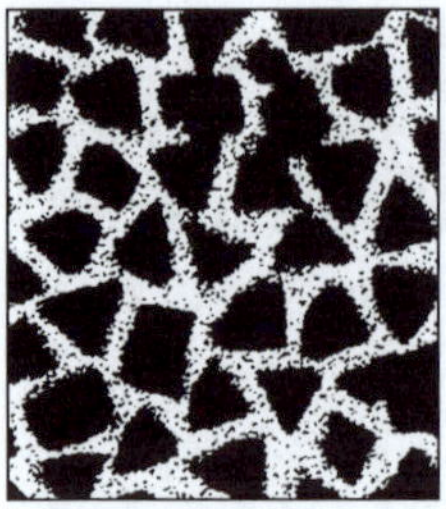

a

b

c

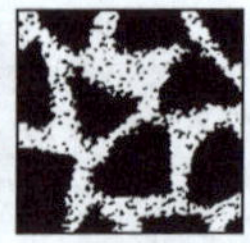
d

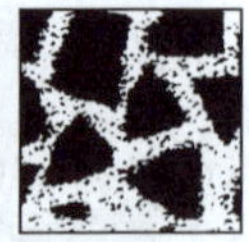
e

	hinzugefügt	entfernt	gedreht	verschoben	verändert
a Position ___	☐	☐	☐	☐	☐
b Position ___	☐	☐	☐	☐	☐
c Position ___	☐	☐	☐	☐	☐
d Position ___	☐	☐	☐	☐	☐
e Position ___	☐	☐	☐	☐	☐

6

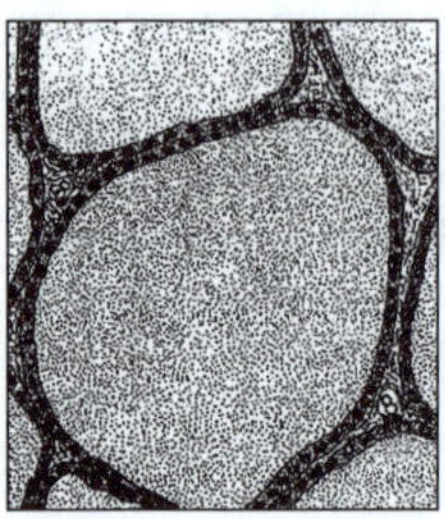

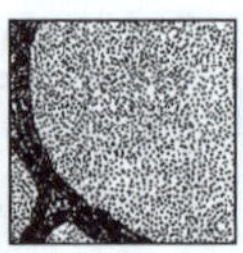
a

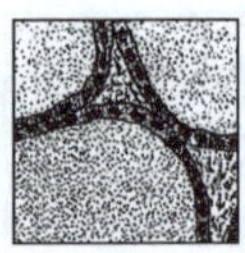
b

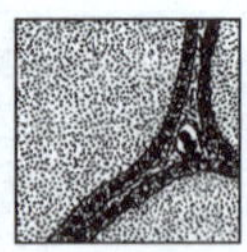
c

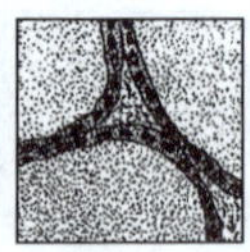
d

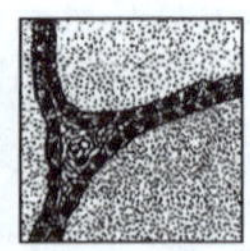
e

	hinzugefügt	entfernt	gedreht	verschoben	verändert
a Position ___	☐	☐	☐	☐	☐
b Position ___	☐	☐	☐	☐	☐
c Position ___	☐	☐	☐	☐	☐
d Position ___	☐	☐	☐	☐	☐
e Position ___	☐	☐	☐	☐	☐

7

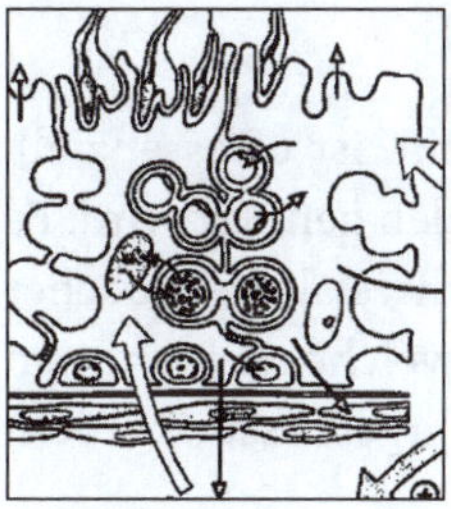

a b c d e

	hinzugefügt	entfernt	gedreht	verschoben	verändert
a Position ___	☐	☐	☐	☐	☐
b Position ___	☐	☐	☐	☐	☐
c Position ___	☐	☐	☐	☐	☐
d Position ___	☐	☐	☐	☐	☐
e Position ___	☐	☐	☐	☐	☐

8

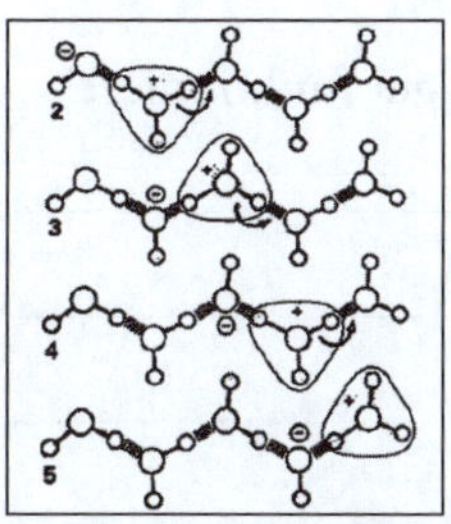

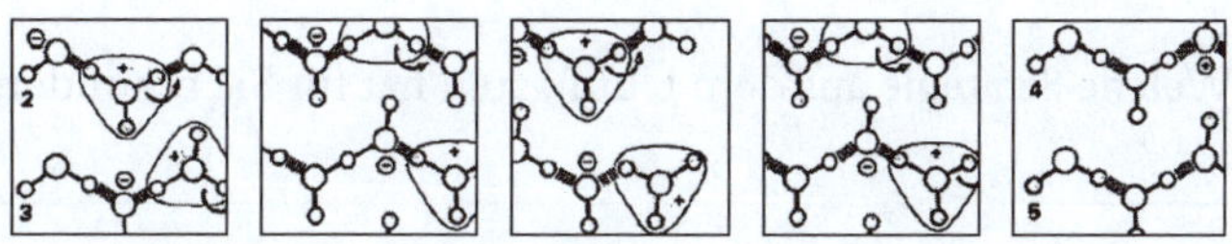

a b c d e

	hinzugefügt	entfernt	gedreht	verschoben	verändert
a Position ___	☐	☐	☐	☐	☐
b Position ___	☐	☐	☐	☐	☐
c Position ___	☐	☐	☐	☐	☐
d Position ___	☐	☐	☐	☐	☐
e Position ___	☐	☐	☐	☐	☐

Verbesserungsstrategie

Um im Untertest „Muster zuordnen“ leistungsstark zu sein, ist es essenziell, dass jede Information aus den vorangegangenen Übungsteilen genutzt wird. Es ist nicht nur wichtig, zu wissen, welche Fehler man nachweislich einfacher entdeckt. Mehr lernt man, wenn man darauf achtet, welche Fehler man häufiger übersieht. Kontrollieren Sie also nochmals Ihre Ergebnisse aus dem vorangegangenen Übungsteil und fragen Sie sich selbst:

Welche(r) Fehler wurde(n) am häufigsten übersehen?

- ☐ hinzugefügte Objekte
- ☐ entfernte Objekte
- ☐ Verschiebungen
- ☐ gedrehte Objekte
- ☐ veränderte Objekte
- ☐ ____________________

Wie können Sie Ihren Fokus stärker auf diese Fehler lenken?

____

____

____

Welche Strategie aus dem Übungsteil hat für Sie besonders gut funktioniert?

____

____

____

____

____

____

____

____

____

____

____

Medizinisch-naturwissenschaftliches Grundverständnis

Aufbau und Trainierbarkeit

Der zweite Untertest am Vormittag heißt „Medizinisch-naturwissenschaftliches Grundverständnis" (im Folgenden abgekürzt MedNat), welcher Ihre Fähigkeit prüfen soll, unter Zeitdruck kurze naturwissenschaftliche Texte zu erfassen und darin enthaltene Informationen auszuwerten.

Der Untertest selbst besteht aus 24 Aufgaben, von welchen 20 gewertet und 4 unbestimmte als Einstreuaufgaben gestellt werden. Es wird im TMS darauf geachtet, die Aufgaben in steigender Schwierigkeit zu sortieren. Da der Schwierigkeitsgrad bei diesem Aufgabentyp jedoch stark subjektiv empfunden wird, kann diese Regel nicht als allgemeingültig betrachtet werden. Dennoch ist es ratsam, sich grob an die vorgegebene Reihenfolge der Aufgaben zu halten. Für die Bearbeitung stehen insgesamt 60 Minuten Zeit zur Verfügung. Dies entspricht 150 Sekunden pro Aufgabe. Um sich hier einen Puffer zu schaffen, sollte eine Bearbeitungszeit von 120 Sekunden pro Aufgabe angestrebt werden.

Die Trainierbarkeit des Tests ist bei kurzfristiger Vorbereitung niedrig einzustufen. Dies kommt daher, dass die Texte auf medizinisch und anatomisch korrekten Fakten basieren und einen relativ hohen Komplexitätsgrad mit vielen Fachbegriffen und großer Informationsdichte aufweisen. So ist es zwar möglich, in kurzer Zeit eine bessere Strategie zur Bearbeitung der Texte zu entwickeln, doch wird dies nichts an der Komplexität der Materie ändern. Eine frühzeitige Vorbereitung durch das Lesen von Fachliteratur zu medizinischen Grundlagen kann hier zusätzlichen Nutzen bringen. Vorwissen wird zwar nicht explizit vorausgesetzt, hilft beim Verständnis aber erheblich.

Jede Aufgabe setzt sich aus einem kurzen Text und sich darauf beziehenden Aussagen zusammen. Die Frage kann dann als bekannte Eins-aus-fünf-Aufgabe oder als Kombinationsaufgabe mit den Aussagen I–III gestellt sein.

Analyse der möglichen Fehler

Ohne Vorbereitung liest und bearbeitet der durchschnittliche TMS-Teilnehmer einen MedNat-Text, wie man einen Roman, eine SMS oder die Tageszeitung liest. Man liest zwar vielleicht den gesamten Text, allerdings ohne sich aktiv den Inhalt vorzustellen oder dabei Notizen oder Markierungen anzufertigen. Nun kommt man so zwar recht rasch zu den Fragen und kann überlegen, welche Aussage richtig oder falsch sein könnte, doch wird man durch die Menge an Informationen in der Angabe höchstwahrscheinlich überfordert sein, da man beim einmaligen Lesen weder die Fakten behalten noch die Zusammenhänge verstanden hat. Aus diesem Grund wird man im Anschluss unkoordiniert den Text oder einzelne Abschnitte noch ein- bis zweimal lesen und versuchen, für die Beantwortung der Fragen relevante Begriffe zu finden, um die Aufgabe zu lösen. Dass dies nicht der ideale Bearbeitungsmodus ist, liegt auf der Hand.

Der erste Fehler dabei ist, einfach unmittelbar mit dem Lesen anzufangen. In diesem Untertest ist es ratsam, vor allem bei den Aufgaben mit den Aussagen I–III oder konkret formulierten Fragen zunächst die Aufgabe zu lesen. Wir bekommen dadurch eine erste Idee zum Textthema und haben eine vage Vorstellung, welche Begriffe und Zusammenhänge besonders relevant sind.

Zu Beginn sollten Sie, bewaffnet mit mindestens drei verschiedenfarbigen Textmarkern, den Text gründlich lesen, Fachbegriffe, soweit Sie sie für relevant erachten oder sie in den Fragen vorkommen, markieren und sich den Textinhalt erschließen. Es macht an dieser Stelle keinen Unterschied, ob Sie gerade den Text lesen oder die Frage. Egal, ob nach einer richtigen oder nach falschen Aussagen gesucht wird – markieren Sie die entscheidenden Begriffe und Formulierungen!

Ein weiterer häufiger Fehler ist allerdings das Markieren von zu vielen Informationen. Wer jedes Fremdwort, jeden Fachbegriff oder alle im Text genannten Zusammenhänge markiert, hebt tatsächlich nichts hervor. Weniger ist an dieser Stelle mehr. Arbeiten Sie deswegen von den Fragen/Aussagen aus in Richtung Text und nicht umgekehrt. Erst wenn Sie wissen, was gefragt ist, können Sie entscheiden, was wichtige Informationen sind.

Zuletzt sind auch nicht wenige TMS-Teilnehmer von der Formulierung der Aussagen überrascht. In der Schulzeit müssen selten Behauptungen hinsichtlich ihrer Korrektheit bewertet werden, sodass viele Schwierigkeiten haben, Aussagen als ableitbar oder nicht-ableitbar zu klassifizieren, wenn die genaue Formulierung nicht wortwörtlich im Text zu finden ist. Grundsätzlich gibt es aber auch wieder nur eine Antwortmöglichkeit, die im Sinne der Fragestellung richtig und auf dem Antwortbogen zu markieren ist. Auf die Schwierigkeit der Aussagenbewertung und wie man ihr begegnen kann, wird im folgenden Abschnitt eingegangen.

Bearbeitungsstrategie

Betrachten wir die oben aufgeführten Fehler, so wird klar, dass das Ergebnis für den Untertest MedNat stark von der eigenen Vorbereitung abhängt. Hier müssen wir allerdings unterscheiden: Zum einen haben Sie die Möglichkeit, sich auf die Bearbeitung der Aufgaben selbst vorzubereiten. Bei einer langfristigen Vorbereitung zahlt es sich aber auch aus, medizinisches Grundwissen zu erwerben. Zu empfehlen sind zum Beispiel das „Portal:Medizin" auf Wikipedia und die Artikel zu den Organsystemen des Menschen (vor allem Niere, Schilddrüse, Gefäßsystem). Diese sind nicht zu *lernen,* aber das Lesen wird Ihnen ein grobes Verständnis über Funktion und Aufbau vermitteln und auch Ihre Fähigkeit, Texte zu lesen und zu verstehen, verbessern.

Im Folgenden beschäftigen wir uns als Erstes mit der Strategie zur Bearbeitung des Untertests während des TMS selbst. Um hier erfolgreich zu sein, muss unsere Arbeitsweise sich vor allem auf drei Punkte konzentrieren:

- Zeiteffizientes Arbeiten mit den Lösungsmöglichkeiten, den Aussagen und dem Text
- Sinnvolles Hervorheben der wichtigen Information
- Festlegen auf die richtige respektive falsche Aussage

Betrachten wir zuerst eine Aufgabe, wie sie im TMS gestellt sein könnte. Auf dieser Grundlage lassen sich die einzelnen Bearbeitungsschritte besser verdeutlichen.

Beispiel

Die Synovialflüssigkeit (Synovia) besitzt die gleiche Elektrolytzusammensetzung wie das Ultrafiltrat des Blutplasmas (zellfreier Blutanteil) und befindet sich vor allem in Gelenkhöhlen, Schleimbeuteln (Bursae) und auch in Sehnenscheiden. Als Gelenkschmiere reduziert sie die Reibung und ernährt benachbarte Strukturen, wie den nicht mit Blutgefäßen versorgten hyalinen Knorpel. Durch die hohe Konzentration an Hyaluronsäure kann sie viel Wasser binden und dadurch zur relativ hohen Viskosität (Zähflüssigkeit) und der typischen Rheologie (Fließeigenschaft) beitragen. Sehnenscheiden dienen der besseren Gleitfähigkeit und dem Schutz der darin verlaufenden Sehnen, die durch Knochen und Bänder umgelenkt werden. Ihr Aufbau gleicht dem der Gelenkkapsel: Das innere Sehnenscheideblatt ist mit der Sehne, das äußere mit den umgebenden Kollagenfasern verwachsen. In den Gleitspalt wird Synovia abgegeben. Eine Entzündung der Sehnenscheiden äußert sich in starken stechenden oder ziehenden Schmerzen.

Welche der nachfolgenden Aussagen lässt/lassen sich aus diesen Informationen ableiten?

Aussage I: Um das äußere Sehnenscheideblatt befindet sich Synovialflüssigkeit.

Aussage II: Um die Reibung zu reduzieren, beinhaltet die Synovia Nährstoffe.

Aussage III: Würde durch einen Defekt in der Produktion von Hyaluronsäure die Hyaluronsäurekonzentration abnehmen, würde dadurch die Viskosität der Synovia sinken.

- a Nur Aussage I ist richtig.
- b Nur Aussage II ist richtig.
- c Nur Aussage III ist richtig.
- d Aussage I und II sind richtig.
- e Aussage I und III sind richtig.

Wie Sie sehen können, entsprechen die Antwortmöglichkeiten a bis e Kombinationen der drei oben aufgezählten Aussagen. Dies ist eine der Optionen, wie Aufgaben im Untertest MedNat gestellt werden können. Die andere Option wäre, dass die Aussagen direkt hinter den Antwortmöglichkeiten a bis e aufgelistet werden und unter diesen je nach Fragestellung die eine richtige bzw. falsche ausgewählt werden muss. Beginnen wir nun mit der sinnhaften Bearbeitung der Aufgabe.

Wie zuvor bereits erklärt, ist es strategisch betrachtet klüger, sich vor dem Lesen des Textes als Erstes mit den Antwortmöglichkeiten zu beschäftigen. Betrachten wir diese deswegen etwas genauer und listen dabei auf, welche Auswirkung die hier aufgezählten Lösungen auf unsere Bearbeitungsstrategie haben:

Antwortmöglichkeit	Aussage I	Aussage II	Aussage III
a	richtig	falsch	falsch
b	falsch	richtig	falsch
c	falsch	falsch	richtig
d	richtig	richtig	falsch
e	richtig	falsch	richtig

Um hier Aufgaben schnell und sicher beantworten zu können, müssen Sie mit Informationen „zwischen den Zeilen“ arbeiten. So ist Antwortmöglichkeit a nur dann korrekt, wenn Aussage I richtig ist, während die anderen beiden Aussagen als falsch zu betrachten sind.

Im Hinblick auf ein effizientes Vorgehen bedeutet es aber noch mehr als das. Denn im Fall der oben angeführten Beispielaufgabe kann man nach einem klaren Muster vorgehen, nachdem Aussage I überprüft wurde. Sollte sich diese als richtig herausstellen, so fallen Antwortmöglichkeit b und Antwortmöglichkeit c bei der Entscheidungsfindung raus. Ist die Aussage hingegen falsch, so müssen nur noch diese beiden Optionen überprüft werden. Es ergibt sich somit folgendes Bild:

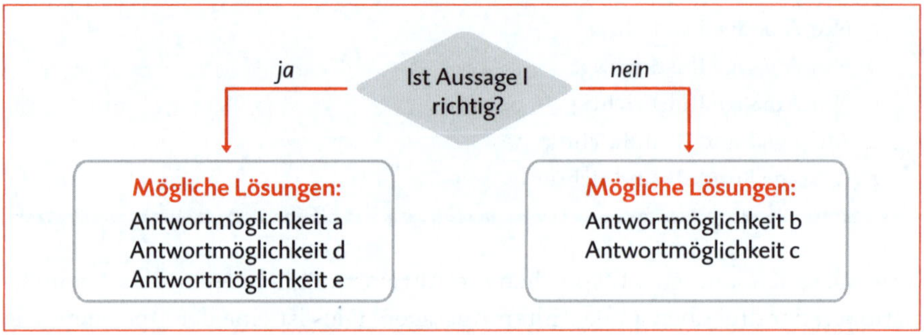

Wir sind also in der Lage, durch die Überprüfung einer Aussage bereits bis zu 60 % der Antwortmöglichkeiten auszuschließen. Dies ist genau das Vorgehen, welches ein Generieren schneller Lösungen ermöglicht. Überprüfen Sie nicht blind alle Aussagen, sondern streichen Sie nach jeder Überprüfung deutlich die weggefallenen Optionen aus.

Sollte sich nach der Überprüfung der Aussage I herausstellen, dass diese nicht korrekt ist, so müssen Sie nur noch Antwortmöglichkeit b direkt mit Antwortmöglichkeit c vergleichen. Diese unterscheiden sich darin, ob Aussage II oder III richtig ist. In einem solchen Fall könnten Sie die Aufgabe lösen, ohne alle drei Aussagen zu überprüfen. Sie sparen sich damit viel Zeit und Konzentration.

Der zweite Bereich, in welchem Sie zeiteffizient arbeiten müssen, ist der Umgang mit den Aussagen selbst. Bitte halten Sie sich vor Augen, dass die Texte aus dem medizinischen und naturwissenschaftlichen Bereich stammen. Sie entsprechen seriöser Wissenschaft und sollen möglichst akkurat formuliert sein. Dies bedeutet für uns, dass es Signalwörter gibt, welche in einigen Fällen eine Aussage als falsch enttarnen:

alle, immer, nie, ausschließlich, keine, ...

In der belebten Natur und der Medizin gilt die unausgesprochene Regel, dass es zu allen Situationen auch Ausnahmen gibt. Eine Aussage, welche sich darauf bezieht, dass es nur eine einzige Lösung für ein Problem gibt oder ein Substrat immer auf einem einzigen Weg verwendet wird, ist in der Regel falsch. Es ist deswegen darauf zu achten, dass genannte Signalwörter sofort in den Aussagen markiert werden. Im Gegenzug gibt es natürlich auch Formulierungen, welche eher auf eine richtige Aussage hinweisen:

in diesem Fall, tendenziell, oftmals, möglich, wahrscheinlich, ...

Generell ist auch die Verwendung des Konjunktivs ein Hinweis für die Formulierung einer Regel, die sich die Möglichkeit einer oder mehrerer Ausnahmen offenlässt.

Halten Sie sich bitte vor Augen, dass die Antwortmöglichkeiten immer auf Basis des vorliegenden Textes bewertet werden müssen. Selbst wenn Sie darüber hinausgehendes Wissen besitzen, welches Aussagen relativiert, so müssen Sie sich im Zweifelsfall auf die Angaben im Text beziehen. Aus diesem Grund sind Signalwörter, welche die Möglichkeit offenhalten, dass anderes Wissen ebenso existieren kann, als seriöser zu betrachten. Dies gilt auch für die beiden Untertests „Textverständnis" und „Diagramme & Tabellen".

Sollten Ihnen Signalwörter oder Fachausdrücke, die Sie bereits aus den Fragen kennen, begegnen, markieren Sie diese. Wählen Sie hierfür unterschiedliche Farben. Auf diese Weise behalten Sie die Übersicht und haben später eine wesentlich bessere Orientierung.

Eine Gefahr, welche sich in den Aussagen der Antwortmöglichkeiten versteckt, ist die Verwendung von ähnlichen Begriffen. Viele Aufgaben im TMS prüfen die Fähigkeit, auch unter Anspannung und Arbeitsbelastung noch genau zu lesen und präzise zu arbeiten. Eine einfache Annahme wird oft über das Phänomen der Ähnlichkeitshemmung „verfälscht". So gibt es in der Medizin und den Naturwissenschaften viele Begriffe mit ähnlicher Schreibweise und gegensätzlicher Bedeutung. Ein Beispiel hierfür wäre die Gegenüberstellung eines hypertonischen Milieus mit einem hypotonischen Milieu. Während das erste eine Umgebung mit höherem osmotischem Druck beschreibt, bezieht sich der zweite Ausdruck auf eine Umgebung mit niedrigerem osmotischem Druck. In der Eile des Lesens können jedoch beide Begriffe gleich erscheinen. Lesen Sie deswegen vor allem Fachausdrücke besonders genau.

Eine weitere Variante, falsche Aussagen zu generieren, die auf den ersten Blick richtig scheinen, ist, die Bedingung einer Behauptung mit der Konsequenz einer anderen zu verbinden. Beide Formulierungen kennt man aus dem Text, man findet zunächst keinen Fehler, aber zwischen beiden Teilen besteht nicht dieser postulierte Zusammenhang.

Es empfiehlt sich, immer mit dem Stift in der Hand zu arbeiten, um die Bearbeitungszeit optimal zu nutzen. Wie bereits gesagt, ist es verschwendete Zeit, wenn Sie dies versäumen. Nachdem Sie zu diesem Zeitpunkt bereits die Aussagen kennen und wichtige Fachausdrücke wie Signalwörter markiert haben, nutzen Sie die gleichen Farben bei der Bearbeitung des Textes. Es liegt an Ihnen, sich selbst die Übersicht zu schaffen und sie auch zu bewahren. Um dies zu ermöglichen, greifen Sie am besten auf verschiedene Methoden zurück:

- Verwendung von Farben
- Nutzen von Symbolen und unterscheidbaren Markierungen
- Abstrahieren von Information

Wenn Sie einen Text lesen, ist es wichtig, Informationen kenntlich zu machen. Dies bezieht sich nicht nur auf einzelne Fachbegriffe, sondern auch auf die Zusammenhänge, welche sie beschreiben. Da es sich im Untertest „Medizinisch-naturwissenschaftliches Grundverständnis“ im Gegensatz zu „Textverständnis“ nur um kurze Texte handelt, reicht es hier jedoch meistens aus, sich auf die drei genannten Methoden zu beschränken.

Zusätzlich zu den Farben, die Sie einsetzen, um Aussagen direkt mit der dazu passenden Textstelle zu verknüpfen, nutzen Sie einfache Symbole, um Zusammenhänge darzustellen. Kreisen Sie Fachbegriffe ein und verbinden diese, wenn sie in einer Wechselwirkung stehen. Ein kleines (+) oder (↑) für einen sich begünstigenden Effekt, ein (–) oder (↓), wenn ein hinderlicher Zusammenhang besteht. Ebenso können Sie einen Ausdruck, der einen Zusammenhang darstellt, deutlich unterstreichen. Dies alles geschieht entweder direkt im Text oder Sie verwenden den Platz am Rand auf gleicher Höhe.

Halten Sie dabei die Menge an Information überschaubar gering und achten Sie auf den Zusammenhang zur Aussage, welche Sie gerade überprüfen. Es ist nicht sinnvoll, jeden Fachbegriff oder jedes Fremdwort hervorzuheben, wenn diese nicht der Lösungsfindung dienen. Dies würde nur Ihre Ressourcen vorzeitig erschöpfen und damit Ihre Leistung in den weiteren Untertests senken.

Bedenken Sie bitte, dass Sie zur vollständigen Bearbeitung einen Zeitrahmen von 120 Sekunden anstreben. Selbstverständlich kann dieser in Abhängigkeit der Komplexität und Schwierigkeit der Aufgabe abweichen, doch eben darum müssen Sie unnütze Praktiken ablegen. Im Gegensatz zur Schulzeit zählen hier wirklich nur objektiv erreichte Ergebnisse und nicht der Lösungsweg oder die Bearbeitungsmethode.

Ein zusätzlicher Hinweis, den wir Ihnen mit auf den Weg geben möchten

Die Aufgaben des Untertests decken einen großen Bereich der Medizin ab. Aus diesem Grund wird es einige Texte geben, die Ihnen eher liegen als andere. Sollten Sie also mit dem Gedanken spielen, sich eine Übersicht über die verschiedenen Texte verschaffen zu wollen, so tun Sie das bitte anhand der Aussagen zum Text selbst. Diese geben bereits einen guten Einblick in das behandelte Thema und können so zur Entscheidungsfindung beitragen. Dennoch raten wir tendenziell dazu, die Aufgaben in der vorgegebenen Reihenfolge zu bearbeiten, da sie nach statistisch steigender Schwierigkeit sortiert wurden. Nutzen Sie deswegen Ihre Zeit effizient und beantworten Sie sich selbst die Frage, durch welches Verhalten Sie in der bereitgestellten Stunde mehr Texte richtig bearbeiten können.

Wenden wir jetzt unsere Bearbeitungsstrategie auf das oben genannte Beispiel an. Das Vorgehen hier ist exemplarisch und kann sich von Aufgabe zu Aufgabe leicht unterscheiden. Dass wir eine Bearbeitungszeit von 120 Sekunden anstreben, bedeutet, der Situation entsprechend handeln zu müssen. In diesem Fall fällt der Schritt, eine Aufgabe zu wählen, selbstverständlich weg.

Beispiel

Im ersten Schritt betrachten wir, was überhaupt gesucht wird, und markieren wichtige Informationen der Aussagen:

Lösung gesucht: *Kombination ableitbarer Aussagen*

Antwortmöglichkeit a:
Aussage I richtig, Aussage II falsch, Aussage III falsch

Antwortmöglichkeit b:
Aussage I falsch, Aussage II richtig, Aussage III falsch

Antwortmöglichkeit c:
Aussage I falsch, Aussage II falsch, Aussage III richtig

Antwortmöglichkeit d:
Aussage I richtig, Aussage II richtig, Aussage III falsch

Antwortmöglichkeit e:
Aussage I richtig, Aussage II falsch, Aussage III richtig

Da jede Aussage bei Überprüfung eine 2 : 3-Aufspaltung erzeugt, können wir hier frei wählen. Untersuchen wir deswegen die Aussagen nach Fachausdrücken und Signalwörtern:

um äußeres Sehnenscheideblatt befindet sich Synovialflüssigkeit
um Reibung zu reduzieren, Nährstoffe
Hyaluronsäurekonzentration sinkt, Viskosität sinkt

Überprüfen Sie nun die erste Aussage, so finden wir keine Textstelle, welche diesen Zusammenhang belegen würde. Das Gegenteil ist der Fall, da die Synovialflüssigkeit in ihrer Funktion als Gelenkschmiere zwischen dem inneren und äußeren Blatt hier keinen Nutzen hätte. Aussage a ist also nicht korrekt.

Aussage I falsch → Antwortmöglichkeit a, d, e sind damit widerlegt

Um nun die Lösung zu finden, müssen Sie nur noch Aussage II überprüfen, da diese bei Antwortmöglichkeit b richtig sein muss, während sie bei Antwortmöglichkeit c falsch zu sein hat. Somit brauchen Sie Aussage III nicht mehr zu überprüfen.

In diesem Fall ist die Aussage b nicht richtig. Es ist zwar korrekt, dass die Synovialflüssigkeit Nährstoffe enthält. Nur dienen diese der Versorgung des umliegenden Gewebes und nicht der Reibungsreduktion. Diese ist die Wirkung der Hyaluronsäure. Weil die Fragestellung sich darauf reduziert, welche Aussagen sich aus dem Text ableiten lassen, muss diese Aussage als nicht ableitbar gewertet werden.

Aussage II falsch → Antwortmöglichkeit b ist widerlegt

Somit kann als Lösung c angegeben werden. Bezeichnenderweise haben Sie die Aussage, welche diese Antwortmöglichkeit als korrekt angibt, nicht einmal überprüfen müssen. Die dadurch gewonnene Zeit steht uns bei anderen Aufgaben wieder zur Verfügung und ermöglicht es uns, eine bessere Leistung als der Durchschnitt zu erzielen.

Zusammenfassung

Halten Sie sich bitte bei der Bearbeitung der Aufgaben an folgende Herangehensweise:

- **Auswahl einer Aufgabe** — 15 Sekunden maximal

  Wie auf den vorangegangenen Seiten ausführlich erklärt, sind die Aufgaben nach ansteigender Schwierigkeit sortiert, wobei die subjektive Empfindung aber abweichend zu der Auswahl sein kann. Nehmen Sie sich also kurz Zeit, die Aussagen zu zwei oder drei verschiedenen Aufgaben zu überfliegen, und wählen Sie eine aus, die Ihnen persönlich am ehesten zuspricht. Bereits in dieser Phase sollten Sie einen Stift in der Hand halten und die wichtigen Begriffe markieren. Auch wenn Sie eine Aufgabe gerade aussetzen, so werden Sie im optimalen Fall vor Ablauf der Zeit zu dieser zurückkehren, um sie zu bearbeiten.

- **Arbeiten mit den Antwortmöglichkeiten** — 15 Sekunden maximal

  Sollte es sich um eine Aufgabe handeln, bei welcher die Antwortmöglichkeiten verschiedene Kombinationen der Aussagen darstellen, so machen Sie sich eine kurze Übersicht, welche Aussage bei der Überprüfung am vorteilhaftesten ist. Dies ist immer dann der Fall, wenn es zu einer 2:3-Aufspaltung führt. Orientieren Sie sich bitte am oben aufgezeigten Beispiel.

- **Bearbeitung der Aussagen** — 5 Sekunden maximal

  Achten Sie bei diesem Schritt als Erstes darauf, wonach gesucht wird. Da hier sehr häufig Fehler passieren, kann gar nicht genug darauf verwiesen werden. Markieren Sie den entsprechenden Abschnitt. Sofern noch nicht über Schritt 1 geschehen, markieren Sie nun die Fachausdrücke und Zusammenhänge der einzelnen Aussagen. Nutzen Sie verschiedene Farben, um die Übersicht zu bewahren. Sollten Sie hierbei auf Signalwörter stoßen, so heben Sie diese sofort hervor.

- **Bearbeiten des Textes** — 75 Sekunden maximal

  Nehmen Sie sich nun die Zeit, den Text aufmerksam zu lesen. Richten Sie ihren Fokus dabei auf die in den Aussagen markierten Fachausdrücke und Zusammenhänge. Zu diesem Zeitpunkt sollten Sie bereits eine grobe Ahnung über das zu lesende Thema und das darin vorkommende Vokabular haben. Nutzen Sie deswegen hier gleich die Möglichkeit, eine ausgewählte Aussage zu überprüfen.

- **Festlegen auf eine Lösung** — 10 Sekunden maximal

  Im letzten Schritt müssen wir uns nur noch auf die korrekte Antwort festlegen. Dies kann in Abhängigkeit zur Fragestellung drei Dinge bedeuten:
  - Die einzige richtige Aussage ist die korrekte Lösungsmöglichkeit.
  - Die einzige falsche Aussage ist die korrekte Lösungsmöglichkeit.
  - Die einzige korrekte Kombination aus richtigen Aussagen ist die korrekte Lösungsmöglichkeit.

Bearbeitungsstrategie im Überblick

Optional: Auswahl einer Aufgabe
Markieren Sie die Aussagen von zwei bis drei Aufgaben.

Arbeiten mit den Antwortmöglichkeiten
Dies geschieht in Abhängigkeit davon, nach was gesucht wird.

Eine richtige oder falsche Aussage
Markieren Sie Signal- und Schlüsselwörter der einzelnen Aussagen.
Verwenden Sie hierfür immer verschiedene Farben pro Aussage.
Halten Sie die Menge an Markierungen gering.

Eine Kombination richtiger oder falscher Aussagen
Wählen Sie die Aussage, welche eine Zwei-zu-drei-Aufspaltung erzeugt.
Markieren Sie Signal- und Schlüsselwörter der einzelnen Aussagen.

Bearbeiten des Textes

- Verwenden Sie zur Bearbeitung des Textes die Farben, die Sie zur Markierung der entsprechenden Aussagen genutzt haben.
- Umkreisen Sie Fachbegriffe und verbinden Sie diese, um Zusammenhänge darzustellen.
- Erweitern Sie die Zusammenhänge um ein (+) bzw (–), je nachdem, ob sich die Prozesse unterstützen oder verhindern.
- Markieren Sie nur, was Ihnen bei der Bearbeitung der Aufgabe hilft.

Festlegen auf eine Lösung
Ausstreichen falscher Möglichkeiten, besonders bei Kombinationsaussagen durch Strategie einfacher.

Übungsaufgaben

Im TMS ist „Medizinisch-naturwissenschaftliches Grundverständnis" der zweite Untertest des Vormittags. Er hat einen Umfang von 24 Aufgaben, welche in einem Zeitrahmen von einer Stunde zu bewältigen sind. Das gibt Ihnen im Durchschnitt 150 Sekunden pro Aufgabe. Um genug Zeit zu haben, Lösungen zu übertragen, sollten allerdings 120 Sekunden pro Aufgabe angestrebt werden.

Diese Übung durchzuführen, ohne verschiedene farbige Stifte zur Hand zu haben, ist Zeitverschwendung. Nutzen Sie die aufgeführte Bearbeitungsstrategie, um ein besseres Verständnis für diesen Untertest zu entwickeln.

Es folgen nun acht Aufgaben, welche Sie immer nach dem gleichen System lösen:

1. Stellen Sie fest, ob nach ableitbaren oder nicht ableitbaren Aussagen gesucht wird.
2. Finden Sie Signal- und Schlüsselwörter in den Aussagen.
3. Wählen Sie eine zu überprüfende Aussage und arbeiten Sie mit dem Text.
4. Sollten Sie nach der achten Aufgabe noch Zeit haben, so überarbeiten Sie die vorangegangenen Aufgaben.

- **Anzahl der Aufgaben:** 8
- **Zeit pro Aufgabe:** 150 s
- **Gesamtzeit der Übung:** 20 min

9 Die physiologische Kerntemperatur des menschlichen Körpers beträgt 37 °C. Bei dieser Temperatur laufen die nötigen Stoffwechselaktionen in einer für den Organismus günstigen Geschwindigkeit ab. Bei Temperaturerhöhung beschleunigt sich, bei Temperaturerniedrigung verlangsamt sich die Geschwindigkeit. Als Reaktion auf eine Infektion mit Mikroorganismen (Bakterien, Viren), ein Trauma oder auf körperfremde Stoffe reagiert der Körper mit einer Temperaturerhöhung. Durch die Schilddrüsenhormone T3 und T4 wird die Stoffwechselleistung angeregt und die Kernkörpertemperatur steigt. Auch durch die Hormone, die den weiblichen Zyklus bestimmen, wird die Temperatur beeinflusst. Die erste Zyklushälfte wird dominiert vom Hormon Östrogen, die zweite von Progesteron. Progesteron lässt die Temperatur um 0,2 °C bis 1 °C ansteigen. Bei einer Stressreaktion und damit verbundenen erhöhten Hormonspiegeln von Cortison und Adrenalin führt der erhöhte Stoffwechsel zu einer erhöhten Körperkerntemperatur.

Welche Aussage/n ist/sind richtig?

Aussage I: Akute Infekte würden die täglichen Temperaturmessungen bei der Verhütung (Bestimmung der fruchtbaren Tage) stören.

Aussage II: Käme es bei einem Patienten zu einer Schilddrüsenüberfunktion, würden Sie im Gegensatz zu einem Schilddrüsengesunden eine höhere Körpertemperatur erwarten.

Aussage III: Durch erhöhte Adrenalin- oder Cortisonspiegel kann auch eine Frau in der ersten Zyklushälfte fruchtbar sein.

a Nur Aussage I ist richtig.
b Nur Aussage II ist richtig.
c Nur Aussage III ist richtig.
d Nur Aussage I und III sind richtig.
e Nur Aussage I und II sind richtig.

Was ist gesucht? ☐ ableitbare Aussagen ☐ nicht ableitbare Aussagen

Signalwörter Aussage I: ______________________

Signalwörter Aussage II: ______________________

Signalwörter Aussage III: ______________________

10 Zu den chronisch entzündlichen Darmerkrankungen (CED) gehören zwei bedeutende Krankheitsbilder. Der Morbus Crohn geht vorwiegend vom Dünndarm aus, kann aber den ganzen Mund-Magen-Darm-Trakt betreffen und zeigt Entzündungsreaktionen in allen Darmwandschichten. Bei der Darmspiegelung fällt ein Darm mit immer wieder befallenen Regionen auf, die durch gesunde, nicht entzündete Darmabschnitte unterbrochen werden. Als Symptome zeigen sich beim Morbus Crohn vor allem unblutiger Durchfall und Engstellen im Darm. Das Krebsrisiko ist im Gegensatz zu dem von Darmgesunden um das Fünffache erhöht. Die Entzündung des Darms ist auf eine permanent aktivierte Immunreaktion zurückzuführen, wodurch Immunzellen konstant Botenstoffe aussenden, damit Entzündungszellen angelockt werden und letztendlich die Entzündungsreaktion auslösen. Bei der Colitis ulcerosa kommt es zu einer Entzündung vor allem des Dickdarms. Bei der Darmspiegelung zeigen sich zusammenhängende Schleimhautläsionen, wobei die Entzündungsreaktion vor allem die innerste Darmhautschicht betrifft. Als Hauptsymptom zeigt sich blutiger Durchfall und das Krebsrisiko ist um das 20-Fache erhöht.

Welche Aussagen sind den Informationen im Text zufolge richtig?

Aussage I: Die innere Darmschicht ist bei Morbus Crohn und bei Colitis ulcerosa durch die Entzündungsreaktion betroffen.

Aussage II: Bei einer Entzündung im Dickdarm stellen Sie die Diagnose einer Colitis ulcerosa.

Aussage III: Unterbrochene Entzündungsmuster des Darms mit Entzündungszeichen in allen Darmschichten sind mit einer Erkrankung verbunden, die ein erhöhtes Krebsrisiko hat.

a Nur Aussage I ist richtig.

b Nur Aussage II ist richtig.

c Nur Aussage III ist richtig.

d Nur Aussage I und III sind richtig.

e Nur Aussage I und II sind richtig.

Was ist gesucht? ☐ ableitbare Aussagen ☐ nicht ableitbare Aussagen

Signalwörter Aussage I: ____________________

Signalwörter Aussage II: ____________________

Signalwörter Aussage III: ____________________

11 Die Osteodystrophia deformans, auch als Morbus Paget bezeichnet, ist eine Erkrankung des Skelettsystems, bei der es allmählich zu einer Verdickung mehrerer Knochen, meist der Wirbelsäule, des Beckens, der Extremitäten oder des Schädels kommt. Es handelt sich um eine chronische, langsam fortschreitende Krankheit, an der hauptsächlich ältere Menschen leiden. Sie kann sich auf eine oder zwei Körperstellen beschränken oder sich ausbreiten. Kennzeichnend ist ein rascher Verfall und Umbau der Knochen. Am Beginn der Krankheitsentwicklung steht eine gesteigerte Aktivität der Osteoklasten, welche Knochensubstanz abbauen. Reaktiv folgen dann ungeordnete Anbauvorgänge, wobei die neue Knochenmasse verformt und brüchig ist. Die Krankheitsursache ist nicht sicher bekannt. Neuere Forschungen weisen auf genetische Ursachen oder eine vorangegangene Virusinfektion hin. Als Ausdruck eines erhöhten Knochenabbaus sind freigesetzte Aminosäuren, vor allem Hydroxyprolin, im Urin nachweisbar. Bedingt durch die vermehrte Aktivität der Osteoklasten ist im Blut auch ein Anstieg der alkalischen Phosphatase zu verzeichnen, während die Kalziumwerte im Serum normal bleiben. Marker (Signalstoffe), die eine erhöhte Knochenresorption (Abbau) des Typ-1-Collagens beim Knochen anzeigen, wie das C-terminale Telopeptid (CTX), können auch erhöht sein.

Welche Aussage trifft dem Text zufolge bei Morbus Paget **nicht** zu?

Aussage I: Es kommt zu einem rasch fortschreitenden Abbau und geordnetem Anbau von Knochensubstanz.

Aussage II: Eine erhöhte alkalische Phosphatase im Blut kann auf einen Morbus Paget hinweisen.

Aussage III: Junge Menschen erkranken vergleichsweise seltener als Alte.

Aussage IV: Ein erhöhter Knochenabbau kann im Urin nachgewiesen werden.

Aussage V: Die Krankheit führt zu verdickten, aber brüchigeren Knochen.

Was ist gesucht? ☐ ableitbare Aussagen ☐ nicht ableitbare Aussagen

Signalwörter Aussage I: ______________________________

Signalwörter Aussage II: ______________________________

Signalwörter Aussage III: ______________________________

Signalwörter Aussage IV: ______________________________

Signalwörter Aussage V: ______________________________

12 Die Fähigkeit eines Tumors, Metastasen (autonome Absiedelungen) zu bilden, verschlechtert die Heilungschancen einer Krebserkrankung erheblich. Die tatsächlichen Heilungschancen hängen von der Art und der Lokalisation des Tumors ab. So können einige Tumore, wie etwa Lymphome, trotz Metastasenbildung noch recht gut auf eine medikamentöse Behandlung ansprechen, während aggressive, solide Tumoren infolge des invasiven (auffressenden) Wachstums auch ohne Metastasierung so gefährlich sind, dass sie zum Tod führen können. Metastasen entstehen, indem sich Krebszellen vom ursprünglichen Tumor ablösen, mit dem Blut oder mit der Lymphe wandern und sich in anderen Körperteilen wieder ansiedeln und vermehren. Je nach Ausbreitungsweg heißen sie hämatogene (Blut) oder lymphogene (Lymphe) Metastasen. Ob Krebszellen metastasieren, hängt nach neuesten Forschungsergebnissen von ihrer Fähigkeit ab, embryonale Transkriptionsfaktoren einzuleiten. Durchschnittlich werden bei 30 % aller Patienten mit bösartigen Tumoren Metastasen schon bei der Erstdiagnose festgestellt. Bei weiteren 30 % findet man sie erst im weiteren Behandlungsverlauf. Schon sehr kleine Tumore können metastasieren, z. B. ein Brustkrebs von 1 cm Durchmesser in 20 % aller Fälle.

Welche der folgenden Aussagen sind dem Text zufolge **falsch**?

Aussage I: Einige Tumore können trotz ihrer frühen Metastasierung besser behandelt werden als nicht metastasierte.

Aussage II: 20 % der Brusttumore haben bereits bei der Erstdiagnose metastasiert.

Aussage III: Lymphogene Metastasen sprechen noch recht gut auf eine medikamentöse Behandlung an.

- **a** Nur Aussage I ist falsch.
- **b** Nur Aussage II ist falsch.
- **c** Nur Aussage I und II sind falsch.
- **d** Nur Aussage II und III sind falsch.
- **e** Alle Aussagen sind falsch.

Was ist gesucht? ☐ ableitbare Aussagen ☐ nicht ableitbare Aussagen

Signalwörter Aussage I: ______________________

Signalwörter Aussage II: ______________________

Signalwörter Aussage III: ______________________

13 Das Ulcus duodeni ist ein Geschwür (Ulcus) im Zwölffingerdarm (Duodenum). Kriterium für die Klassifikation als Ulcus ist ein Substanzdefekt, der die Lamina muscularis mucosae, das heißt die unter der eigentlichen Schleimhaut liegende Muskelschicht, überschreitet. Oberflächlichere Läsionen werden als Erosion bezeichnet. Typische Duodenalulcera kommen etwa viermal häufiger vor als Magengeschwüre. Sie treten vermehrt im jüngeren bis mittleren Lebensalter, vorwiegend bei Personen männlichen Geschlechts (mehr als doppelt so häufig wie bei Frauen) und bei Personen mit Blutgruppe 0 auf. Das Auftreten wird vermehrt im Frühling und im Herbst beobachtet. Im Laufe seines Lebens erkrankt etwa jeder Zehnte an einem Ulcus duodeni. Die Erkrankungsrate pro Jahr liegt bei 0,1 bis 0,2 % und ist insgesamt leicht rückläufig. An der Entstehung eines Ulcus duodeni scheinen mehrere Faktoren beteiligt zu sein. Allgemein gesprochen liegt jedem Zwölffingerdarmgeschwür ein Missverhältnis von schleimhautschützenden Faktoren (Schleim, Bikarbonat, Prostaglandin) und aggressiven Faktoren wie Magensäure, Proteasen und entzündlichen Reaktionen zugrunde. Eine chronische Infektion mit dem Bakterium Helicobacter pylori ist seit den 1980er-Jahren als einer der wichtigsten Auslöser gesichert. Weitere additiv wirkende Mechanismen sind Hyperazidität (zu niedriger pH-Wert), Durchblutungsstörungen der Darmwand und die Dauereinnahme von Medikamenten, die die Prostaglandinsynthese hemmen (z. B. Acetylsalicylsäure). Auch psychosomatische Faktoren wie Stress spielen eine Rolle. Atypisch lokalisierte, mehrfache und nach Ausheilung wiederkehrende Ulcera weisen auf ein genetisch bedingtes Zollinger-Ellison-Syndrom hin.

Welche der folgenden Aussagen ist richtig?

Aussage I: Das Zollinger-Ellison-Syndrom wird vermehrt bei Personen der Blutgruppe 0 beobachtet.

Aussage II: Bei Männern tritt das Magengeschwür, unabhängig von der Blutgruppe, häufiger auf als bei Frauen mit der Blutgruppe 0.

Aussage III: Auf einen Patienten mit einem Duodenalulcus kommen vier Patienten mit einem Magenulcus.

Aussage IV: Eine Erosion durchbricht die Lamina muscularis mucosae nicht.

Aussage V: Vor den 1980ern waren chronische Infektionen mit Helicobacter pylori selten.

Was ist gesucht? ☐ ableitbare Aussagen ☐ nicht ableitbare Aussagen

Signalwörter Aussage I: ______________________________

Signalwörter Aussage II: ______________________________

Signalwörter Aussage III: ______________________________

Signalwörter Aussage IV: ______________________________

Signalwörter Aussage V: ______________________________

14 Die Wirbeltiere (Vertebrata), oft Schädeltiere (Craniota oder Craniata) genannt, bilden einen Unterstamm der Chordatiere (Chordata) und umfassen Schleimaale, Neunaugen, Knorpel- und Knochenfische, die Amphibien, die Reptilien, die Vögel und die Säugetiere mit zusammen nahezu 58 000 rezenten Arten. Dabei handelt es sich nach Schätzungen um etwa ein Prozent aller im Verlauf der Wirbeltierevolution entstandenen Arten. Daneben sind weltweit bisher mehrere Zehntausend fossile Arten entdeckt worden.

Der Begriff „Vertebrata" kann – je nach Quelle und taxonomischer Betrachtung – auch enger oder weiter verstanden werden. Im ersteren Falle werden die Schleimaale aus der Gruppe ausgeschlossen (als Vertebrata sensu stricto), im letzteren, als veraltet geltenden, auch die Schädellosen einbezogen. Aufgrund der hohen Verbreitung und des Bekanntheitsgrades wird hier für die „Kieferlosen und Kiefermäuler" der Name „Wirbeltiere" (Vertebrata) statt des korrekten „Schädeltiere" verwendet.

Seit 2005 galt der Fisch Paedocypris progenetica mit einer Länge von 7,9 mm beim Weibchen und 10 mm beim Männchen als das kleinste lebende Wirbeltier – bis zur Entdeckung der Froschart Paedophryne amauensis mit einer Länge von 7,7 mm. Das größte bekannte Wirbeltier der Erdgeschichte ist der heute lebende Blauwal (Balaenoptera musculus) mit einer Länge von bis zu 33 Metern und 200 Tonnen Gewicht. Die größten Wirbeltiere des Festlandes waren die Sauropoden, eine sehr artenreiche Gruppe der Dinosaurier.

Welche der folgenden Aussagen ist dem Text zufolge **falsch**?

Aussage I: Das kleinste bekannte Wirbeltier ist ein Frosch.

Aussage II: Alle Vertebrata sind Chordata.

Aussage III: Es gibt etwa 58 000 Arten von Chordatieren.

Aussage IV: Der Balaenoptera musculus ist ein Schädeltier.

Aussage V: Das kleinste Wirbeltier könnte der Paedophryne amauensis sein.

Was ist gesucht? ☐ ableitbare Aussagen ☐ nicht ableitbare Aussagen

Signalwörter Aussage I: ______________________

Signalwörter Aussage II: ______________________

Signalwörter Aussage III: ______________________

Signalwörter Aussage IV: ______________________

Signalwörter Aussage V: ______________________

15 Die Atemregulation fasst alle Steuerungsvorgänge zusammen, die zur Kontrolle der Atmung notwendig sind und die Sauerstoffversorgung aller Körperzellen gewährleisten. Die Atmung wird im Wesentlichen durch das Atemzentrum des Gehirns gesteuert. Das Volumen, welches eingeatmet wird, wird primär durch die CO_2-Konzentration im arteriellen Blut geregelt. Die Messung erfolgt zum einen durch zentrale Chemorezeptoren im Hirnstamm, zum anderen durch periphere Chemorezeptoren im Glomus caroticum und in den Glomera aortica. Diese Rezeptoren werden durch eine erhöhte CO_2-Konzentration aktiviert.

Eine erniedrigte Sauerstoffkonzentration im Blut kann nur in peripheren Chemorezeptoren gemessen werden und kann auch einen Einfluss auf die Atemsteuerung nehmen. Dies gilt auch für pH-Rezeptoren, die auf niedrige pH-Werte reagieren. Aktivierte zentrale und periphere Chemorezeptoren leiten Signale weiter, die zu einer Erhöhung des Atemminutenvolumens führen, um mehr Sauerstoff aufzunehmen.

Zu welchen Anpassungen kommt es bei den genannten Situationen?

Aussage I: Erhöhte CO_2-Konzentration ⇒ Erhöhtes Atemminutenvolumen.

Aussage II: Fallende Sauerstoffkonzentration ⇒ Aktivierung von Chemorezeptoren im Hirnstamm.

Aussage III: Niedriger pH-Wert ⇒ Aktivierung von Chemorezeptoren im Glomus caroticum.

- **a** Nur Paarung I passt zusammen.
- **b** Paarungen I und III passen zusammen.
- **c** Paarungen II und III passen zusammen.
- **d** Alle Paarungen passen zusammen.
- **e** Paarungen I und II passen zusammen.

Was ist gesucht?

☐ ableitbare Zusammenhänge ☐ nicht ableitbare Zusammenhänge

Signalwörter Aussage I: ______________________________

Signalwörter Aussage II: ______________________________

Signalwörter Aussage III: ______________________________

16 Eine Leukozytose bezeichnet eine Erhöhung von Leukozyten (weißen Blutkörperchen) im Blut. Der Mensch verfügt normalerweise über ca. 4 400 bis 11 300 Leukozyten pro Mikroliter Blut. Wird dieser Wert überschritten, spricht man von einer Leukozytose, bei Leukozytenzahlen über 100 000/µl auch von einer Hyperleukozytose. Eine Verminderung der Leukozytenzahl nennt man Leukopenie (altgr. *penia* = Mangel). Anhand des Differentialblutbildes lässt sich klären, welche Zellunterart für die Vermehrung der Leukozyten verantwortlich ist. Häufig handelt es sich um eine Vermehrung von neutrophilen Granulozyten (Neutrophilie) oder von Lymphozyten (Lymphozytose), aber auch die übrigen weißen Blutkörperchen können von einer solchen Zellzahlerhöhung betroffen sein (Basophilie, Eosinophilie, Monozytose). Die Leukozytose kommt bei den meisten infektiösen Prozessen, die mit einer akuten Entzündung einhergehen, zum Beispiel der Appendizitis („Blinddarm"-Entzündung) und der Cholezystitis (Entzündung der Gallenblase), vor. Außerdem kann es ein Hinweis auf eine beginnende Leukämie sein. Weiterhin erzeugt die Gabe von Glucocortikoiden eine Leukozytose mit Lymphozytopenie.

Welche der folgenden Aussagen sind dem Text zufolge richtig?

Aussage I: Leukozytenzahlen über 100 000/µl bezeichnet man als Hyperleukopenie.

Aussage II: Bei einer Leukämie kommt es zu einer Vermehrung der Blutplättchen.

Aussage III: Ein Patient, der mit Glucocortikoiden behandelt wird, kann aufgrund der Leukozytose nicht gleichzeitig eine Appendizitis haben.

a Nur die Aussage I ist richtig.

b Nur die Aussage III ist richtig.

c Keine der Aussagen ist richtig.

d Die Aussagen I und II sind richtig.

e Die Aussagen I und III sind richtig.

Was ist gesucht? ☐ ableitbare Aussagen ☐ nicht ableitbare Aussagen

Signalwörter Aussage I: ______________________________

Signalwörter Aussage II: ______________________________

Signalwörter Aussage III: ______________________________

Verbesserungsstrategie

In Ihrem angestrebten Studium wird es nichts Alltäglicheres als das Arbeiten mit medizinischen Texten geben. In diesem Untertest werden deswegen zu Recht Ihre Fähigkeiten geprüft, Fachtexte schnell und sicher zu bearbeiten und Verständnisfragen zu beantworten.

Nehmen Sie sich bitte Zeit, über die bearbeiteten Aufgaben und Ihre Erfahrungen zu reflektieren. Welche(r) Fehler wurde(n) am häufigsten gemacht?

Wie schwer fanden Sie die folgenden Ansprüche des Untertests?

	sehr einfach	eher einfach	eher schwer	sehr schwer
Umgang mit den verschiedenen Fachbegriffen und Fremdwörtern	☐	☐	☐	☐
Verknüpfung von Aussagen mit entsprechenden Textstellen	☐	☐	☐	☐
Festlegen auf die richtige Lösungsmöglichkeit	☐	☐	☐	☐

Hatten Sie das Gefühl, dass Sie durch das Anwenden der Bearbeitungsstrategie besser mit den Aussagen arbeiten konnten?

Platz für weitere Notizen:

Schlauchfiguren

Aufbau und Trainierbarkeit

Der Untertest „Schlauchfiguren" ist die dritte Aufgabenreihe am Vormittag des TMS. Sein Ziel ist es, das räumliche Vorstellungsvermögen des Testteilnehmers zu prüfen. Aufgrund seiner sehr hohen Trainierbarkeit sind die durchschnittlichen Punktwerte recht hoch.

Der Untertest selbst besteht aus 24 Aufgaben, von welchen 20 gewertet und 4 unbestimmte als Einstreuaufgaben gestellt werden. Es wird im TMS darauf geachtet, die Aufgaben in steigender Schwierigkeit zu sortieren. Da der Schwierigkeitsgrad bei diesem Aufgabentyp jedoch stark subjektiv empfunden wird, kann diese Regel nicht als allgemeingültig betrachtet werden. Dennoch ist es ratsam, sich grob an die vorgegebene Reihenfolge der Aufgaben zu halten. Für die Bearbeitung stehen insgesamt 15 Minuten Zeit zur Verfügung; das entspricht durchschnittlich 37 Sekunden pro Aufgabe. Um sich hier einen Puffer zu schaffen, sollte eine Bearbeitungszeit von 30 Sekunden pro Aufgabe angestrebt werden.

Aufgrund seines einheitlichen Aufbaus und der wiederkehrenden Anforderungen ist die Trainierbarkeit als sehr hoch einzustufen. Auch ein kurzfristig angesetztes Üben verspricht, bei Einhaltung eines festen Systems, noch signifikant bessere Ergebnisse als ein vorbereitungsloses Antreten zum Test. Da dieser Untertest aber so gut trainierbar ist, wird auch die Schwierigkeit der einzelnen Aufgaben vonseiten des TMS von Jahr zu Jahr erhöht.

Pro Aufgabe werden zwei Bilder eines durchsichtigen Würfels gegenübergestellt. Während das linke Bild den Würfel in der Ansicht von vorne darstellt, zeigt das Rechte denselben Würfel aus einer anderen Perspektive. Die Aufgabe besteht darin, anzugeben, welcher Perspektive die Ansicht des rechten Bildes entspricht. Den Antwortmöglichkeiten a bis e sind dabei bei allen Aufgaben die gleichen Perspektiven zugeordnet (Ansicht von: rechts, links, unten, oben, hinten).

Analyse der möglichen Fehler

Der mit Abstand weitreichendste Fehler, der häufig gemacht wird, ist, die Aufgabenstellung durcheinanderzubringen. Es wird bei diesem Untertest ausdrücklich nicht danach gefragt, durch welche Drehung die rechte Perspektive entstanden ist. Es geht darum, zu erkennen, wie sich die Perspektive des Betrachters um das Objekt verschoben hat.

Um diesen Fehler zu verstehen, muss man sich die Auswirkung vor Augen führen, die durch die falsche Annahme passiert. Für die meisten Testteilnehmer erscheint der Würfel als Objekt, das Sie in Ihrer Hand halten könnten. Von dieser Vorstellung ausgehend ist es nur logisch, ihn in Gedanken zu bewegen, wie man ihn auch in der Realität drehen würde. Doch genau hier liegt das Problem. Eine Drehung nach rechts wäre gleichzusetzen mit einer Verschiebung der Perspektive auf die linke Seite. Obwohl also der Gedanke selbst richtig ist, führt er zu einem falschen Ergebnis.

Betrachten wir das nachfolgende Beispiel.

Beispiel

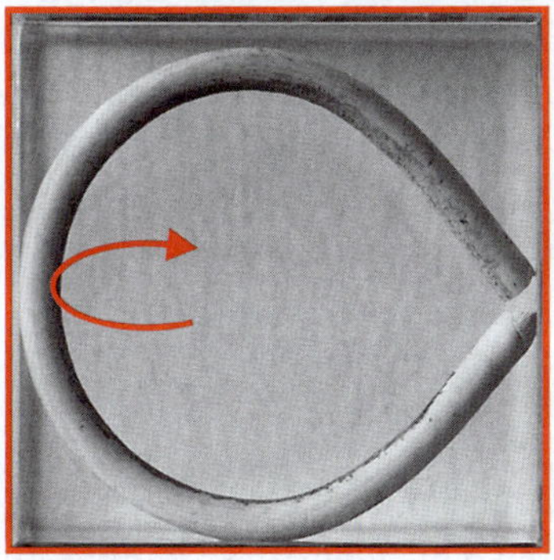

Vergleichen wir das linke Bild – dies ist immer die Ausgangssituation – mit dem rechten. Wir können erkennen, dass die Schlauchenden, welche zunächst zur rechten Seite gezeigt haben, nun direkt auf die Vorderseite zeigen. Würden wir den Würfel in der Hand halten, bedeutete das eine Drehung nach links, da die markierte Seite in diese Richtung wandern würde.

Doch eben genau diese Schlussfolgerung führt in die Irre, da es in den Aufgaben nicht um die Drehung des Würfels geht, sondern um die Änderung der Perspektive zum Gegenstand.

Stellen Sie sich den Würfel als Ausstellungsstück in einem Museum vor. Etwas, das zwar betrachtet, aber nie berührt oder bewegt werden kann. Wir selbst sind aber als Besucher des Museums in der Lage, uns um das Objekt zu bewegen und damit auch unsere Perspektive zu verschieben. Wir können die Perspektive ändern, indem wir das Objekt entweder von einer anderen Seite oder auch von oben oder unten (stellen Sie sich z. B. vor, es hängt von der Decke herab) betrachten.

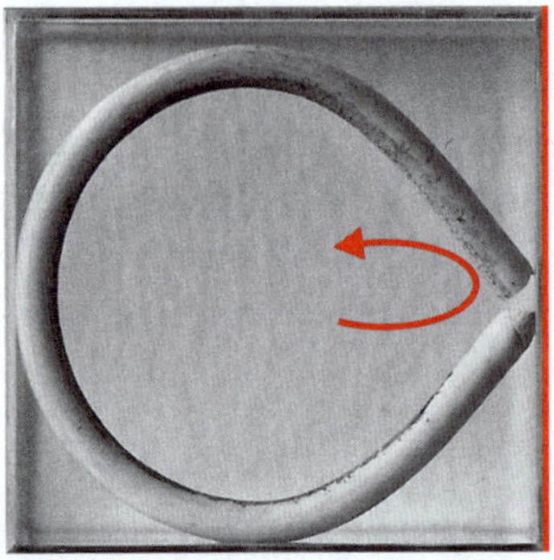

Stellen wir uns also vor, dass wir nach rechts gehen müssen, um die Perspektive des zweiten Bildes zu erhalten, so haben wir die richtige Lösung. Bitte führen Sie sich diesen Unterschied so lange vor Augen, bis Sie ihn verinnerlicht haben. Denn im Test geschieht dieser Fehler einfach zu schnell oder kostet auf Dauer sehr viel Konzentration.

Bearbeitungsstrategie

Um bei diesem Untertest besonders erfolgreich zu sein, muss man verstehen, wo die eigentliche Schwierigkeit liegt. Hier sind vor allem drei Punkte zu nennen:

- die subjektive Einschätzung der Schwierigkeit einzelner Aufgaben
- Probleme bei der geistigen Visualisierung von Gegenständen
- die kurze Bearbeitungszeit pro Aufgabe

Diese Probleme gelten zunächst für alle Kursteilnehmer, doch kann man sich mit gezieltem Training und durch die Vermeidung typischer Fehler einen Vorteil verschaffen.

Nehmen wir beispielsweise den Punkt, dass alle Aufgaben zwar grob nach ihrer Schwierigkeit sortiert sind, aber subjektiv als unterschiedlich schwer empfunden werden. Man ist nicht an eine feste Reihenfolge gebunden, in welcher die Aufgaben bearbeitet werden müssen. Nutzen Sie also die ersten fünf bis zehn Sekunden, um sich einen kurzen Überblick über die kommenden Aufgaben zu verschaffen. Entscheiden Sie dann bewusst, mit welcher Aufgabe Sie beginnen möchten. Wichtig ist hier nur, dass Sie nicht zu viel Zeit darauf verwenden, die verschiedenen Aufgaben miteinander zu vergleichen. Wählen Sie also eher spontan aus dem Gefühl heraus, welche Aufgabe Ihnen im Moment am meisten zusagt.

Bei Schlauchfiguren bietet es sich besonders an, mit Problemstellungen zu beginnen, deren Gegenstände besonders markante Merkmale besitzen. So sind Schlauchenden, Knoten, Überlappungen, einzelne Berührungen mit einer Wand oder zusätzliche Elemente sehr hilfreich für eine schnelle und sichere Orientierung.

Kaum ein anderer Untertest des TMS ist so einfach mit einem Algorithmus lösbar wie die „Schlauchfiguren". Um hier Vorteile nutzen zu können, müssen wir aber zuerst verstehen, wie die Aufgaben aufgebaut sind.

Normalerweise sind bei einer konstruierten dreidimensionalen Abbildung eines Würfels gegenüberliegende Seiten parallel. Alle Abbildungen im Untertest „Schlauchfiguren" sind aber Fotografien und nach der sogenannten Fluchtpunkttechnik dargestellt. Die Besonderheit der Fluchtpunkttechnik gegenüber einer konstruierten dreidimensionalen Abbildung ist, dass die Kanten eines Würfels, die die Ausdehnung in die Tiefe darstellen, auf einen gemeinsamen Punkt zuzulaufen scheinen, obwohl sie eigentlich parallel zueinander verlaufen. Wir können aus dieser Information folgende Regeln ableiten:

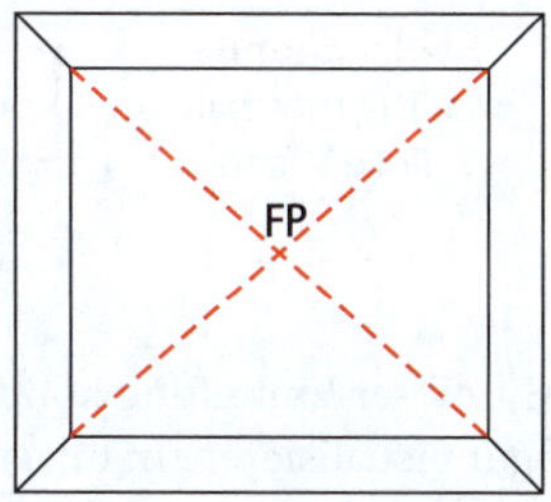

- Wir können alle Seitenwände in jeder Abbildung zeitgleich beobachten.
- Objekte, die näher am Betrachter sind, erscheinen größer und scharf.
- Objekte, die weiter entfernt vom Betrachter sind, erscheinen kleiner und unscharf.

Auch wenn diese Regeln recht simpel scheinen, bilden sie die Grundlage, um eine schnelle und sichere Entscheidung über die Änderung der Perspektive zu fällen. Denn sie helfen uns, die Lage der verschiedenen Strukturen in einem Würfel besser zu erkennen. Wenden wir das auf ein neues Beispiel an, so sehen wir Folgendes.

Beispiel

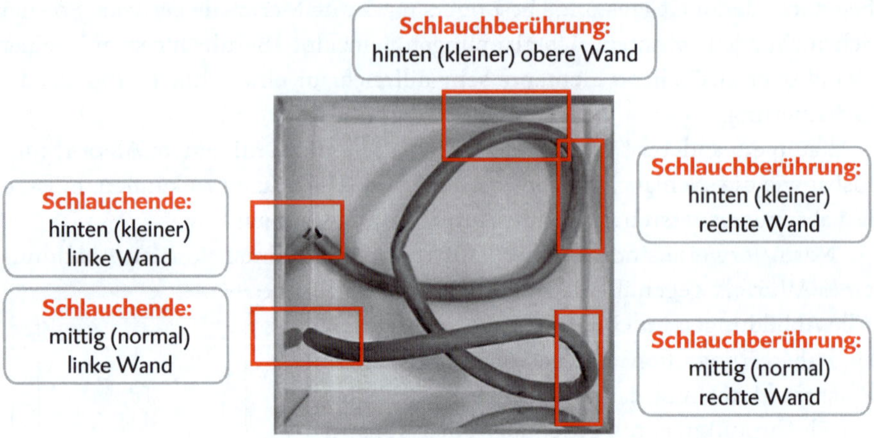

Mit dieser Einteilung können Sie schnell ein stark vereinfachtes Bild der Schlauchfigur visualisieren. In unserem Beispiel haben wir:

Hintere Ebene:	+ Schlauchende (linke Wand, mittig)
	+ Schlauchberührung (obere Wand, rechts)
	+ Schlauchberührung (rechte Wand, oben)
Mittlere Ebene:	+ Schlauchende (linke Wand, unten)
	+ Schlauchberührung (rechte Wand, unten)
Vordere Ebene:	Freiraum

Auch das Fehlen von Strukturen ist eine Information, mit der wir arbeiten können (in manchen Fällen sogar müssen). Deswegen ist es wichtig, sich vor Augen zu führen, welche Merkmale für uns beachtenswert sind:

- Berührungen der Schlauchfigur mit den Wänden
- Schlauchöffnungen, Schlauchenden, Endknoten
- Überschneidungen mit anderen Schläuchen
- Unregelmäßigkeiten in der Oberfläche des Schlauches (Torsionen, Knicke, Abschürfungen)
- Ringe und ähnliche Öffnungen, durch die wir auf die Rückwand blicken können
- Freiräume
- Wände ohne Berührungen

Selbstverständlich fehlt im TMS die Zeit, um eine solch übersichtliche Tabelle mit Informationen zu erstellen. Genau aus diesem Grund muss man sich auf einzelne Charakteristika konzentrieren. Durch das Reduzieren einer komplex erscheinenden Schlauchfigur auf wenige Kennzeichen, ist man in der Lage, die Verschiebung der Perspektive eindeutig und dabei weniger mühsam zu bestimmen.

Wählen Sie dazu am besten Strukturen, die aus beiden Perspektiven sichtbar sind. Je höher der Wiedererkennungswert, umso einfacher werden Sie eine Aufgabe bearbeiten können. Ziel ist, über die Positionsänderung der beobachteten Merkmale die Änderung der Perspektive abzuleiten. Schauen Sie sich dazu noch einmal das vorherige Beispiel zusammen mit einer zweiten Abbildung desselben an.

Beispiel

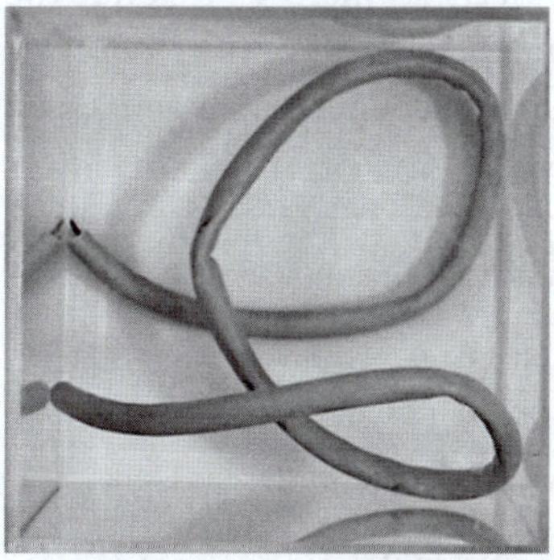

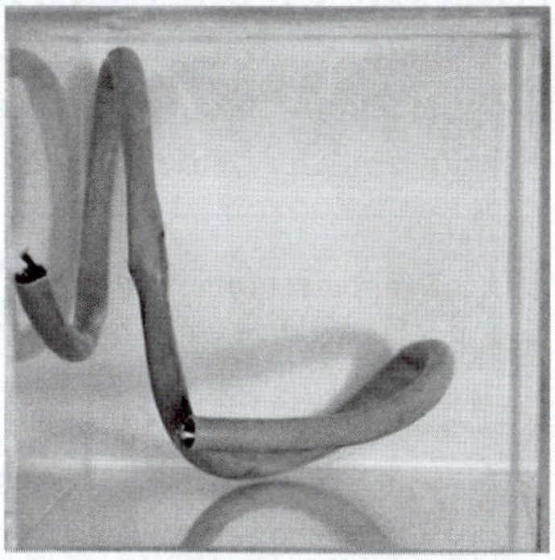

Jetzt führen Sie sich die Merkmale vor Augen, die besonders auffallen. Das kann grundsätzlich von Kursteilnehmer zu Kursteilnehmer unterschiedlich sein. In der Regel führen Schlauchenden sowie Berührungen mit den Wänden schnell zum Erfolg. Diese Kennzeichen werden auf beiden Abbildungen markiert, um sie danach miteinander zu vergleichen.

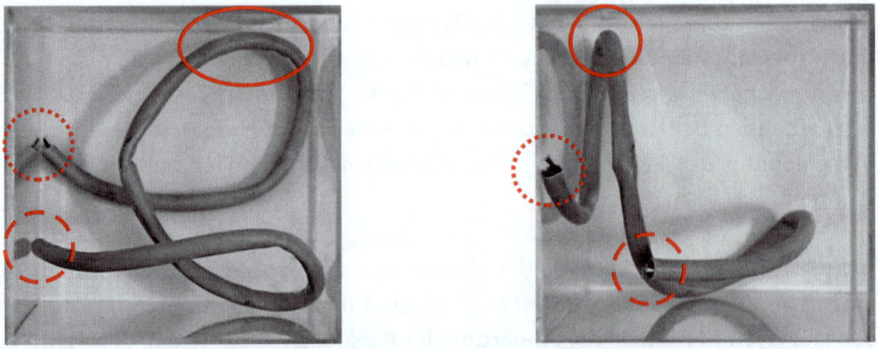

Um jetzt die Verschiebung unserer Merkmale zu vergleichen, müssen wir verstehen, dass es nur zwei Arten des Ansichtswechsels gibt. Da wir unsere Perspektive um den Würfel nur einmalig verändern können, gibt es nur die Option, dies als Drehbewegung auf horizontaler Ebene zu tun, oder als Kippbewegung in einer vertikalen Ebene. Alle fünf gegebenen Lösungen lassen sich auf eine der beiden Bewegungen reduzieren.

Drehbewegung der Perspektive um den Würfel	Alle Merkmale verschieben sich auf einer horizontalen Linie. rechts · hinten · links
Kippbewegung der Perspektive um den Würfel	Alle Merkmale verschieben sich auf einer vertikalen Linie. oben · unten

Sobald wir also wissen, ob es sich um eine Dreh- oder Kippbewegung unserer Perspektive um den Würfel handelt, müssen wir nur noch entscheiden, welche Lösung korrekt ist. Am einfachsten ist dies, wenn wir uns fragen, welche Merkmale des zweiten Würfels nun direkt auf uns gerichtet sind. Dann vergleichen wir, zu welcher Seite des Kubus diese Charakteristika vorher gezeigt haben. Ebenso interessant ist es, zu fragen, welche zuvor sichtbaren Merkmale in der zweiten Abbildung verschwunden sind.

rechts (Drehbewegung)	Merkmale, die im zweiten Würfel auf den Betrachter gerichtet sind, waren im Original zur rechten Wand ausgerichtet. Jede Struktur, die jetzt im Hintergrund (verdeckt) liegt, befand sich vorher an der linken Wand.
links (Drehbewegung)	Merkmale, die im zweiten Würfel auf den Betrachter gerichtet sind, waren im Original zur linken Wand ausgerichtet. Jede Struktur, die jetzt im Hintergrund (verdeckt) liegt, befand sich vorher an der rechten Wand.
hinten (Drehbewegung)	Hier erscheinen alle Merkmale gespiegelt. Was im Original rechts war, erscheint im zweiten Würfel links. Was auf den Betrachter gerichtet war, ist nun im Hintergrund.
oben (Kippbewegung)	Merkmale, die im zweiten Würfel auf den Betrachter gerichtet sind, waren im Original zur oberen Wand ausgerichtet. Jede Struktur, die jetzt im Hintergrund (verdeckt) liegt, befand sich vorher an der unteren Wand.
unten (Kippbewegung)	Merkmale, die im zweiten Würfel auf den Betrachter gerichtet sind, waren im Original zur unteren Wand ausgerichtet. Jede Struktur, die jetzt im Hintergrund (verdeckt) liegt, befand sich vorher an der oberen Wand.

Betrachten wir mit dieser Information ein letztes Mal unser Beispiel, um die eindeutige Verschiebung der Perspektive um den Würfel zu bestimmen:

Beispiel

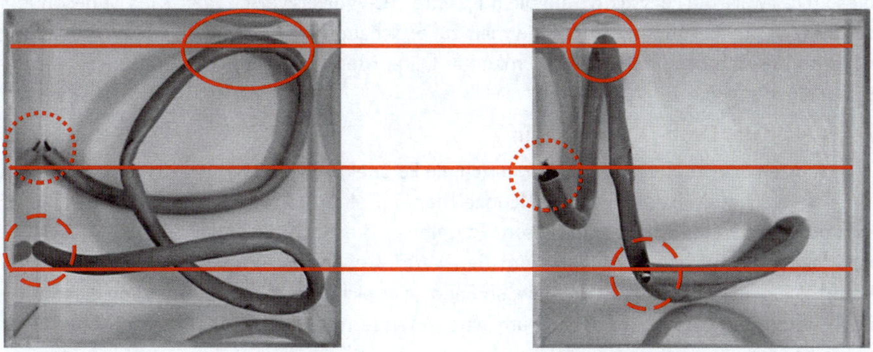

Die Veränderung fand auf horizontaler Ebene statt. Somit handelt es sich um eine Drehbewegung. Da die Schlauchenden, die beim zweiten Würfel zum Betrachter zeigen, im Original zur linken Seite gerichtet waren, kann es nur eine Drehbewegung nach links gewesen sein.

Zusammenfassung

Es empfiehlt sich, immer nach dem gleichen Muster vorzugehen:

- **Auswahl einer Aufgabe** — 5 Sekunden maximal

  Die Aufgaben sind nach ansteigender Schwierigkeit sortiert, wobei das subjektive Empfinden davon abweichen kann. Nehmen Sie sich also kurz Zeit, zwei oder drei verschiedene Aufgaben zu überfliegen, und wählen Sie eine aus, die Ihnen persönlich am ehesten zusagt. Vorteilhaft sind meistens Aufgaben mit einer Vielzahl von Strukturen, um feste Merkmale zu finden. Sind zu wenige Besonderheiten vorhanden, entstehen Leichtsinnsfehler. Bei zu vielen Besonderheiten geht oft die Übersicht verloren. Wichtig ist, dass Sie hier nicht zu viel Zeit investieren. Im besten Fall haben Sie am Ende der 15 Minuten alle Aufgaben bearbeitet. Es wäre ärgerlich, wenn Ihnen das lediglich durch zu langes Zögern in der Auswahl nicht gelingen würde.

- **Hervorheben von zwei bis drei Merkmalen** — 13 Sekunden maximal

  Dieser Schritt ist essenziell, um eine Aufgabe schnell und sicher zu bewältigen. Suchen Sie nach zwei bis drei Besonderheiten. Je auffälliger diese sind, umso besser, vor allem wenn sie in beiden Würfeln sichtbar sind. Sollte ein Merkmal nur in einem Würfel zu sehen sein, so ist auch das eine wichtige Information, da sie im anderen Würfel auf die Rückseite gewandert oder anderweitig verdeckt sein muss. Zu Übungszwecken kann es nützlich sein, diesen Schritt wirklich zu visualisieren. Verwenden Sie dazu ein paar Farbstifte und heben Sie die ausgewählten Merkmale hervor. Im TMS selbst werden Sie nicht die Zeit haben, jede einzelne Aufgabe so zu bearbeiten. Doch auch hier können Sie im Zweifel auf diese Methode zurückgreifen.

- **Überprüfung auf spiegelverkehrte Merkmale** — 2 Sekunden maximal

  Prüfen Sie so schnell wie möglich, ob die markierten Merkmale gespiegelt erscheinen. In diesem Fall wäre die Perspektive auf die Rückseite des Würfels verschoben. Dies ist besonders auffällig, da alle Öffnungen, durch die man zuvor schauen konnte, in der zweiten Abbildung noch immer sichtbar sind. Oft muss man gar keine Merkmale betrachten, um diese Lösung sicher einzutragen.

- **Feststellen der Dreh-/Kippbewegung** — 5 Sekunden maximal

  Als nächsten Schritt überprüfen Sie, wie sich die Perspektive vom Originalwürfel zum zweiten Würfel verschoben hat. Liegen die Kennzeichen auf einer horizontalen Linie, so handelt es sich um eine Drehbewegung. In diesem Fall gibt es nur noch die Möglichkeit, dass sich die Perspektive nach rechts bzw. links um den Würfel gedreht hat. Liegen die beobachteten Kennzeichen auf einer vertikalen Linie, so handelt es sich um eine Kippbewegung. Hier muss noch überprüft werden, ob es sich um eine Veränderung der Perspektive nach oben oder unten handelt.

- **Feststellen der eindeutigen Bewegung** — 5 Sekunden maximal

  Im letzten Schritt wird überprüft, ob es sich bei einer Drehbewegung um die Verschiebung nach rechts oder links handelt oder, im Falle einer Kippbewegung, nach oben oder unten. Hierzu müssen Sie sich nur die Frage stellen, wohin Merkmale, die im zweiten Würfel auf Sie gerichtet sind, in der Originalansicht gerichtet waren.

Bearbeitungsstrategie im Überblick

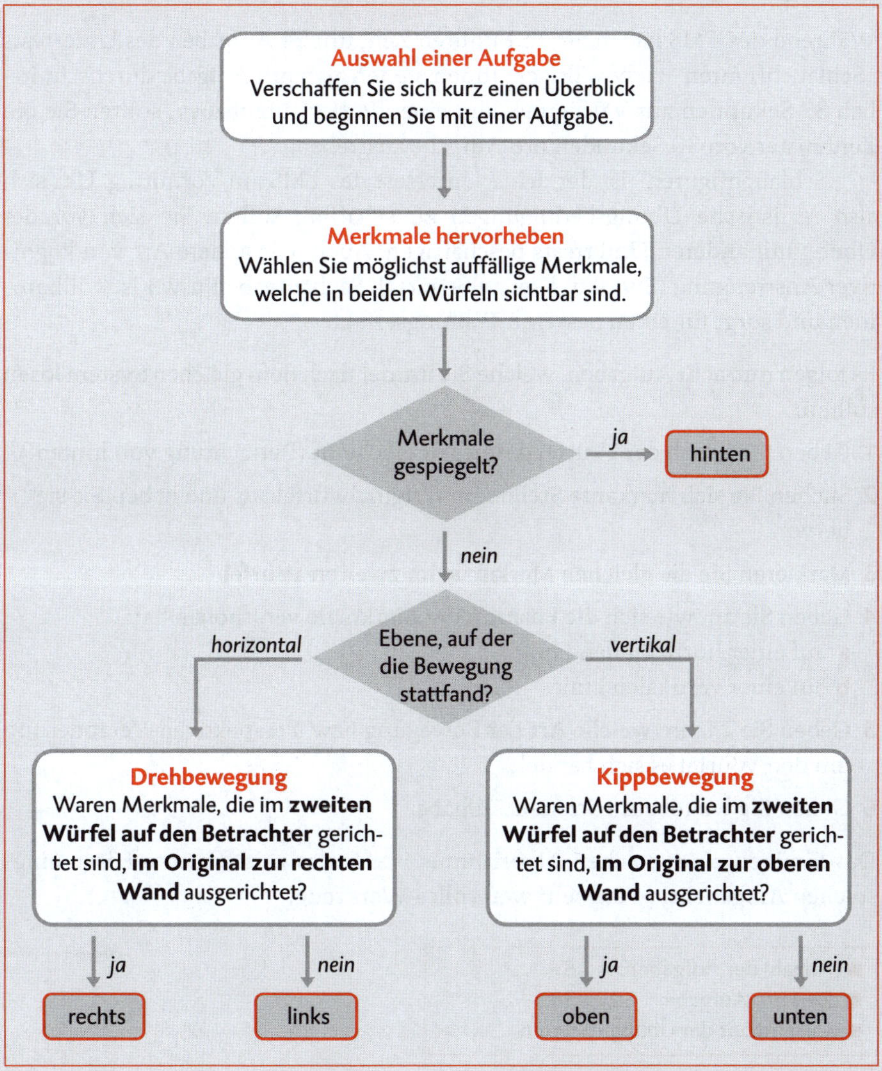

Übungsaufgaben

Während des TMS haben Sie 15 Minuten Zeit, um 24 Aufgaben des Untertests „Schlauchfiguren“ zu bewältigen. Ihnen stehen also pro Aufgabe durchschnittlich 37 Sekunden zur Verfügung. Um einen Puffer aufzubauen, sollten Sie ein Zeitfenster von 30 Sekunden pro Aufgabe anstreben.

„Schlauchfiguren“ ist der dritte Untertest des TMS am Vormittag. Um sich also realistische Übungsbedingungen zu schaffen, sollten Sie sich vor der Übung mit anderen Untertests beschäftigen. Auch jede andere Art von kognitiver Anstrengung (Sudoku, Kreuzworträtsel, Sachaufgaben usw.) ist willkommen und sorgt für einen besseren Trainingseffekt.

Es folgen nun acht Aufgaben, welche Sie immer nach dem gleichen System lösen sollten:

1 Geben Sie an, ob der Würfel gespiegelt erscheint (Betrachtung von hinten!).
2 Suchen Sie sich markante Stellen im Originalwürfel aus und heben Sie sie hervor.
3 Markieren Sie die gleichen Merkmale im zweiten Würfel.
4 Geben Sie an, wie sich die Position der Merkmale verschoben hat:
   a auf einer horizontalen Linie
   b auf einer vertikalen Linie
5 Geben Sie an, um welche Art der Bewegung bzw. Perspektiven-Veränderung um den Würfel es sich handelt.
6 Gehen Sie weiter zur nächsten Aufgabe.

Das Einüben eines solchen Algorithmus ist für das zeiteffiziente Lösen eines solchen Aufgabentyps ein sehr wertvolles Werkzeug.

- **Anzahl der Aufgaben:** 8
- **Zeit pro Aufgabe:** 30 s
- **Gesamtzeit der Übung:** 4 min

17

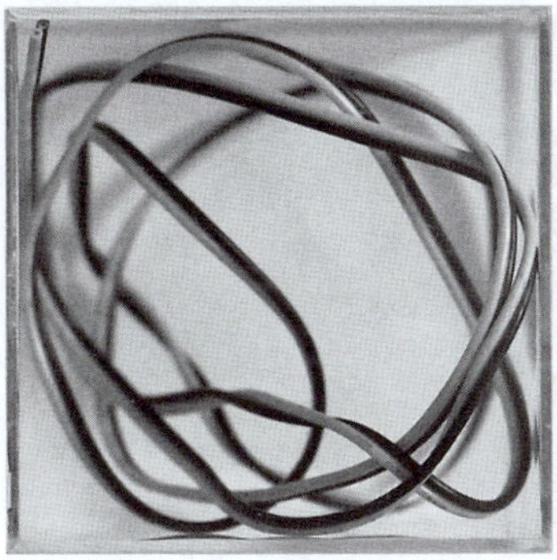

- Erscheint der Würfel gespiegelt? ☐ ja ☐ nein
- Wie haben sich die Merkmale verschoben? ☐ vertikal ☐ horizontal
- Betrachtung? ☐ rechts ☐ links ☐ unten ☐ oben ☐ hinten

Grund: ______________________________

____

18

- Erscheint der Würfel gespiegelt? ☐ ja ☐ nein
- Wie haben sich die Merkmale verschoben? ☐ vertikal ☐ horizontal
- Betrachtung? ☐ rechts ☐ links ☐ unten ☐ oben ☐ hinten

Grund: ______________________________

____

19

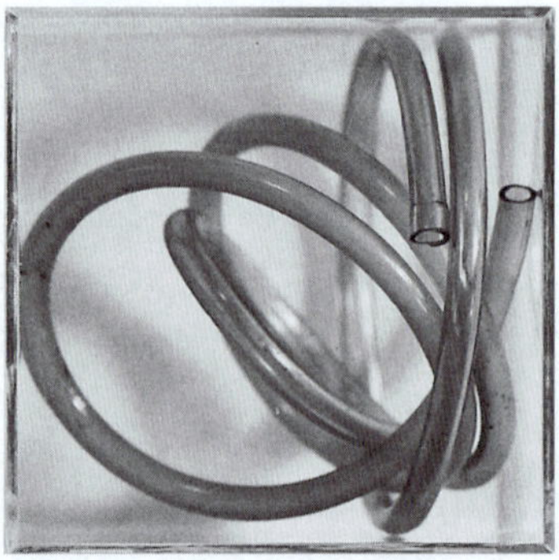

- Erscheint der Würfel gespiegelt? ☐ ja ☐ nein
- Wie haben sich die Merkmale verschoben? ☐ vertikal ☐ horizontal
- Betrachtung? ☐ rechts ☐ links ☐ unten ☐ oben ☐ hinten

Grund: ______________________________

____

20

- Erscheint der Würfel gespiegelt? ☐ ja ☐ nein
- Wie haben sich die Merkmale verschoben? ☐ vertikal ☐ horizontal
- Betrachtung? ☐ rechts ☐ links ☐ unten ☐ oben ☐ hinten

Grund: ______________________________

____

21

- Erscheint der Würfel gespiegelt? ☐ ja ☐ nein
- Wie haben sich die Merkmale verschoben? ☐ vertikal ☐ horizontal
- Betrachtung? ☐ rechts ☐ links ☐ unten ☐ oben ☐ hinten

Grund: ______________________________

____

22

 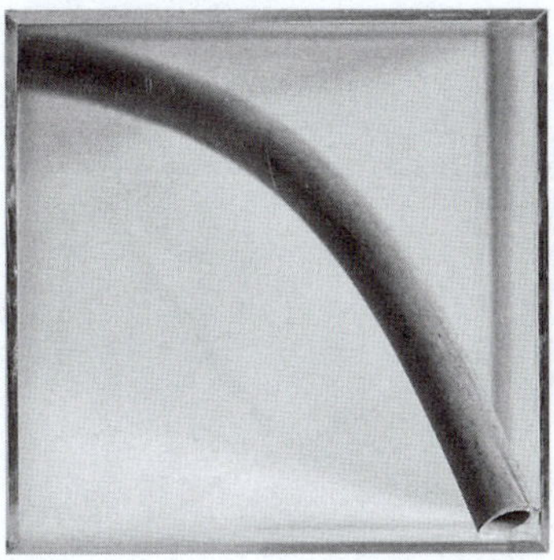

- Erscheint der Würfel gespiegelt? ☐ ja ☐ nein
- Wie haben sich die Merkmale verschoben? ☐ vertikal ☐ horizontal
- Betrachtung? ☐ rechts ☐ links ☐ unten ☐ oben ☐ hinten

Grund: ______________________________

____

23

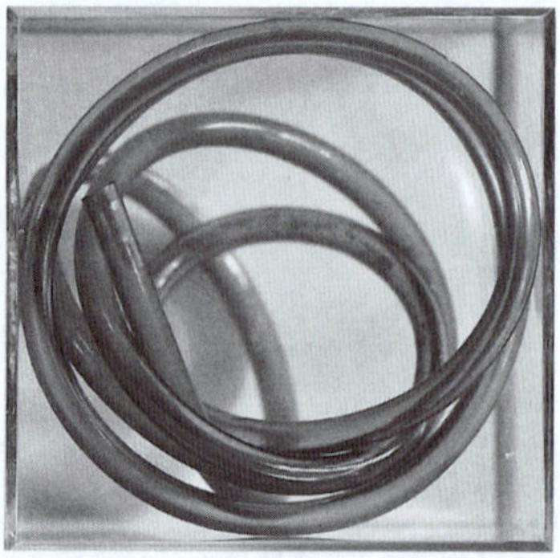

- Erscheint der Würfel gespiegelt? ☐ ja ☐ nein
- Wie haben sich die Merkmale verschoben? ☐ vertikal ☐ horizontal
- Betrachtung? ☐ rechts ☐ links ☐ unten ☐ oben ☐ hinten

Grund: ______________________________

____

24

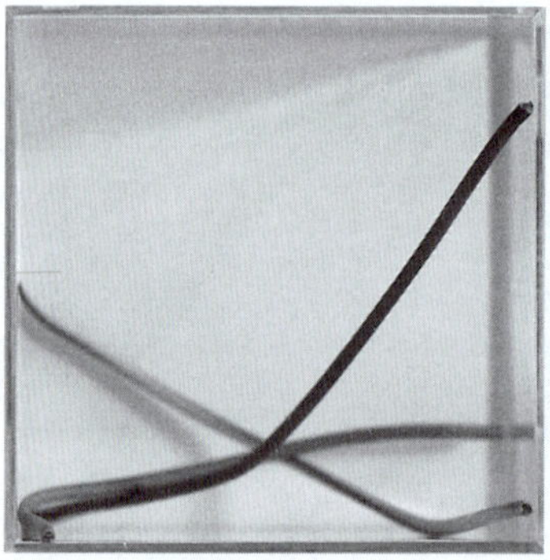

- Erscheint der Würfel gespiegelt? ☐ ja ☐ nein
- Wie haben sich die Merkmale verschoben? ☐ vertikal ☐ horizontal
- Betrachtung? ☐ rechts ☐ links ☐ unten ☐ oben ☐ hinten

Grund: ______________________________

____

Verbesserungsstrategie

Es gibt viele Möglichkeiten, sich auf den Untertest „Schlauchfiguren" vorzubereiten. Doch die wichtigsten Schritte sind immer Übung und Kontrolle. Gehen Sie also nochmals zu Ihren Ergebnissen aus dem vorangegangenen Übungsteil zurück und fragen Sie sich selbst:

Welche Merkmale habe ich besonders häufig verwendet?

☐ Schlauchenden	☐ Wandberührungen	☐ Überschneidungen
☐ Freiräume	☐ freie Wände	☐ ________________

Welche Merkmale habe ich bis jetzt noch nicht verwendet?

☐ Schlauchenden	☐ Wandberührungen	☐ Überschneidungen
☐ Freiräume	☐ freie Wände	☐ ________________

Welche Schwierigkeiten hatte ich bei der Umsetzung der Strategie?

____

____

____

Platz für weitere Notizen:

____

____

____

____

____

____

____

____

____

Quantitative und formale Probleme

Einleitung

Grundsätzliches zu Aufbau und Trainierbarkeit

Der Untertest „Quantitative und formale Probleme“ ist der vierte Test des TMS. Ebenso wie der vorangegangene Untertest „Medizinisch-naturwissenschaftliches Grundverständnis“ beträgt auch hier der Umfang 24 Aufgaben, welche in einem Zeitraum von 60 Minuten zu bearbeiten sind. An dieser Stelle sei noch einmal erwähnt, dass der TMS nicht konzipiert wurde, um von den Prüflingen in der vorgegebenen Zeit vollständig gelöst zu werden. Er möchte die obere Leistungsfähigkeit einer Person in Stresssituationen messen. Infolgedessen ist es normal, im gegebenen Zeitfenster nicht alle Aufgaben bearbeiten zu können. Um die Zeit optimal zu nutzen, werden etwa 150 Sekunden pro zu bearbeitender Aufgabe angestrebt. Dies variiert allerdings von der Art der Aufgabe, ihrem Schwierigkeitsgrad und dem persönlichen Wissensstand des TMS-Teilnehmers.

Ungeachtet dessen, dass sich die Aufgaben in Umfang und Schwierigkeitsgrad unterscheiden, werden sie gleich bewertet und bringen Ihnen bei korrekter Antwort jeweils einen Punkt ein. Auch in diesem Untertest gibt es insgesamt vier Einstreuaufgaben, welche nicht von den restlichen Aufgaben unterscheidbar sind, die nicht in die Bewertung aufgenommen werden. Dies dient der Evaluation der Testfragen. Somit ist eine maximale Punktzahl von 20 erreichbar.

Kaum ein Untertest hat eine so große Variationsbreite der Aufgabenstellung wie „Quantitative und formale Probleme“. Dies kommt daher, dass er sich vieler Bereiche der Mathematik bedient und diese auch als Grundwissen voraussetzt. Geprüft werden soll hierbei das lösungsorientierte Denken des TMS-Teilnehmers, also seine Fähigkeit, aus einer beschriebenen Problemsituation mit vorhandenen Informationen eine Lösung zu generieren. Alle gestellten Aufgaben müssen hierbei ohne das Verwenden von technischen Hilfsmitteln oder ergänzenden Unterlagen bewältigt werden. Ob hierbei die Lösung über eine mathematische Berechnung, ein logisches Annähern, das Ausschließen von falschen Lösungsoptionen oder simples Raten gefunden wird, findet keine Beachtung. Somit ist es jedem Teilnehmer freigestellt, für welchen Lösungsweg er sich entscheidet. Da es zudem für falsche Lösungen keinen Punktabzug gibt, sollte man vor Ablauf der 60 Minuten für jede Aufgabe auf dem Antwortbogen eine Lösungsoption angekreuzt haben.

Um der Aufgabenvielfalt gerecht zu werden, haben wir uns entschieden, diesen Untertest in Teilkapitel einzuteilen, welche die häufigsten Aufgabentypen im Untertest „Quantitative und formale Probleme“ behandeln. Wie in jedem anderen Kapitel finden Sie hier exemplarische Übungsaufgaben und Bearbeitungsstrategien. Auch wenn es für viele verwunderlich erscheinen mag, dass ein Untertest, welcher nur 20 Punkte bringt, vergleichsweise ausführlich behandelt wird, ist es sinnvoll, da dieser Untertest in der Regel eher schwach ausfällt. Um hier ein überdurchschittliches Ergebnis zu erreichen, darf die Vorbereitung in den einzelnen Aufgabenbereichen nicht ausbleiben.

Zudem werden in allen Unterkapiteln von „Quantitative und formale Probleme“ zusätzlich zu den mathematischen Berechnungen logische Annäherungen an die Lösungen der einzelnen Aufgaben vorgeschlagen. Dies soll in erster Linie ein weiteres Werkzeug für Sie sein. Viele Aufgaben des TMS in diesem Bereich lassen sich nicht ausschließlich berechnen, sondern auch auf kreativem Weg lösen. Betrachten Sie die Aufgaben deswegen eher als Rätsel, auf welches eine Antwort gesucht wird.

Die kommenden Unterkapitel werden folgende Themen behandeln:

- Prozentrechnen
- Mischungsaufgaben
- Funktionen
- Proportionalität
- Dreisatz
- Umformungen
- Potenzen

Nehmen Sie sich die Zeit und beginnen Sie frühzeitig mit der Vorbereitung auf die einzelnen Themen des Untertests „Quantitative und formale Probleme“. Die hier angebotenen Lösungsstrategien und logischen Annäherungen sind für sich betrachtet nur Werkzeuge, der Umgang mit diesen muss gelernt werden und braucht Übung. Es macht so gesehen wenig Sinn, alle Unterkapitel an nur einem Tag lernen zu wollen.

Um dem unterschiedlichen Vorwissen, den Stärken und Schwächen der Leser entgegenzukommen, sind alle Unterkapitel nach dem gleichen Muster aufgebaut. Essenziell wichtige Informationen sowie allgemeine Hinweise werden also in manchen Einleitungen redundant vorkommen. Auch wenn von uns empfohlen wird, alle Unterkapitel zu lesen und zu bearbeiten, können Sie sich auf diese Weise auf einzelne Unterkapitel konzentrieren, ohne dabei zentrale Informationen zu überlesen.

Im Anschluss an jedes behandelte Themengebiet folgt eine Seite mit einer Verbesserungsstrategie. Nutzen Sie diese Seite, um über Ihr Vorgehen in den Übungsaufgaben zu reflektieren und die Informationen des Unterkapitels zusammenzufassen. Um diese Aufgabe einfacher bewältigen zu können, raten wir Ihnen, bereits beim Lesen wichtige Informationen hervorzuheben. Je aktiver Sie diesen Teil erarbeiten, umso besser sind die zu erwartenden Erfolge.

Grundsätzliches zur Analyse der möglichen Fehler

Bevor Sie sich den verschiedenen Aufgabentypen des Untertests „Quantitative und formale Probleme" widmen, möchten wir Sie dazu anhalten, darüber nachzudenken, welche grundlegenden Fehler bei deren Bearbeitung gemacht werden können bzw. welche Strategien bei der Bearbeitung helfen können. Es ist zwar richtig, dass der Untertest das problemorientierte Denken ebenso wie mathematisches Grundwissen testet, doch im Gegensatz zur Schulzeit und der Abiturvorbereitung im Fachbereich Mathematik stellt der TMS ganz eigene Herausforderungen an die Teilnehmer.

Bitte nehmen Sie sich die Zeit, über die hier angesprochenen Punkte zu reflektieren und diese entsprechend zu üben. Dies sollte immer ohne Notizen gemacht werden. Je mehr Übungen Sie ausschließlich durch Kopfrechnen bearbeiten, umso fähiger werden Sie in diesem Bereich sein. Um dies zu erreichen, scheuen Sie sich nicht davor, bewusst Berechnungen in Alltagssituationen anzustellen.

Viele Fehler, welche im Untertest „Quantitative und formale Probleme" gemacht werden, sind nicht auf fehlendes Wissen im Bereich der Mathematik zurückzuführen. Viel öfter kommt es vor, dass man durch das Lernen auf das Abitur zu sehr darauf getrimmt ist, exakt nach einem bestimmten System zu arbeiten. Dies hat nur dann Vorteile, wenn man die möglichen Anforderungen abschätzen kann, die gestellt werden.

Der erste, häufige Fehler ist, dass viele Teilnehmer des TMS sich nicht mehr auf das Rechnen ohne elektronische Hilfsmittel verstehen. Damit ist nicht gemeint, dass sie nicht in der Lage wären, eine Aufgabe zu lösen, sondern vielmehr, dass sie nicht mehr in der Lage sind, dies auf einem effizienten Weg zu machen. Es werden unnötige Zwischenschritte gerechnet, welche nicht zielführend sind und damit nur Zeit kosten.

Ein weiterer wichtiger Punkt ist das Volumen an Notizen. Was nicht notiert wurde, kann nicht gewertet werden. Das war eines der Dogmen der Schulzeit. Im TMS gelten andere Regeln. Hier zählt nur das gewählte Ergebnis. In diesem Sinne ist es sogar falsch, seine Antworten zu begründen. Sicher gibt es Aufgaben, bei welchen wir um eine Lösungsfindung in Form von Nebenrechnungen nicht herumkommen, doch sind dies die wenigsten. Notieren Sie also weniger und arbeiten Sie mehr mit dem Kopf.

Es darf nicht übersehen werden, dass es bereits beim Lesen einer Aufgabe auch schon Lösungsvorschläge für diese gibt. Zu keinem Zeitpunkt geht es bei „Quantitative und formale Probleme" darum, ein Ergebnis zu berechnen. Wir bestätigen lediglich eine der fünf möglichen Optionen. Auch zu Schulzeiten gab es bereits ähnliche Verfahren, beim mathematischen Beweis oder Nachweis. Doch diese Aufgaben waren dort sehr selten im Verhältnis zu den üblichen Berechnungen. Sie müssen deswegen hier umdenken. Versuchen Sie nicht, eine Lösung unabhängig von den bereits bestehenden Möglichkeiten zu erzeugen. Stellen Sie sich besser die Frage, wie Sie von den Angaben ausgehend auf eine der Lösungen kommen können.

Arbeiten Sie nicht zu genau. Viele der gestellten Aufgaben erlauben durch Runden, Überschlagen und Schätzen der Werte eine Annäherung an die richtige Lösung. Betrachten Sie bitte deswegen vor den einzelnen Rechnungen zuerst die Unterschiede zwischen den Lösungen. Sind diese groß genug, so reicht eine Schätzung bereits aus, um sicher zum Ziel zu gelangen. Liegen die Optionen zu nah zusammen, so kommen Sie zwar um Rechnungen nicht herum, können diese aber oft vereinfachen.

Der wahrscheinlich gravierendste Fehler ist, dass Werte aus den Angaben unverändert übernommen werden. Sollten Sie sich Werte notieren, um mit diesen eine Berechnung durchzuführen, so sind sie ja bereits dabei zu rechnen. Es macht keinen Sinn, die Werte erst einmal abzuschreiben. Überlegen Sie davor, in welcher Form Ihnen die Angaben am meisten bringen und schreiben Sie diese in der gewählten Darstellung auf. Dies mag Ihnen nur wenige Sekunden an Zeit ersparen, doch summiert es sich über die einzelnen Aufgaben und wird Ihnen so ein besseres Ergebnis bringen.

Als letzten Fehler müssen wir die ungenügende Flexibilität der einzelnen TMS-Teilnehmer nennen. Oftmals versteifen sich viele angehende Studenten darauf, jede Aufgabe durch mathematische Mittel zu lösen. Auch wenn dieser Gedanke nur logisch erscheint, so ist dieser Weg oft nicht der geeignetste. Viele Aufgaben lassen sich durch Annäherung oder kleine Tricks lösen. Gehen Sie also nicht mit dem Gedanken in den Test, dass Sie hier einen Haufen Matheaufgaben vor sich haben. Sehen Sie es vielmehr als eine Rätselsammlung, welche Sie auch mithilfe von Mathe lösen können. Doch dies ist eben nur eine der Optionen. Je mehr verschiedene Lösungsansätze Sie in den folgenden Kapiteln lernen, umso flexibler sollten Sie auch in der Wahl ihrer eigenen Möglichkeiten werden.

Grundsätzliches zur Bearbeitungsstrategie

Die grundlegende Bearbeitungsstrategie bei Aufgaben im Untertest „Quantitative und formale Probleme“ umfasst zwei einfache Schritte:

- Vermeiden der oben genannten Fehler
- Effizientes Arbeiten mit gegebenen Informationen

So banal diese Punkte auch wirken mögen, sie machen den Unterschied zwischen einem normalem und einem überdurchschnittlich gutem Ergebnis aus. Zu unserem Glück begünstigen sich beide Schritte gegenseitig. Gehen wir deswegen als Erstes auf unsere grundsätzliche Haltung gegenüber einer Aufgabe aus diesem Untertest ein.

Wie schon zuvor mehrfach erwähnt, unterscheiden sich Aufgaben aus „Quantitative und formale Probleme“ erheblich von den Matheaufgaben, welche Sie im Laufe Ihrer Schulzeit kennengelernt haben. Wenn man dies weiß, kann man sich diesen Umstand aber zunutze machen. Um den größten Unterschied noch einmal deutlich hervorzuheben: Es geht in den Aufgaben des TMS meist nicht darum, eine präzise Lösung zu berechnen, sondern darum, sich für eine der vorhandenen Lösungen zu entscheiden. Alleine die richtige Auswahl wird belohnt, nicht jedoch der Entscheidungsweg. Jede Aktion muss also dem Ziel dienen, die falschen Lösungsmöglichkeiten zu entfernen oder die richtige herauszufinden.

Um zu wissen, wie wir im Untertest richtig arbeiten, betrachten wir kurz, was wir überhaupt haben:

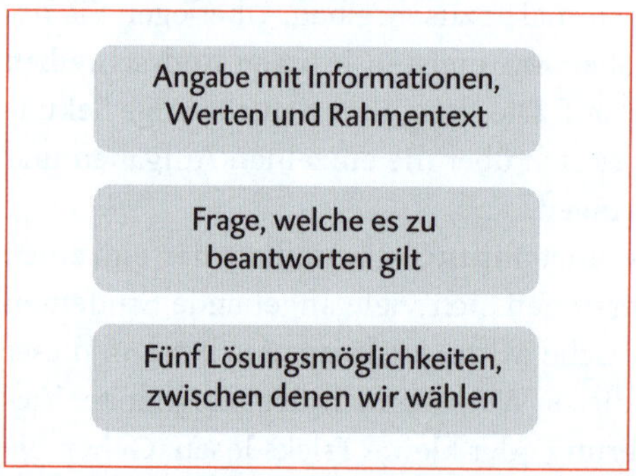

Um eine effiziente Bearbeitung der Aufgabe erst möglich zu machen, müssen wir verstehen, dass wir nie gezwungen sind, die Reihenfolge anzunehmen, die uns vorgeschlagen wird. Selbstverständlich steht ein Rahmentext vor der zu beantwortenden Frage. Ebenso ergibt es auch Sinn, die möglichen Lösungen erst nach der Frage zu präsentieren.

Doch für die Bearbeitung der Aufgabe ist diese Reihenfolge nicht sinnvoll. Jedenfalls nicht, wenn wir sie unter Zeitdruck bearbeiten wollen. Stattdessen empfiehlt es sich, wie in der folgenden Abbildung skizziert in die Aufgabe einzusteigen.

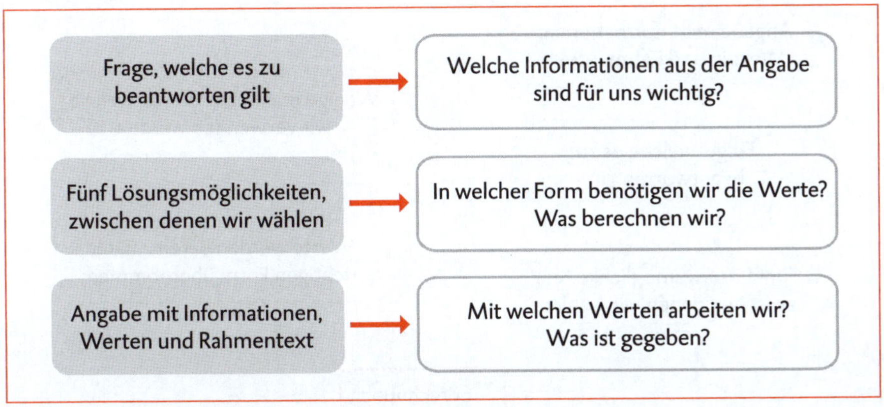

Machen Sie bitte nicht den Fehler, nur mit einem bestimmten Teil der hier angegebenen Informationen zu arbeiten. Eine Angabe zu lesen, ohne überhaupt zu wissen wonach wir suchen, ist verschwendete Zeit. Aus diesem Grund stellen wir die Frage an erste Stelle. Über diese erhalten wir bereits einen kurzen Einblick in die Thematik der gestellten Aufgabe. Sobald wir dann wissen, in welche Richtung wir überhaupt arbeiten sollen, lenken wir unseren Fokus kurz auf die Lösungsmöglichkeiten. So sehen wir, zwischen welchen Optionen wir uns am Ende entscheiden müssen.

Erst nachdem wir wissen, wohin wir eigentlich wollen, lesen wir die Angabe. Hier können wir bereits beim ersten Lesen die für uns wichtigen Werte markieren. Mit dieser Herangehensweise ist es möglich, unwichtige Information gleich herauszufiltern.

Nach diesem Schritt sollten Sie nun alle relevanten Informationen hervorgehoben haben. Dieses Vorgehen ist unserer Erfahrung nach das mit Abstand schnellste, wenn es um die systematische Bearbeitung von Aufgaben mit unbekanntem Inhalt geht.

Jetzt kommen wir zum wichtigsten Teil der Entscheidungsfindung. Wir müssen uns einen Plan erstellen, welcher es uns ermöglicht, entweder falsche Lösungen zu entfernen oder die richtige zu finden. Orientieren Sie sich bei Ihrem Vorgehen ausschließlich an Möglichkeiten, welche eines der beiden Ziele verfolgen.

Um hier effizient zu arbeiten, haben wir verschiedene Optionen, doch richten diese sich wieder nach den gegebenen Informationen (vgl. nachstehende Abbildung).

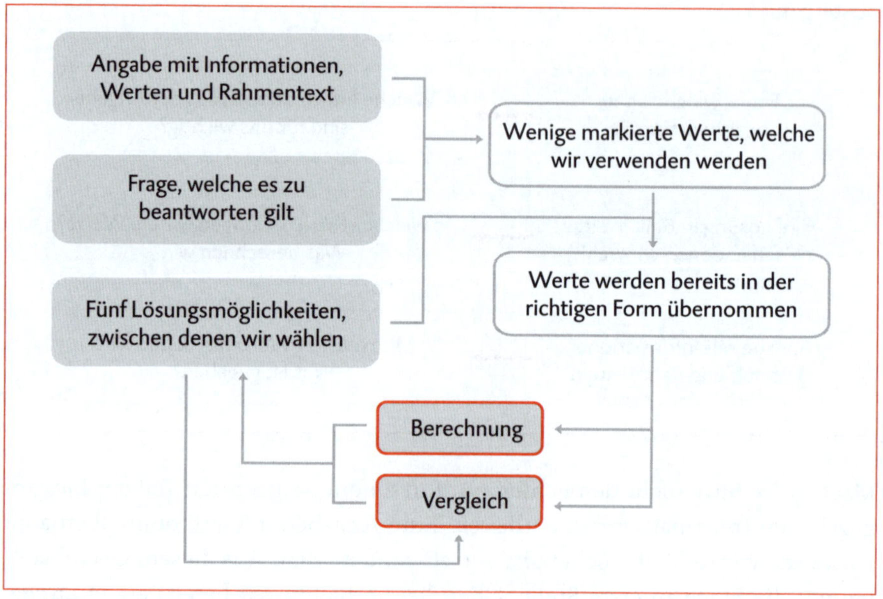

Die Möglichkeiten, welche wir verwenden, um eine Entscheidung zu treffen, sind Berechnungen und Vergleiche. Wenn wir eine Aufgabe berechnen wollen, so greifen wir hier auf verschiedene Bearbeitungsstrategien zurück. Diese sind je nach Aufgabentyp unterschiedlich. Sie werden in den kommenden Kapiteln jeweils ein weiteres Aufgabenfeld sowie die Herangehensweise, die sich als besonders erfolgreich erwiesen hat, kennenlernen.

Der Vergleich ist eine Bearbeitungsstrategie, welche bei den Lösungen ansetzt. Hierbei werden Lösungen direkt miteinander verglichen, um unwahrscheinliche Ergebnisse zu erkennen. Wenn in einer Aufgabe mit physikalischen Einheiten zum Beispiel bei einer Möglichkeit eine zusätzliche Variable auftaucht, welche bei keiner der anderen vier Möglichkeiten vorhanden ist, so kann dies ein guter Indikator für eine falsche Aussage sein.

Auch ist es schon ein guter Ansatz, bereits mit Teilergebnissen einen Vergleich mit den einzelnen Lösungsmöglichkeiten zu wagen. Denn wie schon gesagt, unser Ziel ist es nicht, ein Ergebnis zu berechnen, sondern uns für eine der bereits vorhandenen Lösungsoptionen zu entscheiden.

Damit Sie den Anforderungen der kommenden Unterkapitel besser gerecht werden, möchten wir Ihnen noch ein paar gut gemeinte Tipps für die Berechnung von Aufgaben geben. Diese sind nicht spezifisch für einzelne Aufgabentypen, sondern gelten immer.

Als zusätzlichen Hinweis, den wir Ihnen mit auf den Weg geben möchten
Arbeiten Sie beim Multiplizieren respektive Dividieren immer mit der Primfaktorenzerlegung. Dieses Vorgehen beschreibt das Aufspalten einer Zahl in Primzahlen. Auf dieser Basis lassen sich die meisten Berechnungen des TMS wesentlich einfacher durchführen.

Beispiel

Primfaktorenzerlegung

$75 \cdot 16 = 75 \cdot 2^4 \rightarrow 1200$

$30 : 12 = (30 : 3) : 4 \rightarrow 2{,}5$

$24 \cdot 0{,}6 = 24 \cdot 2 \cdot 3 : 10 \rightarrow 14{,}4$

Auf diese Weise können Sie oft schon Berechnungen im Kopf durchführen und müssen sich nur noch die Ergebnisse notieren. Das spart Zeit und schont Ressourcen.

Als zusätzlichen Hinweis, den wir Ihnen mit auf den Weg geben möchten
Eine weitere Option, den Lösungsweg zu beschleunigen, ist das Runden von Zahlen. Wenn wir die Lösungsmöglichkeiten betrachten und dabei feststellen, dass es einen größeren Unterschied zwischen den einzelnen Ergebnissen gibt, so können wir durch eine etwaige Annäherung bereits eine Entscheidung treffen. Dies trifft auch immer dann zu, wenn wir große Zahlen teilen oder vervielfachen müssen, welche sonst zu einem unansehnlichen Ergebnis führen würden.

Beispiel

Überschlagsrechnung

$3187:16=3200:2^4 \quad \rightarrow \quad \approx 200$

$0{,}47\cdot 6{,}2=0{,}5\cdot 2\cdot 3 \quad \rightarrow \quad \approx 3$

$153\cdot 40\,\%=150\cdot 4:10 \quad \rightarrow \quad \approx 60$

Nutzen Sie die Möglichkeit einer Annäherung an das Ergebnis, sooft es möglich ist. Selbst wenn sie am Ende hierdurch zwischen zwei verschiedenen Optionen schwanken, so konnten Sie bereits drei falsche Lösungen streichen und haben Zeit gespart. Die Überprüfung einer der beiden Möglichkeiten ist dann oft immer noch schneller als eine vollständige Berechnung.

Als zusätzlichen Hinweis, den wir Ihnen mit auf den Weg geben möchten

Lernen Sie, wie Sie die Darstellung von Zahlen flexibel anpassen können. Eine Zahl als Dezimalzahl, Dezimalbruch oder Zehnerpotenz schreiben zu können, erlaubt es Ihnen, auf Ihre Aufgabenstellung reagieren zu können. Eine Tabelle mit Werten, welche Sie bis zum TMS beherrschen sollten, finden Sie im Unterkapitel zu Prozentrechnungen.

Beispiel

Darstellungen

$$250\cdot 2{,}4=250\cdot \frac{24}{10}=250\cdot 2^3\cdot 3:10 \quad \rightarrow \quad 600$$

$$1{,}2\cdot 4{,}5=\frac{12}{10}\cdot\frac{45}{10}=\frac{2\cdot 2\cdot 3^3\cdot 5}{100}=\frac{2\cdot 3^3}{10} \quad \rightarrow \quad 5{,}4$$

$$1{,}8\cdot 10^3\cdot 80\,\%=1{,}8\cdot 10^3\cdot 8\cdot 10^{-1} \quad \rightarrow \quad 1440$$

Auch wenn diese Aufgaben schwer erscheinen, so ist es nur eine Frage der Übung. Teilen Sie sich die Zeit vor dem TMS ein und nutzen Sie jeden Tag zehn Minuten für die Vorbereitung. Sie werden binnen weniger Wochen leistungsstärker werden, als Sie es ahnen.

1 Prozentrechnen

Aufbau und Trainierbarkeit

Der Bereich aus „Quantitative und formale Probleme", der als Erstes im Fokus stehen soll, ist das Rechnen mit Prozenten. Diese werden im TMS häufig verwendet, stellen aber viele Testteilnehmer vor ungeahnte Schwierigkeiten. Dies ist vor allem bedingt durch die Tatsachen, dass keine Taschenrechner verwendet werden dürfen und in den letzten Jahren des Gymnasiums andere Schwerpunkte im Mathematikunterricht gesetzt wurden.

Die Trainierbarkeit der Prozentrechnungen ist sehr hoch. Es geht hier zum einen um ein grundlegendes Verständnis von Prozenten und zum anderen um die schnelle und sichere Umrechnung von Prozentwerten in Dezimalbrüche.

Analyse der möglichen Fehler

Der wahrscheinlich häufigste Fehler ist es, die Werte immer unverändert aus der Angabe zu übernehmen. Unter Zeitdruck, wie im TMS, sind viele Teilnehmer nicht mehr in der Lage, ruhig und konzentriert über Aufgabenstellungen nachzudenken. Sie konzentrieren sich darauf zu entscheiden, welche Lösung die richtige ist, und vergessen, dass es in erster Linie darauf ankommt, genau das herauszufinden. Viele Prüflinge sind an diesen Aufgaben schon verzweifelt.

Vor allem bei Prozentrechnungen ist der Schritt von der Angabe zu einem Lösungsansatz für viele überraschend schwer. Dies kommt daher, dass die meisten Menschen durch das alltägliche Verwenden des Taschenrechners nie gezwungen sind, Prozente selbst zu berechnen. Hier besteht ein starker Zusammenhang zum Kopfrechnen. Beides sollte vor dem TMS täglich trainiert werden.

Auch die Tatsache, dass manche bis zum Abitur nicht verstanden haben, was Prozente eigentlich sind, führt häufig zu Fehlern. Deswegen folgt eine kurze Erklärung, welche Annäherung an die Thematik sich anbietet.

Grundsätzlich ist jede Prozentzahl nur eine Darstellungsweise in der Mathematik und muss auch als eine solche gesehen werden. Die Form kann hierbei flexibel verändert werden, ohne dass sich dabei der Wert ändert:

$$1\,\% \;\Leftrightarrow\; 1 \cdot 10^{-2} \;\Leftrightarrow\; \frac{1}{100} \;\Leftrightarrow\; 0{,}01$$

Je nach Aufgabentyp ist eine der angegebenen Darstellungsweisen eines Prozentsatzes besonders hilfreich. Je leichter es einem fällt, zwischen den verschiedenen Darstellungsmöglichkeiten zu wechseln, desto weniger Anstrengung bedeutet es, einen zielführenden Lösungsansatz zu finden.

Bearbeitungsstrategie

Als zusätzlichen Hinweis, den wir Ihnen mit auf den Weg geben möchten

Egal wie komplex eine Prozentaufgabe des TMS scheint, am Ende folgen alle Berechnungen der gleichen Formel:

Prozentrechnen: Grundwert · Prozentsatz = Prozentwert

An dieser Stelle soll betont werden: Der Grundwert ist immer der unveränderte Wert einer Aufgabe. Ganz gleich, ob wir es mit einer Wertmehrung oder Wertminderung zu tun haben. Um dies zu verdeutlichen, betrachten wir exemplarisch eine mögliche Aufgabenstellung des TMS.

Der Prozentsatz ist der prozentuale Anteil, um welchen der Grundwert erhöht oder gemindert wird. Wenn in der Aufgabenstellung eine Prozentangabe auftaucht, so ist dies in der Regel immer der Prozentsatz. Hierbei ist allerdings darauf zu achten, dass eine Prozentzahl auch anders dargestellt werden kann. Im Gegensatz zum Grundwert hat der Prozentsatz keine eigene Einheit.

Beispiel

Ein geübter Dachdecker braucht zum Abdecken eines Hausdaches zwei Arbeitstage zu jeweils sieben Stunden. Da der Auftraggeber sich einen schnellen Abschluss der Arbeiten wünscht, nimmt der Dachdecker seinen Gesellen mit. Die Arbeitsleistung des Meisters fällt um 20 %, da er seinen Gesellen einweisen muss, und die Leistung des Gesellen beträgt 60 % der eigentlichen Leistung seines Meisters.
Wie viele Stunden brauchen die zwei Arbeiter gemeinsam?

a 7 Stunden
b 8 Stunden
c 9 Stunden
d 10 Stunden
e 12 Stunden

In unserem Beispiel haben wir die Arbeitsleistung eines Meisters, welche sich um einen prozentualen Wert verändert. Um oben genannte Definition auf dieses Beispiel zu verwenden: Die Arbeitsleistung ohne den Gesellen (unveränderte Arbeitsleistung) ist als Grundwert zu betrachten.

Für unser Beispiel können wir festhalten, dass wir zwei verschiedene Prozentsätze haben. Zum einen wird die Arbeitsleistung des Meisters (Grundwert) um einen Prozentsatz gemindert, zum anderen entspricht die Arbeitsleistung des Gesellen einem Prozentsatz der Arbeitsleistung des Meisters (Grundwert). Wir müssen also zwei Berechnungen anstellen, jedoch mit dem gleichen Ausgangswert. Der so veränderte Wert ist der Prozentwert. Dieser sagt uns, was der Prozentsatz auf den Grundwert verrechnet wert ist. Er hat somit die gleiche Einheit wie der Grundwert.

Wenden wir diese Informationen auf die Aufgabe an, erhalten wir zwei Ansätze. Erstens die Arbeitsleistung des Meisters (Prozentwert) als Produkt der Grundleistung mit dem Prozentsatz, zweitens die Arbeitsleistung des Gesellen nach gleicher Berechnung:

$$\text{Arbeitsleistung}_{\text{Meister}}: \quad \text{Grundleistung} \cdot 80\,\%$$
$$\text{Arbeitsleistung}_{\text{Geselle}}: \quad \text{Grundleistung} \cdot 60\,\%$$

Bis zu diesem Zeitpunkt wurde noch keine Berechnung angestellt. Da in dieser Aufgabe nach der Gesamtleistung der beiden Arbeiter gefragt ist, berechnen wir diese aus der Summe beider Leistungen, weil sie sich auf denselben Grundwert beziehen.

$$\begin{aligned}\text{Arbeitsleistung}_{\text{Gesamt}}: \quad & \text{Grundleistung} \cdot 80\,\% + \text{Grundleistung } 60\,\% \\ & \text{Grundleistung} \cdot 140\,\% \\ & \text{Grundleistung} \cdot 1{,}4\end{aligned}$$

Im Falle unserer Aufgabe gibt es einen indirekten Zusammenhang zwischen der Arbeitsleistung und der benötigten Zeit. Eine ausführliche Erklärung für den Umgang mit indirekter wie direkter Proportionalität finden Sie in einem späteren Kapitel dieses Buches. Der Lösungsansatz für unsere Aufgabe lautet:

$$\text{Grundleistung} \cdot 1{,}4 \rightarrow \text{Zeit} \cdot \frac{1}{1{,}4} \rightarrow \frac{\text{Zeit}}{1{,}4} \rightarrow \frac{14\,\text{Stunden}}{1{,}4} \rightarrow 10\,\text{Stunden}$$

Diese letzte Zeile sollte die einzige Berechnung sein, welche angestellt wird, um die Aufgabe zu lösen. Jede zusätzliche Anstrengung bedeutet, dass der Lösungsweg nicht klar war. Es ist notwendig, die eigenen Ressourcen zu schonen, um im Untertest „Quantitative und formale Probleme" im Vergleich zu anderen Teilnehmern besser abzuschneiden.

Um bei Prozentaufgaben eine bessere Übersicht zu bekommen und flexibler zu agieren, gibt es einen Algorithmus, dem man folgen kann. Dieser ist jedoch recht simpel gehalten, da die Variationsbreite sehr hoch ist. Die beste Vorbereitung ist deshalb regelmäßiges Üben.

Zusammenfassung

Um Aufgaben danach einfacher zu berechnen, ist es ratsam aufzuschreiben, welche Tipps und Tricks besonders hilfreich waren.

- **Markieren Sie in der Angabe** — 25 Sekunden maximal

  Markieren Sie während des ersten Lesens bereits wichtige Werte in der Angabe. Auf diese Weise können Sie Ihre Augen besser entspannen, da diese nicht mehr beim Suchen ohne Halt über den Text fliegen. Es ist ratsam, jede Aufgabe mit dem Lesen der Frage zu beginnen, welche am Ende steht. So weiß man danach genau, welche Werte der Angabe wichtig sind und welche nicht. Doch dies ist von Teilnehmer zu Teilnehmer unterschiedlich, deswegen sollte man zunächst ausführlich prüfen, von welchen Strategien man am meisten profitiert.

- **Ordnen Sie mathematische Begriffe zu** — 4 Sekunden maximal

  Wenn Sie bemerken, dass es sich um eine Prozentaufgabe handelt, so weisen Sie den gelesenen Werten die Begriffe „Grundwert“, „Prozentsatz“ und „Prozentwert“ zu. Legen Sie Ihren Fokus hier auch auf die angegebenen Lösungsmöglichkeiten. Beantworten Sie sich selbst die Frage, nach was gesucht wird, und achten Sie dabei auch auf etwaige Einheiten oder die Darstellung der Lösung (Bruch, Zehnerpotenz, Prozentzahl).

- **Arbeiten Sie mit den Lösungsmöglichkeiten** — 30 Sekunden maximal

  Zu diesem Zeitpunkt sind Sie bereits so weit in der Aufgabe, dass Sie falsche und unlogische Lösungen erkennen können. Sollten Sie solche identifizieren, so zögern Sie nicht, sie direkt auszustreichen. Zudem erhalten Sie so eine bessere Orientierung über die Aufgabe und können Ihr Vorgehen besser planen. Manche Aufgaben lassen sich bereits an dieser Stelle lösen.

- **Finden Sie einen Lösungsweg** — 30 Sekunden maximal

  Überlegen Sie sich ein Vorgehen in höchstens 3 Schritten. Zu diesem Zeitpunkt haben Sie noch keine Berechnung angestellt und dies ist auch nicht notwendig. Die Zeit, welche Sie hier investieren, sparen Sie sich danach durch eine einfachere und gezielte Berechnung. Zudem schonen Sie Ihre Konzentration und können Fehler im Zweifelsfall auch schneller finden.

- **Berechnen Sie die Aufgabe** — 120 Sekunden maximal

  Beginnen Sie mit dem Aufstellen einer Formel. Mit dieser können Sie arbeiten, anstatt direkte Berechnungen anzustellen. Im Gegensatz zu Schulaufgaben oder anderen Mathetests interessiert es hier nicht, wie Sie auf eine Lösung gekommen sind. Vereinfachen Sie deswegen Ihre Berechnung so weit wie möglich und setzen Sie die Werte erst am Ende ein. Werfen Sie einen Blick auf die Lösungen: Achten Sie darauf, ob die Ergebnisse ganze Zahlen sind und gleiche Abstände zueinander haben. Dann können Sie meist runden oder das Ergebnis überschlagen. Sollten Sie zwischen zwei/drei möglichen Ergebnissen schwanken und noch genug Zeit haben, so überprüfen Sie eines/das mittlere, um eine Lösung zu erhalten.

Bearbeitungsstrategie im Überblick

Markieren in der Angabe
Frage davor lesen,
Werte danach markieren

↓

Ordnen Sie Begriffe zu
Grundwert, Prozentsatz und Prozentwert – auch bei Lösungen

↓

Arbeiten Sie mit Lösungen
Falsche/unlogische Lösungen streichen, sich an der Darstellung orientieren

↓

Finden Sie einen Lösungsweg
Maximal 3 Schritte

↓

Berechnung der Aufgabe

- Erstellen Sie eine Formel und vereinfachen Sie diese so weit wie möglich.
  Grundwert · Prozentsatz = Prozentwert
- Runden und vereinfachen Sie Ihre Werte, wenn die Ergebnisse weite/gleichmäßige Abstände zueinander haben.
- Bringen Sie Ihre Prozentzahlen in eine Darstellung, die für die Berechnung von Vorteil ist. Gleichen Sie an dieser Stelle die Einheiten an.
- Setzen Sie zuletzt Ihre Werte ein und führen Sie die Berechnung durch.
- Nutzen Sie hierzu insbesondere die Möglichkeiten der Primfaktorenzerlegung.
  z. B. $\text{Grundwert} \cdot 12\,\% = \text{Grundwert} \cdot \frac{12}{100} = \frac{\text{Grundwert} \cdot 2 \cdot 2 \cdot 3}{100}$

Anhang

Es empfiehlt sich, für die Bearbeitung der TMS-Aufgaben diese Tabelle auswendig zu lernen. Sie wird als Grundwissen angesehen und vorausgesetzt. Die Umrechnung in die verschiedenen Darstellungsformen muss deswegen ohne weitere Anstrengung funktionieren.

Prozentzahl	Dezimalzahl	Zehnerpotenz	Bruch
100 %	1	$10 \cdot 10^{-1}$	$\frac{100}{100}$
80 %	0,8	$2^3 \cdot 10^{-1}$	$\frac{4}{5}$ oder $\frac{2^3}{10}$
75 %	0,75	$3 \cdot 5^2 \cdot 10^{-2}$	$\frac{3}{4}$ oder $\frac{5^2 \cdot 3}{100}$
66 %	0,66	$66 \cdot 10^{-2}$	$\approx \frac{2}{3}$
50 %	0,5	$5 \cdot 10^{-1}$	$\frac{1}{2}$
40 %	0,4	$2^2 \cdot 10^{-1}$	$\frac{2}{5}$ oder $\frac{2^2}{10}$
33 %	0,33	$33 \cdot 10^{-2}$	$\approx \frac{1}{3}$
25 %	0,25	$5^2 \cdot 10^{-2}$	$\frac{1}{4}$ oder $\frac{1}{2^2}$
20 %	0,2	$2 \cdot 10^{-1}$	$\frac{1}{5}$ oder $\frac{2}{10}$
15 %	0,15	$3 \cdot 5 \cdot 10^{-2}$	$\approx \frac{1}{7}$
12,5 %	0,125	$12{,}5 \cdot 10^{-2}$	$\frac{1}{8}$ oder $\frac{1}{2^3}$
0 %	0	$0 \cdot 10^{-2}$	$\frac{0}{x} (x \neq 0)$

Übungsaufgaben

Es folgen nun zwei Aufgaben, welche Sie nach folgendem System bearbeiten:

1 Lesen Sie die Aufgabenstellung genau, markieren Sie dabei wichtige Informationen.

2 Finden Sie einen Lösungsweg mit maximal drei Schritten.

3 Bearbeiten Sie die Aufgabe in der vorgegebenen Zeit.
   a Skizzen (wenn benötigt) bitte in das vorgegebene Feld
   b Zwischenschritte (wenn benötigt) bitte in das vorgegebene Feld

4 Geben Sie an, warum manche Lösungen nicht richtig sein können.

- Anzahl der Aufgaben: 2
- Zeit pro Aufgabe: 140 s
- Gesamtzeit der Übung: 4 min 40 s

25 Sie möchten sich einen Kirsch-Bananen-Fruchtsaft mixen und haben für diesen Zweck Früchte eingekauft. Ihnen ist bekannt, dass 100 g Kirschen 7,98 g Zucker und 100 g Bananen 12,02 g Zucker beinhalten.

Wie viel Gramm Bananen können Sie maximal in einem Getränk verarbeiten, wenn Sie am Ende ein Glas mit 300 *mℓ* Inhalt füllen wollen und der Zuckergehalt nicht mehr als 10 % des Gewichts betragen soll? Gehen Sie hierbei näherungsweise davon aus, dass 1 *mℓ* des Getränks dem Gewicht von 1 g entspricht.

- **a** 75 g ☐ falsch, weil ______
- **b** 100 g ☐ falsch, weil ______
- **c** 125 g ☐ falsch, weil ______
- **d** 150 g ☐ falsch, weil ______
- **e** 175 g ☐ falsch, weil ______

Lösungsweg (max. 3 Schritte/20 Sekunden):

______

______

______

Berechnung der Aufgabe (max. 120 Sekunden):

26 Sie wollen auf einer Party mit 14 Gästen je einen Cocktail pro Gast mischen und verwenden dabei folgendes Rezept für einen Amaretto Sunrise: 1 cl Erdbeersirup; 5 cl Amaretto (25 % Alkoholgehalt); 8 cl Mangosaft; 6 cl Bananensaft.

Leider müssen Sie feststellen, dass Sie nur noch 30 cl des Amarettos mit 25 % Alkoholgehalt haben und nutzen für den Rest des Rezepts einen Amaretto mit 20 % Alkoholgehalt.

Wie hoch ist der durchschnittliche Anteil des Alkohols in einem Amaretto Sunrise nach der Mischung?

a 5,5 % ☐ falsch, weil ____________________

b 7,0 % ☐ falsch, weil ____________________

c 8,5 % ☐ falsch, weil ____________________

d 9,0 % ☐ falsch, weil ____________________

e 10,5 % ☐ falsch, weil ____________________

Lösungsweg (max. 3 Schritte/20 Sekunden):

____

____

____

Berechnung der Aufgabe (max. 120 Sekunden):

Verbesserungsstrategie

Aufgaben aus dem Bereich Prozentrechnen haben sehr viele Variationsmöglichkeiten. Deswegen ist es notwendig, sich mit verschiedenen Aufgabenstellungen auseinanderzusetzen und neue Möglichkeiten der Bearbeitung zu üben. Reflektieren Sie über die gelösten Aufgaben und fragen Sie sich selbst:

In welcher Darstellungsform haben Sie die Prozentaufgaben am sichersten bearbeitet?

☐ als Bruch ☐ als Zehnerpotenz ☐ als Dezimalzahl

☐ als Prozentzahl ☐ eigenes System ☐ ______________

Haben Sie bei den Aufgaben bereits aktiv versucht, Brüche in Primfaktoren zu zerlegen?

☐ ja ☐ nein

Konnten Sie bei den Aufgaben bereits beim Lesen manche Lösungen ausschließen?

____

____

____

Platz für weitere Notizen:

____

____

____

____

____

____

____

2 Mischungsaufgaben

Aufbau und Trainierbarkeit

Der Untertest selbst besteht aus 24 Aufgaben, von welchen 20 gewertet und 4 unbestimmte als Einstreuaufgaben gestellt werden. Es wird im TMS darauf geachtet, die Aufgaben nach Schwierigkeitsgrad zu sortieren. Da der Schwierigkeitsgrad bei diesem Aufgabentyp jedoch stark subjektiv empfunden wird, kann diese Regel nicht als allgemeingültig betrachtet werden. Dennoch ist es ratsam, sich grob an die vorgegebene Reihenfolge der Aufgaben zu halten. Für die Bearbeitung stehen insgesamt 60 Minuten zur Verfügung. Dies entspricht 150 Sekunden pro Aufgabe. Angestrebt werden 120 Sekunden pro Mischungsaufgabe. Im Gegensatz zu den davor besprochenen Prozentaufgaben ist hier mit weniger Variation zu rechnen, was eine schnellere Bearbeitung erlaubt.

Die Trainierbarkeit der Mischungsaufgaben ist sehr hoch. Durch das Anwenden von simplen Formeln können Aufgaben in diesem Bereich stark vereinfacht werden. Zudem lassen sich einige Angaben durch Logik bereits so weit zusammenfassen, dass sich Berechnungen erübrigen.

In kaum einem anderen Teilbereich von „Quantitative und formale Probleme" lassen sich Aufgaben so sicher durch Annäherung und sinnvolle Überlegungen lösen. Nutzen Sie deswegen bitte die Zeit für regelmäßige Übung, um das Wissen, das hier vermittelt wird, zu vertiefen.

Analyse der möglichen Fehler

Bei der Bearbeitung von Mischungsaufgaben geht es in erster Linie darum, sich eine Übersicht über die Angaben zu erstellen. Ein Fehler, welcher von vielen Teilnehmern des TMS begangen wird, ist, direkt mit der Rechnung zu beginnen, noch bevor man sich richtig orientiert hat. Sicher gibt es einige Möglichkeiten, eine Mischungsaufgabe auf mathematischem Weg zu lösen, doch sind diese oft mit einem nicht unerheblichen Mehraufwand verbunden. Es ist an dieser Stelle zu betonen, dass „Quantitative und formale Probleme" erst der vierte Untertest am Vormittag des TMS ist. Betrachten Sie es deswegen wie einen Ausdauerlauf. Wer hier bereits seit zwei Stunden sprintet, wird am Ende keine Luft mehr haben. Deswegen ist das sorgsame Einteilen von Ressourcen ebenso wichtig wie das strategische Vorgehen bei einer Aufgabe.

Ein weiterer Fehler ist darin zu sehen, dass vorkommende Einheiten nicht korrekt umgerechnet werden. Oft werden bei Mischungsaufgaben mehrere physikalische Einheiten verwendet, um den Schwierigkeitsgrad der Aufgabe anzuheben. Diese können verschieden dargestellt sein und müssen oft angepasst werden.

Der letzte und offensichtlichste Fehler ist es, nicht zu wissen, wie man eine Mischungsaufgabe berechnet. Jeder, der diese Überlegung erst während des TMS machen muss, ist automatisch langsamer als vorbereitete Teilnehmer. Da das Ergebnis immer am Durchschnitt aller Personen gemessen wird, welche die Prüfung schreiben, kann man sich genau durch dieses Vorwissen absetzen und einen Vorteil sichern.

Bearbeitungsstrategie

Bei Mischungsaufgaben gibt es nur wenige Möglichkeiten, wonach gefragt werden kann. Deswegen unterscheiden wir zwei Fälle:

- Die Konzentrationen der Startflüssigkeiten sind bekannt, ebenso die der Zielflüssigkeit. Gesucht ist das Mischverhältnis der Flüssigkeiten.
- Die Konzentrationen einer Startflüssigkeit sowie der Zielflüssigkeit sind bekannt. Gesucht ist die Konzentration der zweiten Startflüssigkeit.

Betrachten wir diese Fälle nun genauer. Immer, wenn wir eine Mischung aus zwei Flüssigkeiten berechnen, verwenden wir das Prinzip des Mischungskreuzes.

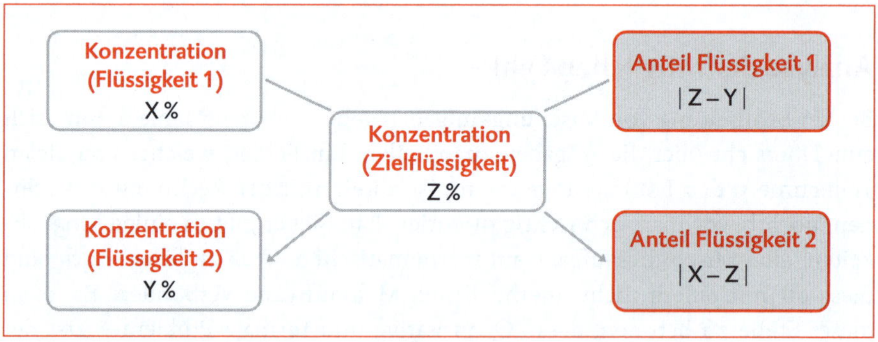

Haben wir zwei Flüssigkeiten mit einer bekannten Konzentration, ebenso eine Zielflüssigkeit mit einer bekannten Konzentration, so wird mit an Sicherheit grenzender Wahrscheinlichkeit immer nach dem Mischungsverhältnis der Flüssigkeiten gefragt werden.

Dieses ist gleichzusetzen mit dem Verhältnis der Volumen der beiden Flüssigkeiten zueinander. Es ergeben sich somit folgende mathematische Zusammenhänge:

Anteil (Flüssigkeit 1) =
Konzentration (Zielflüssigkeit) – Konzentration (Flüssigkeit 2)

Anteil (Flüssigkeit 2) =
Konzentration (Flüssigkeit 1) – Konzentration (Zielflüssigkeit)

$$\text{Mischverhältnis (Zielflüssigkeit)} = \frac{\text{Anteil (Flüssigkeit 1)}}{\text{Anteil (Flüssigkeit 2)}}$$

Volumenanteil (Flüssigkeit 1) =

$$\frac{\text{Anteil (Flüssigkeit 1)}}{\text{Anteil (Flüssigkeit 1)} + \text{Anteil (Flüssigkeit 2)}} \cdot \text{Gesamtflüssigkeit}$$

Volumenanteil (Flüssigkeit 2) =

$$\frac{\text{Anteil (Flüssigkeit 2)}}{\text{Anteil (Flüssigkeit 1)} + \text{Anteil (Flüssigkeit 2)}} \cdot \text{Gesamtflüssigkeit}$$

Diese Zusammenhänge werden verständlicher, wenn wir sie direkt auf eine Aufgabe des TMS anwenden.

Beispiel

Für einen Laborversuch sollen zwei Liter einer 14 % NaCl-Lösung angesetzt werden. Doch auf Lager findet sich nur noch ein Behälter mit 1,2 Litern einer 35 % NaCl-Lösung. Um die gewünschte Lösung zu erhalten, wird die gefundene NaCl-Lösung mit destilliertem Wasser verdünnt.

Welche Menge an destilliertem Wasser wird benötigt?

- **a** 800 *ml*
- **b** 900 *ml*
- **c** 1 000 *ml*
- **d** 1 100 *ml*
- **e** 1 200 *ml*

Wenden wir unser Mischungskreuz auf diese Aufgabe an, so erhalten wir folgende Werte:

Konzentration (Flüssigkeit 1) = 35 % ⇒ X = 35
Konzentration (Flüssigkeit 2) = 0 % ⇒ Y = 0
Konzentration (Zielflüssigkeit) = 14 % ⇒ Z = 14

Jetzt können wir mit den Werten X, Y und Z die jeweiligen Anteile aus den Startflüssigkeiten berechnen. An dieser Stelle sei noch erwähnt, dass destilliertes Wasser eine Salzkonzentration von 0 % hat. Aus diesem Grund wurde es so übernommen.

$$\text{Anteil (Flüssigkeit 1)} = |Z - Y| = |14 - 0| = 14$$

$$\text{Anteil (Flüssigkeit 2)} = |X - Z| = |35 - 14| = 21$$

$$\text{Mischverhältnis (Zielflüssigkeit)} = \frac{\text{14 Teile Flüssigkeit 1}}{\text{21 Teile Flüssigkeit 2}} = \frac{\text{2 Teile Flüssigkeit 1}}{\text{3 Teile Flüssigkeit 2}}$$

Wir können also festhalten, dass die Zielflüssigkeit aus einem Mischverhältnis 2 zu 3 der 14 % NaCl-Lösung und dem destillierten Wasser besteht. Um jetzt die benötigten Volumen des Wassers zu berechnen, müssen wir nur noch das Gesamtvolumen der Zielflüssigkeit unter Berücksichtigung des Mischverhältnisses verrechnen.

$$\text{Volumenanteil (Wasser)} = \frac{3}{2+3} \cdot 2\,000\,m\ell = \frac{3}{5} \cdot 2\,000\,m\ell = \frac{3 \cdot 2 \cdot 2\,000}{10}\,m\ell$$
$$= 1200\,m\ell$$

Selbstverständlich gibt es auch andere Möglichkeiten, die Lösung einer Mischungsaufgabe zu ermitteln. Wie zuvor bereits erwähnt, können viele Aufgaben auch durch eine Annäherung an die wahrscheinlichste Lösung bearbeitet werden.

Mischt man zwei Flüssigkeiten mit unterschiedlicher Konzentration, so kann die der Zielmischung nur zwischen den verwendeten Konzentrationen liegen. Die zu erwartende Konzentration kann durch das Verhältnis der Flüssigkeitsmengen abgeschätzt werden.

Beispiel

Auch diese Herangehensweise können wir auf die obige Aufgabe anwenden:

$$\text{Konzentration (Flüssigkeit 1)} = 35\,\%$$
$$\text{Konzentration (Flüssigkeit 2)} = 0\,\%$$

Würden wir beide Flüssigkeiten in einem Verhältnis von 1 zu 1 mischen, so wäre die Konzentration der dadurch entstandenen Mischung 17,5 %. Dies ergibt sich daraus, dass wir bei gleichem Volumen der Startflüssigkeiten den Mittelwert der Konzentration beider Flüssigkeiten erreichen. Da wir jedoch eine Mischung mit einer Konzentration von unter 17,5 % erstellen wollen, muss der Volumenanteil der Flüssigkeit mit der geringeren Konzentration höher sein.

$$\text{Volumen (Wasser)} > \frac{1}{2} \cdot \text{Volumen (Mischung)}$$

Aus dieser Überlegung heraus können bereits die Lösungen A, B und C ausgeschlossen werden. Bei diesen Lösungsmöglichkeiten ist die Bedingung nicht mehr erfüllt, da der Wasseranteil zu gering ist. Um jetzt eine eindeutige Lösung zu bestimmen, brauchen wir nur noch eine der übrigen Möglichkeiten zu überprüfen. Sollten immer noch mehr als zwei Antworten übrig bleiben, testen wir die mittlere aus und können so, falls diese nicht korrekt ist, zwei Lösungen streichen. Dies ist abhängig davon, ob die eingesetzten Werte zu klein oder zu groß waren, um die Gleichung richtigzustellen.

Überprüfung (D): $\frac{(1100 \cdot 0\,\%) + (900 \cdot 35\,\%)}{2000} \stackrel{?}{=} 14\,\%$

$$15{,}75\,\% > 14\,\%$$

In diesem Fall wurde die Stoffmenge der einzelnen Konzentrationen ins Verhältnis zum Gesamtvolumen der Mischung gesetzt. Aus der Annahme der Verwendung von 1 100 *mℓ* Wasser folgt eine Menge von 900 *mℓ* der 35 % NaCl-Lösung, da das Gesamtvolumen der Mischung ja 2 000 *mℓ* betragen soll. Doch auch in dieser Mischung benötigen wir mehr Volumen der Flüssigkeit mit der geringeren Konzentration. Somit kann nur noch Lösung E richtig sein.

Beide Methoden sind geeignet, um eine Lösung zu generieren. Es hängt von der Aufgabe, den vorhandenen Angaben und nicht zuletzt vom TMS-Teilnehmer selbst ab, welcher Weg vorteilhafter ist. Grundsätzlich lässt sich sagen, dass der mathematische Weg den sichereren Weg zu einem korrekten Ergebnis darstellt, jedoch mehr Zeit in Anspruch nimmt. Durch einen logischen Gedankengang kann man oftmals bereits einige der Lösungsoptionen ausschließen, meistens bleiben aber noch mehrere Möglichkeiten übrig. Es empfiehlt sich, beide Methoden regelmäßig zu üben, um während des TMS flexibel agieren zu können.

Zusammenfassung

Um Aufgaben danach einfacher zu berechnen, ist es ratsam aufzuschreiben, welche Tipps und Tricks besonders hilfreich waren.

- **Markieren Sie in der Angabe** — 20 Sekunden maximal

  Markieren Sie während des ersten Lesens bereits wichtige Werte in der Angabe. Auf diese Weise können Sie Ihre Augen besser entspannen, da diese nicht mehr beim Suchen ohne Halt über den Text fliegen. Es wird empfohlen, mit dem Lesen der Frage zu beginnen, welche am Ende der Aufgabe steht. So weiß man danach genau, welche Werte der Angabe für einen selbst wichtig sind und welche nicht. Doch dies ist von Teilnehmer zu Teilnehmer unterschiedlich, deswegen sollten Sie Ihre Präferenzen mithilfe der Übungsaufgaben testen.

- **Erstellen Sie ein Mischungskreuz** — 4 Sekunden maximal

  Wenn Sie bemerken, dass es sich um eine Mischungsaufgabe handelt, so weisen Sie den gelesenen Werten die Begriffe „X", „Y" und „Z" zu. Diese orientieren sich an den Konzentrationen der Startflüssigkeiten und der Mischung. Legen Sie Ihren Fokus hier auch auf die angegebenen Lösungsmöglichkeiten. Wenn Sie sich unsicher sind, fertigen Sie eine simple Skizze des Mischungskreuzes an.

- **Arbeiten Sie mit den Lösungsmöglichkeiten** — 20 Sekunden maximal

  Zu diesem Zeitpunkt sind Sie bereits so in die Aufgabe vertieft, dass Sie falsche und unlogische Lösungen erkennen können. Gehen Sie hier von den Konzentrationsgrenzen der Startflüssigkeiten und einer Eins-zu-eins-Mischung aus. Über die Konzentration der Mischung oder das Mischverhältnis können Sie hier manche unrealistische Lösungsmöglichkeit erkennen. Sollten Sie eine solche identifizieren, so zögern Sie nicht, sie direkt auszustreichen. Zudem erhalten Sie so eine bessere Orientierung innerhalb der Aufgabe und können Ihr Vorgehen besser planen. Manche Aufgaben lassen sich bereits an dieser Stelle lösen.

- **Finden Sie einen Lösungsweg** — 30 Sekunden maximal

  Überlegen Sie sich ein Vorgehen in höchstens 3 Schritten. Zu diesem Zeitpunkt haben Sie noch keine Berechnung angestellt, was auch nicht notwendig ist. Die Zeit, welche Sie hier investieren, sparen Sie anschließend durch eine einfachere und gezieltere Berechnung. Zudem schonen Sie Ihr Konzentrationsvermögen und können Fehler im Notfall schneller finden.

- **Berechnen Sie die Aufgabe** — 120 Sekunden maximal

  Berechnen Sie die Anteile der Flüssigkeiten über das Mischungskreuz oder erstellen Sie eine eigene Formel. Vereinfachen Sie Ihre Berechnung so weit wie möglich und setzen Sie die Werte erst am Ende ein. Alternativ können Sie sich der Lösung auch durch Überlegungen annähern. Werfen Sie einen Blick auf die Lösungen: Achten Sie darauf, ob die Ergebnisse ganze Zahlen sind und gleiche Abstände zueinander haben. Dann können Sie meist runden oder das Ergebnis überschlagen. Sollten Sie zwischen zwei/drei möglichen Ergebnissen schwanken und noch genug Zeit haben, so überprüfen Sie eines der beiden/das mittlere der drei, um (per Ausschlussverfahren) eine Lösung zu erhalten.

Bearbeitungsstrategie im Überblick

Markieren in der Angabe
Frage davor lesen,
Werte danach markieren

↓

Mischungskreuz erstellen
X, Y und Z zuweisen,
Skizze erstellen

↓

Arbeiten Sie mit Lösungen
Falsche/unlogische Lösungen streichen,
sich an Eins-zu-eins-Mischung orientieren

↓

Finden Sie einen Lösungsweg
Maximal 3 Schritte

↓

Berechnung der Aufgabe

- Berechnen Sie die Anteile der Flüssigkeiten über das Mischungskreuz.
  Anteil (Flüssigkeit 1) $= |Z - Y|$
  Anteil (Flüssigkeit 2) $= |X - Z|$
- Alternativ erstellen Sie eine eigene Formel für die Berechnung der Aufgabe. Vereinfachen und arbeiten Sie mit dieser und setzen Sie die Werte aus der Angabe erst im letzten Schritt ein.
- Achten Sie darauf, dass alle verwendeten Einheiten berücksichtigt wurden. Passen Sie diese vor der Berechnung gegebenenfalls an.
- Konnten Sie schon Lösungsmöglichkeiten ausschließen, so ist es oft schneller, eine der Möglichkeiten direkt zu überprüfen, um eine Lösung zu generieren.

Anhang

Bitte lernen Sie für die Bearbeitung der TMS-Aufgaben diese Tabelle auswendig. Sie wird als Grundwissen angesehen und vorausgesetzt. Die Umrechnung in die verschiedenen Darstellungsformen muss deswegen ohne weitere Anstrengung funktionieren. Diese Werte sind exemplarisch und sollen verdeutlichen, wie die Einheit Liter in Milliliter, Kubikzentimeter und Kubikmeter umgerechnet werden kann.

Liter	Milliliter	Kubikzentimeter	Kubikmeter
$1\ \ell$ $1\ \ell$	$1 \cdot 10^3\ m\ell$ $1\,000\ m\ell$	$1 \cdot 10^3\ cm^3$ $1\,000\ cm^3$	$1 \cdot 10^{-3}\ m^3$ $0{,}001\ m^3$
$0{,}6\ \ell$ $0{,}6\ \ell$	$6 \cdot 10^2\ m\ell$ $600\ m\ell$	$6 \cdot 10^2\ cm^3$ $600\ cm^3$	$6 \cdot 10^{-4}\ m^3$ $0{,}0006\ m^3$
$0{,}25\ \ell$ $0{,}25\ \ell$	$25 \cdot 10^1\ m\ell$ $250\ m\ell$	$25 \cdot 10^1\ cm^3$ $250\ cm^3$	$25 \cdot 10^{-5}\ m^3$ $0{,}00025\ m^3$
Es gilt immer:	$1\ \ell = 1\,000\ m\ell$ $1\ \ell = 1\,000\ cm^3$	$1\ m^3 = 1\,000\,000\ cm^3$ $1\ \ell = 0{,}001\ m^3$	

Übungsaufgaben

Es folgen nun zwei Aufgaben, welche Sie nach folgendem System bearbeiten:

1. Lesen Sie die Aufgabenstellung genau, markieren Sie dabei wichtige Informationen.
2. Finden Sie einen Lösungsweg mit maximal drei Schritten.
3. Bearbeiten Sie die Aufgabe in der vorgegebenen Zeit.
   a. Skizzen (wenn benötigt) bitte in das vorgegebene Feld
   b. Zwischenschritte (wenn benötigt) bitte in das vorgegebene Feld
4. Geben Sie an, warum manche Lösungen keinen Sinn ergeben.

- **Anzahl der Aufgaben:** 2
- **Zeit pro Aufgabe:** 140 s
- **Gesamtzeit der Übung:** 4 min 40 s

27 Um den Geschmack von Speisen zu verbessern, wird oft eine alkoholhaltige Flüssigkeit hinzugefügt, wobei das Ethanol beim Erhitzen wieder verdampft. So bleibt das Aroma erhalten, jedoch nicht die unerwünschten Nebeneffekte des Alkohols.
Für ein Fest wird ein Rezept vorbereitet, bei welchem unter anderem 0,8 Liter eines 60 %igen Rums mit 1,2 Liter eines 80 %igen Rums gemischt werden. Welchen Alkoholgehalt hat die nun entstandene Mischung aus den zwei verschiedenen Rumsorten?

a 66 % ☐ falsch, weil ______________________________
b 72 % ☐ falsch, weil ______________________________
c 68 % ☐ falsch, weil ______________________________
d 70 % ☐ falsch, weil ______________________________
e 74 % ☐ falsch, weil ______________________________

Lösungsweg (max. 3 Schritte/20 Sekunden):

____
____
____

Berechnung der Aufgabe (max. 120 Sekunden):

28 In einem Labor soll eine Lösung mit einem Ethanolgehalt von insgesamt 50 % hergestellt werden. Doch leider finden sich in der Vorratskammer nur noch zwei Behälter mit unpassendem Alkoholgehalt. Der erste Behälter hat ein Fassungsvolumen von 10 Litern und ist gefüllt mit einem 36 %igen Alkohol. Der zweite Behälter hat ein Fassungsvolumen von 15 Litern und ist gefüllt mit einem 60 %igen Alkohol.
Wie viel Flüssigkeit aus dem zweiten Behälter muss verwendet werden, wenn bei der Mischung die Hälfte des Inhalts aus dem ersten Behälter verwendet wird?

a 5,8 ℓ ☐ falsch, weil ______

b 6,2 ℓ ☐ falsch, weil ______

c 6,6 ℓ ☐ falsch, weil ______

d 7,0 ℓ ☐ falsch, weil ______

e 7,4 ℓ ☐ falsch, weil ______

Lösungsweg (max. 3 Schritte/20 Sekunden):

______

______

______

Berechnung der Aufgabe (max. 120 Sekunden):

Verbesserungsstrategie

Problemstellungen im Bereich Mischungsaufgaben haben kaum Variationsmöglichkeiten. Somit ist es möglich, sich für diese Aufgabenstellungen ein festes Vorgehen anzueignen, welches es ermöglicht, Zeit und andere Ressourcen zu sparen. Die Methoden selbst variieren in diesem Bereich stark und sollten deswegen von jedem TMS-Teilnehmer selbst gewählt werden. Um eine Alternative zum Mischungskreuz zu geben, wurden die Aufgaben mathematisch durch weitere Formeln gelöst. Reflektieren Sie über die gelösten Aufgaben und fragen Sie sich selbst:

Durch welche Methode konnten Sie die Aufgaben am einfachsten lösen?

☐ Mischungskreuz ☐ logische Annäherung ☐ eigene Formel

Könnten Sie jetzt die Lösung über alle drei oben genannten Wege herleiten?

☐ ja ☐ nein

Welche der Methoden liegt Ihnen am ehesten und wo sehen Sie einen Vorteil für sich?

____

____

____

Platz für weitere Notizen:

3 Funktionen

Aufbau und Trainierbarkeit

Der Untertest selbst besteht aus 24 Aufgaben, von welchen 20 gewertet und 4 unbestimmte als Einstreuaufgaben gestellt werden. Es wird im TMS darauf geachtet, die Aufgaben nach Schwierigkeitsgrad zu sortieren. Da der Schwierigkeitsgrad bei diesem Aufgabentyp jedoch stark subjektiv empfunden wird, kann diese Regel nicht als allgemeingültig betrachtet werden. Dennoch ist es ratsam, sich grob an die vorgegebene Reihenfolge der Aufgaben zu halten. Für die Bearbeitung stehen insgesamt 60 Minuten zur Verfügung. Dies entspricht 150 Sekunden pro Aufgabe. Aufgrund der hohen Variationsbreite von Funktionen ist dies auch die angestrebte Zeit.

Die Trainierbarkeit der Funktionen ist hoch. Auch wenn die Aufgabenstellungen selbst eine sehr große Vielfalt erlauben, so lassen sie sich doch auf Funktionen des ersten und zweiten Grades zurückführen. Es werden im TMS also keine Kurvendiskussionen oder Integrale verlangt. Allein die Mathematik der Unterstufe ist hier relevant. Diese wird jedoch auch vorausgesetzt und ist deswegen intensiv zu wiederholen.

Für Aufgaben aus dem Bereich Funktionen reicht es zwar oft, sich nur ein grundlegendes Wissen über die mathematischen Zusammenhänge anzueignen, doch ist dieses ohne ausreichende Übung nutzlos. Nutzen Sie also die Zeit vor dem TMS, um die hier dargestellte Strategie ausreichend zu verinnerlichen.

Analyse der möglichen Fehler

Für die Bearbeitung einer Funktion ist es wichtig, eine schnelle Übersicht über die Aufgabe zu erstellen. Sobald man in der Lage ist, auf Grundlage der Angabe eine Skizze zu visualisieren, ist die halbe Arbeit schon gemacht. Doch bis zu diesem Schritt sind schon viele Prozesse abgelaufen, bei welchen uns Fehler unterlaufen können. Deswegen werden wir uns die wichtigsten direkt ansehen.

Der größte Fehler von TMS-Teilnehmern ist, zu komplex zu denken. Während unserer Schullaufbahn wurden wir darauf getrimmt, möglichst konzentriert und sorgfältig mit Funktionen umzugehen und sie bis ins letzte Detail zu analysieren: Angefangen von Nullstellen über das Verhalten im Unendlichen und zur x-ten Ableitung. Der Großteil dieser Informationen ist für die Aufgaben des TMS nicht relevant. Bitte halten Sie sich vor Augen, dass es sich hier um Aufgaben handelt, die innerhalb von zwei bis drei Minuten gelöst werden sollen. Ebenso hat man hier bereits vorgegebene Lösungen, zwischen denen man sich nur noch entscheiden muss. Ein komplettes Berechnen einer Funktion ist also weder notwendig noch erwünscht. Aus diesem Grund ist es wichtig, gegebene Informationen zu filtern und sich auf Relevantes zu beschränken.

Da sich der Großteil der Aufgaben auf lineare Funktionen beschränkt, liegt ein weiterer Fehler darin, dass das Wissen zu diesem Thema häufig nicht mehr ausreichend verfügbar ist. Aus diesem Grund wird auch die notwendige Theorie nochmals angesprochen und auf eine Aufgabe bezogen. An dieser Stelle kann nur noch einmal betont werden, dass alle Werkzeuge dieses Buches nur so gut sind wie sie verwendet werden. Auch wenn Sie bei Vielem denken mögen, dass es logisch und selbsterklärend ist, geht es in erster Linie darum, genau dieses Wissen unter Zeitdruck abrufbereit zu haben und anwenden zu können. Unterschätzen Sie deswegen bitte nicht den Nutzen dieses Kapitels. Voraussetzung ist natürlich ausreichende Übung.

Zudem fällt es vielen Teilnehmern schwer, aus den in der Angabe gegebenen Informationen eine Funktion abzuleiten. Selbst mit dem vorhandenen Wissen über Funktionen ist dessen Anwendung teils kompliziert. Aus diesem Grund ist es zwingend notwendig, die Informationen der Angabe zu filtern und in direkten Zusammenhang mit mathematischen Begriffen zu stellen.

Bearbeitungsstrategie

Die Variationsmöglichkeiten des TMS im Bereich Funktionen reichen von der Berechnung von linearen und quadratischen Funktionen bis zum Vergleich weiterer Funktionen untereinander. Je nach Aufgabentyp haben wir ein etwas differenzierteres Vorgehen, welches sich aber immer an dem gleichen Grundgerüst orientiert.

Da Funktionen des ersten Grades mit an Sicherheit grenzender Wahrscheinlichkeit im Rahmen des TMS geprüft werden, betrachten wir zunächst den Aufbau einer solchen Funktion.

Lineare Funktion

$f(x) = mx + t$

- t → Y-Achsenabschnitt
- m → Steigung = $\frac{\Delta y}{\Delta x}$

Lineare Funktionen haben eine fest definierte Steigung m, welche sich nicht ändert. Verändert sich also die Abszisse X um einen festen Wert, so wird auch die Ordinate Y um einen festen Wert geändert. Die Art und das Verhältnis der Änderung sind durch die Steigung m definiert. Im Umkehrschluss bedeutet das, dass wir aus zwei Koordinaten und den Veränderungen derer Werte die Steigung m folgern können.

Der Y-Achsenabschnitt t bezeichnet den Wert für die Ordinate Y, bei welcher die Y-Achse von einer Funktion geschnitten wird. Mathematisch wie auch grafisch geschieht dies für die Abszisse $x=0$. Dieser Wert ist unabhängig von der Steigung, da diese mit dem Faktor $x=0$ aus der Gleichung fällt.

Aufgaben im TMS, welche sich Funktionen ersten Grades bedienen, sind durch genau diese zwei Eigenschaften zu erkennen. In der Angabe wird eine Information über eine Einheit gegeben, welche in Abhängigkeit von einer zweiten Größe steigt oder fällt. Dieser Zusammenhang entspricht der Steigung der Funktion. Des Weiteren wird ein Wert genannt, welcher unabhängig von diesem Zusammenhang existiert. Hier findet sich unser Y-Achsenabschnitt t wieder.

Beispiele hierfür sind:

- Handykosten pro Minute + fester monatlicher Grundbetrag
- Kalorienverbrauch pro Trainingseinheit + Grundumsatz des Körpers
- Provision pro Vertragsabschluss + festes Einkommen aus zweitem Beruf
- Wertzunahme pro eingenommenem Medikament + Grundwert des Körpers

Auch wenn die Variationsbreite sehr groß erscheint, so werden in jeder Angabe einer linearen Funktion beide Informationen vorkommen. Somit ist das Vorgehen hier immer identisch. In Abhängigkeit von der gestellten Aufgabe müssen wir entweder einen Wert bestimmen, oder mit einer weiteren linearen Funktion gleichsetzen.

Für eine bessere Orientierung reicht es vollkommen, sich eine simple Skizze anzufertigen. Oft ist eine solche Skizze nicht in der Lage, eine Lösung zu generieren. Verwenden Sie deswegen nie mehr als maximal 15 Sekunden hierfür. Der Nutzen liegt darin, eine Orientierung für einen sicheren Lösungsweg zu haben.

Beispiel

Das Antivirenprogramm der Firma Microhard kann pro Sekunde 1 250 Dateien auf ungewünschte Datenstrukturen überprüfen. Zusätzlich bietet es die Funktion an, die Festplatte vor der Überprüfung zu analysieren. Dieser Vorgang dauert 2 Minuten und ermöglicht es dem Programm, danach doppelt so schnell zu arbeiten.

Vorausgesetzt 1 000 Dateien haben eine Größe von 2,4 Megabyte, wie voll muss eine Festplatte sein, dass man sich durch die Zusatzfunktion des Programms Zeit spart?

- a 640 Megabyte
- b 720 Megabyte
- c 800 Megabyte
- d 880 Megabyte
- e 960 Megabyte

In diesem Beispiel finden wir als Erstes zwei Einheiten, welche voneinander abhängen, nämlich die Anzahl der zu überprüfenden Dateien sowie die dafür benötigte Zeit. Dieser Zusammenhang entspricht der Steigung. Die bereits gescannten Dateien zu Beginn der Überprüfung entsprechen dem Y-Achsenabschnitt. Mit diesem Wissen lassen sich zwei Funktionen beschreiben, welche die Arbeitsvorgänge mathematisch darstellen:

$\text{Dateienanzahl}_{\text{normal}} = 1250x + 120 \cdot 1250$

$\text{Dateienanzahl}_{\text{Zusatz}} = 2\,500x$

Zu dem Zeitpunkt, zu dem das Programm mit der Zusatzfunktion die Überprüfung starten würde, hätte es im normalen Modus bereits 120 Sekunden lang je 1 250 Dateien pro Sekunde analysiert. Die Zusatzfunktion ist also rentabel, sobald dieser Vorsprung aufgeholt ist. Hierfür müssen wir die Funktionen nun gleichsetzen:

$$2\,500x = 1250x + 150\,000 \qquad x = \frac{150\,000}{1250} \qquad x = 120$$

Nach Ablauf von zwei weiteren Minuten wird das Programm mit seiner Zusatzfunktion genauso viele Dateien überprüft haben, wie es sonst in vier Minuten überprüft hätte. Jetzt müssen wir nur noch die Anzahl der überprüften Dateien in Megabyte umrechnen.

$\text{Dateienanzahl} = 1250 \cdot 120 + 120 \cdot 1250 = 300\,000$

$$\text{Dateiengröße} = 300\,000 \cdot \frac{2{,}4\ \text{Megabyte}}{1000}$$
$$= 3 \cdot 100 \cdot 2{,}4\ \text{Megabye} = 720\ \text{Megabyte}$$

Wichtig ist zu erkennen, dass die Steigung der Funktion zu jedem Zeitpunkt gleich ist. Anders sieht es bei einer Funktion zweiten Grades aus. Hier ist keine Steigung in Form einer Konstanten zu finden, da sich die Abszisse X durch ihren quadratischen Exponenten unterschiedlich stark verändert.

Die Grundform einer quadratischen Funktion wird nach folgender Form gebildet.

Quadratische Funktion

$f(x) = ax^2 + bx + c$

- c → Y-Achsenabschnitt
- a → Streckung/Stauchung

Aufgaben des TMS aus dem Bereich Funktionen bedienen sich meistens nicht der gesamten Gleichung, wenn sie auf Funktionen zweiten Grades basieren. Dies kommt daher, dass eine quadratische Funktion einen steigenden und einen fallenden Bereich hat. Viele der Aufgaben beschreiben allerdings Vorgänge, in welchen nur eine Entwicklung stattfindet. So können wir die Angaben in exponentielle Wachstumsfunktionen und Zerfälle unterteilen.

Im Gegensatz zu linearen Funktionen haben wir es hier nicht mit einer konstanten Zunahme bzw. Abnahme eines Wertes zu tun, sondern einer prozentualen Veränderung. Da sich jedoch mit jedem Schritt der Grundwert der Berechnung ändert, verändert sich auch der Prozentwert. Doch im Falle des TMS ist das meistens ein Vorteil. Durch diesen Umstand müssen die Aufgaben selbst simpel gehalten werden. Anders wäre der Aufwand zu hoch, um die Aufgabe innerhalb von zwei bis drei Minuten zu bewältigen.

Es ist empfehlenswert, die Mitternachtsformel und das Gleichsetzen von quadratischen Funktionen vor dem Einstieg in dieses Kapitel im Eigenstudium nochmals zu wiederholen. Diese sind für den TMS nebensächlich, könnten aber dennoch einen Punkt ausmachen.

Mit diesen Informationen schauen wir uns nun eine vereinfachte Formel für den Wertzuwachs respektive die Wertabnahme einer exponentiellen Funktion an.

Exponentielles Wachstum

Zielwert = Grundwert · a^t

- t → Zeiteinheiten
- a → Prozentsatz

Wie eingehend erklärt wenden wir diese Formel an, wenn wir eine prozentuale Veränderung eines Grundwertes über eine längere Zeit haben. Da sich der Zielwert nicht konstant, sondern exponentiell ändert, sind die meisten Aufgaben dieser Art sehr einfach gehalten. Oft entspricht der Prozentsatz entweder einer Verdopplung (a=2) oder einer Halbierung (a=0,5). In beiden Fällen würde eine Berechnung mehr Zeit kosten als ein Nachvollziehen des Prozesses. Sollte der Prozentsatz einem anderen Wert entsprechen, so bietet es sich oft an, diesen als Erstes mit dem gegebenen t zu verrechnen, um einen Ersatzwert zu schaffen.

Beispiele hierfür sind:

- Vermehrungsrate einer Bakterienkultur im Labor
  (+100 % pro Zeiteinheit $\Rightarrow \cdot 2^t$)
- Wertminderung eines Gegenstandes im Gebrauch
  (–30 % pro Jahr $\Rightarrow \cdot 0{,}7^t$)
- Minderung des Bierschaumes nach dem Einschenken
  (–50 % pro Minute $\Rightarrow \cdot 0{,}5^t$)
- Wertsteigerung eines alten Weines
  (+13 % im Jahr $\Rightarrow \cdot 1{,}13^t$)

Betrachten wir eine weitere Aufgabe, um den Unterschied hervorzuheben.

Beispiel

Um die Wirksamkeit eines Wirkstoffes überprüfen zu können, wurde einer erkrankten Person 10 $m\ell$ Blut abgenommen und auf acht Teströhrchen verteilt. Auf 1,25 $m\ell$ des Blutes konnten zu Beginn der Testreihe eine Gesamtanzahl von $6{,}25 \cdot 10^3$ Erreger festgestellt werden. Nach Zugabe des Wirkstoffes kann beobachtet werden, dass die Gesamtanzahl der Erreger alle 40 Minuten um je die Hälfte sinkt.

Nach wie vielen Minuten befinden sich nur mehr $6{,}25 \cdot 10^2$ Bakterien in einem Teströhrchen?

a ab 40 Minuten
b ab 80 Minuten
c ab 120 Minuten
d ab 160 Minuten
e ab 200 Minuten

In diesem Fall haben wir es mit einem exponentiellen Zerfall zu tun. Die Gesamtzahl der Erreger nimmt pro Zeiteinheit um einen Wert von 50 % ab. Würden wir es über eine Formel berechnen wollen, so würden wir diese auf folgende Weise ausdrücken:

Erregeranzahl: $6{,}25 \cdot 10^2 = 6{,}25 \cdot 10^3 \cdot 0{,}5^t$

$$1 \cdot 10^{-1} = 0{,}5^t$$

$$t = \log_{0,5} 0{,}1$$

Die Berechnung dieser Formel wird sich als schwierig erweisen, da t nicht gegeben ist. Aus diesem Grund wären wir gezwungen, den Logarithmus zur Basis 0,5 ohne weitere technische Hilfsmittel zu berechnen. Nähern wir uns deswegen über das Nachvollziehen des Prozesses an, der beschrieben wird.

Änderung der Erregeranzahl:
pro Zeiteinheit um 0,5, d. h.
100 % → 50 % → 25 % → 12,5 % → 6,25 % → 3,125 % →...

Zielwert der Erregeranzahl:
$6{,}25 \cdot 10^2$ entsprechen 10 % von $6{,}25 \cdot 10^3$

Die eigentliche Frage lautet also nur, nach wie vielen Zeiteinheiten wir unter einen Wert von 10 % gefallen sind. Zählen wir die Pfeile ab, so kommen wir auf insgesamt vier Sprünge. Jeder ist laut Angabe 40 Minuten wert:

Gesamtzeit: $4 \cdot 40$ Minuten = 160 Minuten

Diese Strategie können wir bei allen Aufgaben nutzen, bei denen a eine ganze Zahl oder 0,5 ist und t gesucht wird. Haben wir ein gegebenes t und ein a ungleich den genannten Werten, so führen wir eine Berechnung durch.

In den meisten Fällen, in denen eine Berechnung notwendig wird, ist der Grundwert als einfache Zehnerpotenz oder einem Vielfachen davon gewählt. Ein mögliches Beispiel könnte wie folgt aussehen.

Beispiel

Ein 2 Tonnen schwerer Eisblock verliert aufgrund des sich langsam ändernden Klimas jährlich 30 % seiner Masse. Es ist auch nicht absehbar, dass sich dieser Trend ändern wird.

Wie hoch ist nach drei Jahren noch sein Gewicht?

- a 700 kg
- b 800 kg
- c 900 kg
- d 1 000 kg
- e 1 100 kg

$x = 2\,000\,\text{kg} \cdot 0{,}7^3$	(Wertminderung um 30 % über 3 Zeiteinheiten)
$= 2\,000\,\text{kg} \cdot 0{,}7 \cdot 0{,}7 \cdot 0{,}7$	$(0{,}7 \cdot 0{,}7 = 0{,}49 \approx 0{,}5)$
$\approx 2\,000\,\text{kg} \cdot 0{,}35$	$(0{,}7 \cdot 0{,}5 = 0{,}35)$
$= 2 \cdot 1000\,\text{kg} \cdot 0{,}35$	
$= 700\,\text{kg}$	

Zusammenfassung

Arbeiten Sie bei Funktionen immer nach folgendem Muster:

- **Markieren Sie in der Angabe** — 20 Sekunden maximal

  Markieren Sie während des ersten Lesens bereits wichtige Werte in der Angabe. Auf diese Weise können Sie Ihre Augen besser entspannen, da diese nicht mehr beim Suchen ohne Halt über den Text fliegen. Es empfiehlt sich, bei jeder Aufgabe mit dem Lesen der Frage zu beginnen, welche am Ende der Aufgabe steht. So weiß man danach genau, welche Werte der Angabe wichtig sind und welche nicht. Das variiert aber von Teilnehmer zu Teilnehmer, weshalb sich ein ausführlicher Selbsttest mit Hilfe der hier aufgeführten Übungsaufgaben lohnt.

- **Bestimmung der Art der Funktion** — 10 Sekunden maximal

  Wenn Sie bemerken, dass es sich um eine Funktion handelt, so weisen Sie den gelesenen Werten die Begriffe Steigung und Y-Achsenabschnitt zu. Je nachdem, welche Werte Sie hier finden, kann es sich um eine Funktion ersten oder zweiten Grades handeln. Dies ist abhängig davon, ob die Steigung konstant ist.

- **Arbeiten Sie mit den Lösungsmöglichkeiten** — 10 Sekunden maximal

  Verwenden Sie die Lösungsmöglichkeiten, um Ihren eigenen Lösungsweg zu optimieren. Bei diesem Aufgabentyp ist es selten der Fall, dass man eine falsche Lösung entdecken kann. Halten Sie diesen Schritt deswegen kürzer als sonst.

- **Finden Sie einen Lösungsweg** — 30 Sekunden maximal

  Überlegen Sie sich ein Vorgehen in höchstens 3 Schritten. Orientieren Sie sich daran, welche Art von Funktion Sie vor sich haben. Bei linearen Funktionen ist mit wesentlich höherem mathematischen Aufwand zu rechnen, während viele exponentielle Funktionen mithilfe von Überlegungen einfacher gelöst werden können.

- **Berechnen Sie die Aufgabe** — 120 Sekunden maximal

  Generieren Sie aus Ihrem Lösungsweg eine Formel. Arbeiten Sie mit dieser und vereinfachen Sie sie so lange, bis Sie am Ende die Werte aus der Angabe einsetzen können. Dies ist vor allem bei Funktionen ersten Grades der Fall. Sollten Sie zwischen zwei/drei möglichen Ergebnissen schwanken und noch genug Zeit haben, so überprüfen Sie eines der beiden/das mittlere der drei, um (per Ausschlussverfahren) eine Lösung zu erhalten. Bei einer exponentiellen Funktion überprüfen Sie, ob a gleich 2 oder 0,5 ist. In diesen Fällen kann die Lösung schnell über eine Annäherung erfolgen. Ansonsten berechnen Sie zunächst die Potenz von a^t und setzen dann das Ergebnis in die Gleichung ein.

Bearbeitungsstrategie im Überblick

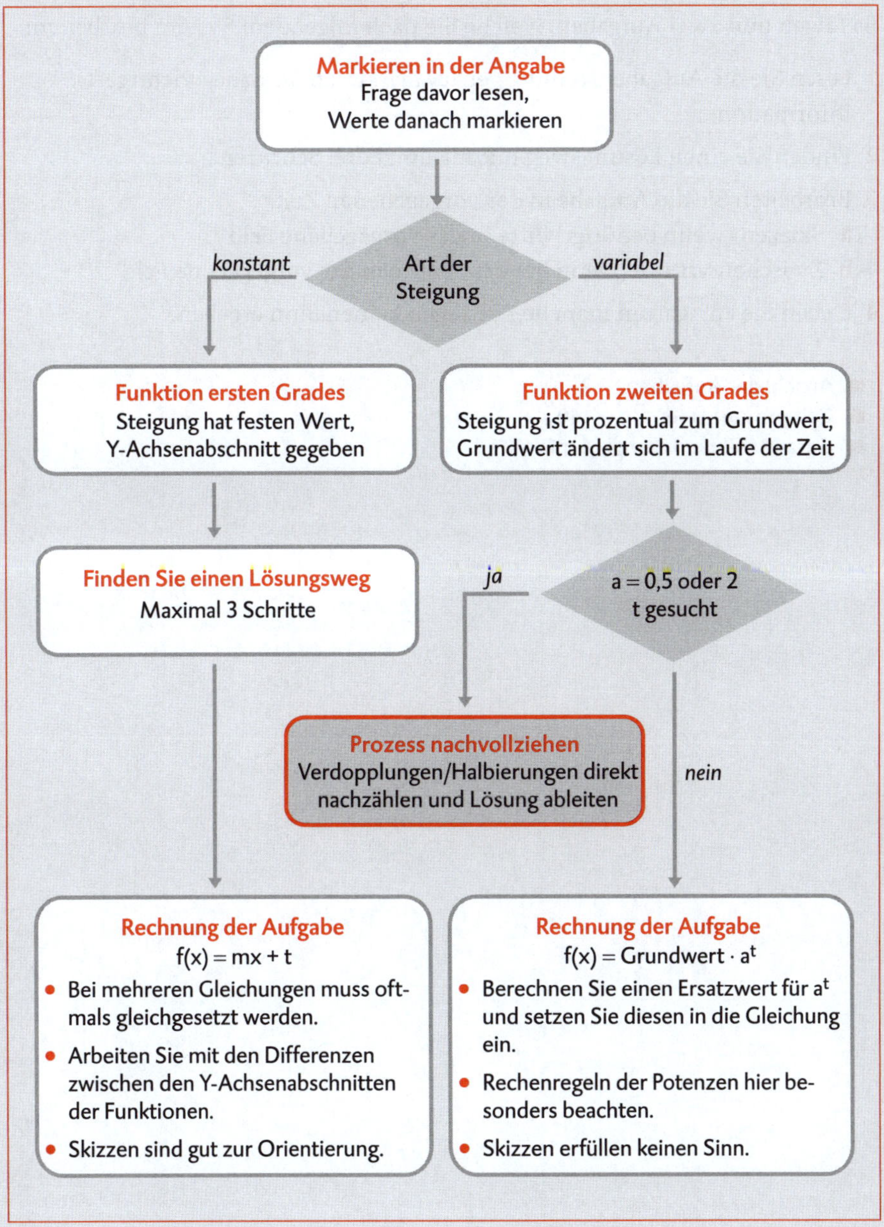

Übungsaufgaben

Es folgen nun zwei Aufgaben, welche Sie nach folgendem System bearbeiten:

1. Lesen Sie die Aufgabenstellung genau, markieren Sie dabei wichtige Informationen.
2. Finden Sie einen Lösungsweg mit maximal drei Schritten.
3. Bearbeiten Sie die Aufgabe in der vorgegebenen Zeit.
   a. Skizzen (wenn benötigt) bitte in das vorgegebene Feld
   b. Zwischenschritte (wenn benötigt) bitte in das vorgegebene Feld
4. Geben Sie an, warum manche Lösungen keinen Sinn ergeben.

- **Anzahl der Aufgaben: 2**
- **Zeit pro Aufgabe: 140 s**
- **Gesamtzeit der Übung: 4 min 40 s**

29 Um für den HNO-Gebrauch immer genug Holzspatel auf Lager zu haben, stehen zwei Apotheken als Zulieferer zur Verfügung. In beiden Fällen wird die gewünschte Ware nur im 10er-Pack verkauft und mit einem einmaligen Zuschlag für den Versand verrechnet.
Apotheke Rosenthal berechnet für eine 10er-Packung Holzspatel, inklusive 20 % Mehrwertsteuer, 38 Cent und einmalige Versandkosten von 6 €.
Apotheke Alexa verlangt für eine 10er-Packung Holzspatel, ohne 20 % Mehrwertsteuer, 35 Cent und einmalige Versandkosten von 3 €.
Ab welcher Bestellmenge von 10er-Packungen lohnt sich die Bestellung in der Apotheke Rosenthal?

- **a** 36 Packungen ☐ falsch, weil ______
- **b** 46 Packungen ☐ falsch, weil ______
- **c** 56 Packungen ☐ falsch, weil ______
- **d** 66 Packungen ☐ falsch, weil ______
- **e** 76 Packungen ☐ falsch, weil ______

Lösungsweg (max. 3 Schritte/20 Sekunden):

______

______

______

Berechnung der Aufgabe (max. 120 Sekunden):

30 Wir beobachten unter Laborbedingungen das Wachstum einer Bakterienkultur auf einem Nährstoff. Solange keine hemmenden Substanzen verwendet werden, kann ein exponentielles Wachstum angenommen werden. Die Zeit, welche benötigt wird, um die Anzahl der Bakterien in einer Kultur zu verdoppeln, wird Generationszeit genannt.
Zu Beginn des Tages, um 7:00 Uhr, haben Sie auf dem Nährstoff 250 Bakterien gezählt. Es wurden zu keinem Zeitpunkt hemmende Stoffe hinzugefügt. Als Sie nach der Mittagspause, um 12 Uhr, die Bakterienkultur noch einmal abzählen, entdecken Sie 16 000 Bakterien. Wie lange ist die Generationszeit des Bakteriums?

- **a** 20 Minuten ☐ falsch, weil ______
- **b** 30 Minuten ☐ falsch, weil ______
- **c** 45 Minuten ☐ falsch, weil ______
- **d** 50 Minuten ☐ falsch, weil ______
- **e** 60 Minuten ☐ falsch, weil ______

Lösungsweg (max. 3 Schritte/20 Sekunden):

______

______

______

Berechnung der Aufgabe (max. 120 Sekunden):

Verbesserungsstrategie

Auch wenn die Variationsbreite im Bereich Funktionen sehr hoch erscheinen mag, so kann man sich dennoch mit einem System eine Übersicht verschaffen. Doch um dieses nicht nur zu kennen, sondern auch anwenden zu können, kommt man sowohl um Übung als auch um Selbstreflexion nicht herum:

Welche der Funktionen haben Ihnen Schwierigkeiten bereitet?

☐ Funktion ersten Grades ☐ exponentielle Funktionen

Konnten Sie das neu erworbene Wissen über das Nachvollziehen des Prozesses bereits anwenden?

☐ ja ☐ nein

Versuchen Sie mit eigenen Worten zu beschreiben, wann Sie eine exponentielle Funktion über die oben genannte Methode lösen können?

____

____

____

Platz für weitere Notizen:

4 Proportionalität

Aufbau und Trainierbarkeit

Der Untertest „Quantitative und formale Probleme“ prüft das Grundverständnis für Mathematik und problemorientiertes Denken. Die Aufgaben lassen sich dabei verschiedenen Themenbereichen der Mathematik zuordnen. Von den insgesamt 24 Aufgaben werden 20 gewertet und 4 unbestimmte als Einstreuaufgaben gestellt. Es wird im TMS darauf geachtet, die Aufgaben in steigender Schwierigkeit zu sortieren. Da der Schwierigkeitsgrad auch bei diesem Aufgabentyp recht subjektiv empfunden wird, kann diese Regel nicht als allgemeingültig betrachtet werden. Dennoch ist es ratsam, sich grob an die vorgegebene Reihenfolge der Aufgaben zu halten. Für die Bearbeitung stehen insgesamt 60 Minuten zur Verfügung. Dies entspricht 150 Sekunden pro Aufgabe, wobei aber 140 angestrebt werden sollten. So hat man noch genug Zeit, die Ergebnisse auf den Antwortbogen zu übertragen.

Der Bereich aus „Quantitative und formale Probleme“, der nun im Fokus stehen soll, ist das Rechnen mit Proportionen. Diese Aufgaben sind nach einem festen System lösbar und hierdurch sehr gut trainierbar. Es geht in diesem Kapitel um das schnelle Zuordnen der Aufgaben in direkte respektive indirekte Proportionalität sowie deren Berechnung.

Analyse der möglichen Fehler

Für viele Teilnehmer des TMS bestand das Lösen von Mathematikaufgaben während der letzten Jahre des Gymnasiums vor allem aus Kurvendiskussionen, Integralen und Stochastik. Das Arbeiten mit Proportionen ist wesentlich stärker verbunden mit Alltagssituationen. Aus diesem Grund werden diese oft nicht mit mathematischen Gedanken verknüpft, sondern einfach geschätzt. Dies ist im Grunde auch kein Fehler, führt jedoch häufig zu durchschnittlichen Ergebnissen im TMS. Durch das Erweitern des Mathematikbegriffs auf diesen Aufgabenbereich kann ein Vorteil erarbeitet werden.

Ein weiterer Fehler ist, dass die Begriffe der direkten und indirekten Proportionalität nicht richtig in eine Formel umgesetzt werden. So wird zwar der grundlegende Zusammenhang zwischen den Einheiten verstanden, jedoch kann keine Lösung generiert werden.

Beiden Fehlern werden wir uns in diesem Kapitel zuwenden. Jedoch muss darauf hingewiesen werden, dass ohne ausreichende Übung die Strategie zwar verstanden, doch in Stresssituationen oft nicht schnell genug umgesetzt werden kann. Nutzen Sie deswegen die Zeit vor dem TMS, um das hier vermittelte Wissen zu festigen und zu üben.

Bearbeitungsstrategie

Wie bereits erwähnt, gehört das Arbeiten mit Proportionalität zum festen Grundwissen der Mathematik. Viele Zusammenhänge aus der Physik sowie Beobachtungen aus anderen Naturwissenschaften lassen sich mathematisch entweder durch die direkte Proportionalität oder die indirekte Proportionalität beschreiben. Ungeachtet der Angabe bestehen immer folgende Gesetzmäßigkeiten.

Direkte Proportionalität

$\text{Einheit A} = \text{Einheit B} \cdot \text{konst.}$ oder $\frac{\text{Einheit A}}{\text{Einheit B}} = \text{konst.}$

Im Falle der direkten Proportionalität haben wir einen linearen Zusammenhang zwischen den beschriebenen Einheiten. Wird Einheit A erhöht/reduziert, so wird Einheit B angepasst. Was an dieser Stelle verinnerlicht werden sollte: Zwischen beiden Werten herrscht eine Quotienten-Gleichheit. Bilden wir den Quotienten $\frac{\text{Einheit A}}{\text{Einheit B}}$, so erhalten wir immer einen konstanten Wert.

Es ist darauf zu achten, dass es sich bei diesen Einheiten immer um Faktoren handelt. Es ist nie die Addition oder Subtraktion eines Prozentsatzes (z. B. +50 % oder −50 %), sondern immer die Multiplikation eines Wertes (z. B. $\cdot 1{,}5$ oder $\cdot \frac{1}{2}$).

Es handelt sich bei diesem Zusammenhang also um eine Funktion ersten Grades. Diese muss nicht zwangsläufig durch den Ursprung verlaufen, da dies durch den Y-Achsenabschnitt definiert wird. Sollte für eine der Einheiten 0 eingesetzt werden, so ergibt sich für die zweite Einheit oft in der Überlegung auch der Wert 0. Sollten Sie Schwierigkeiten mit linearen oder exponentiellen Funktionen haben, können Sie im entsprechenden Kapitel in diesem Buch nachschlagen.

Wir halten fest, dass bei der direkten Proportionalität die beiden Einheiten sich in der Gleichung gegenüberstehen. Sie können auch als Quotient dargestellt werden.

Indirekte Proportionalität

$$\text{Einheit A} = \frac{\text{konst.}}{\text{Einheit B}} \quad \text{oder} \quad \text{Einheit A} \cdot \text{Einheit B} = \text{konst.}$$

Für die indirekte Proportionalität halten wir uns auch an zwei mathematische Zusammenhänge. Wird Einheit A erhöht/reduziert, so wird Einheit B umgekehrt proportional verändert. Im Unterschied zur direkten Proportionalität gilt hier die Produktgleichheit. Multiplizieren wir Einheit A mit Einheit B, so erhalten wir immer einen konstanten Wert. Dies bedeutet aber auch, dass sich beide Einheiten immer proportional verändern müssen. Wird der Wert von Einheit A verdoppelt, so muss der Wert von Einheit B halbiert werden.

Grafisch dargestellt zeigt sich dieser Zusammenhang als Hyperbel, die sich den Achsen des Koordinatensystems annähert. Der Ursprung der Funktion kann unter keinen Umständen erreicht werden, ebenso ergibt sich kein logischer Wert für die zweite Einheit, sollte für die erste Einheit der Wert 0 gesetzt werden.

Wir halten für uns fest, dass bei der indirekten Proportionalität beide Einheiten auf derselben Seite der Gleichung geschrieben werden. Stehen sie auf unterschiedlichen Seiten, so stehen sie einander als Zähler und Nenner gegenüber.

Im ersten Schritt der Bearbeitung einer Aufgabe aus dem Bereich Proportionen müssen wir entscheiden, ob es sich bei dem vorliegenden Zusammenhang um eine direkte oder eine indirekte Proportionalität handelt. Zu diesem Zweck fragen wir uns, wie sich Einheit B verändern wird, sobald wir Einheit A verändern.

Um diese Zusammenhänge zu verdeutlichen, wenden wir sie auf eine Aufgabe des TMS an.

Beispiel

Die Variablen b und z bilden folgende Wertepaare:

b	1	0,44	0,25	0,16	0,11
z	2	3	4	5	6

Wie ist die korrekte Beziehung der Variablen b und z zueinander, wenn man die Werte der Tabelle betrachtet?

a b ist direkt proportional zu z

b b ist direkt proportional zu z^2

c b^2 ist direkt proportional zu z

d b ist indirekt proportional zu z

e b ist indirekt proportional zu z^2

In diesem Beispiel gibt es die Möglichkeit, einen direkten Vergleich der Werte anzustellen. Bei den Werten der Einheit z gibt es einen linearen Anstieg, je weiter man die Tabelle nach rechts verfolgt. Im Vergleich dazu sinken die Werte der Einheit b. Somit kann eine direkte Proportionalität bereits ausgeschlossen werden. Die Antwortmöglichkeiten a, b und c scheiden somit bereits aus.

Um uns jetzt zwischen den Antwortmöglichkeiten d und e entscheiden zu können, müssen wir uns noch einmal kurz vor Augen halten, was eine indirekte Proportionalität bedeutet: Einheit A · Einheit B = 1 konst.

Für unsere Antwortmöglichkeiten bedeutet das:

d Einheit b · Einheit z = konstanter Wert

e Einheit b · (Einheit z)^2 = konstanter Wert

Setzen wir nun das erste Wertepaar (b = 1; z = 2) aus der Tabelle ein, so ergibt sich das folgende Bild:

d $1 \cdot 2 = 2 \Rightarrow$ konstanter Wert = 2

e $1 \cdot 2^2 = 4 \Rightarrow$ konstanter Wert = 4

Um jetzt eine eindeutige Antwort zu finden, setzen wir ein weiteres Wertepaar (b = 0,25; z = 4) ein. Ergibt sich wieder der konstante Wert, so haben wir den richtigen Zusammenhang gefunden:

d $0{,}25 \cdot 4 = 1 \Rightarrow$ konstanter Wert $= 2 \neq 1$

e $0{,}25 \cdot 4^2 = 4 \Rightarrow$ konstanter Wert $= 4 = 4$

Somit ist Antwort e korrekt. Der Zusammenhang der Tabellenwerte ist eine indirekte Proportionalität von b zu z^2.

Hierzu werden wir aus den einzelnen Bedingungen Teilgleichungen aufstellen, welche wir am Ende in einer Formel zusammenfassen. Hierbei gibt es eine weitere Regel, welche wir uns für die Proportionalität ansehen müssen. Wie bereits gesagt, haben wir eine fest definierte Vorstellung davon, wie die direkte respektive indirekte Proportionalität einen konstanten Wert generiert. Jedoch wird in vielen Aufgabenstellungen davon gesprochen, dass ein Wert schneller steigt als ein anderer. Diese Veränderungen verwerten wir mit unterschiedlichen Exponenten der Einheiten.

Beispiel

Ein mathematisches Gesetz mit vier Variablen weist folgende Zusammenhänge auf:

I Verdoppelt man o, so verdoppelt sich auch e.

II Halbiert man s, so schrumpft b auf ein Achtel seines ursprünglichen Wertes.

III Verdoppelt man o, so schrumpft b auf ein Viertel seines ursprünglichen Wertes.

Wie lautet das dazu passende Gesetz?

a $o^2 \cdot e^3 \cdot s = b^2$

b $o^2 \cdot b = e^2 \cdot s^3$

c $o \cdot s^2 \cdot b = e$

d $o \cdot s^2 \cdot b = \frac{e^2}{b}$

e $o^2 \cdot s^3 \cdot b = e^2 \cdot o$

Um eine Aufgabe wie diese schnell und sicher zu lösen, können wir entweder mit den Bedingungen arbeiten oder falsche Lösungsmöglichkeiten ausschließen. In beiden Fällen müssen wir im ersten Schritt die Informationen verarbeiten.

Wenden wir unser Wissen über Proportionalität an, so können wir aus der Angabe folgende mathematischen Zusammenhänge über die Einheiten und deren Exponenten ableiten:

Bedingung I:	direkte Proportionalität, gleiche Exponenten
Bedingung II:	direkte Proportionalität, unterschiedliche Exponenten
Bedingung III:	indirekte Proportionalität, unterschiedliche Exponenten

Um jetzt zu verstehen, wie sich die Exponenten unterscheiden müssen, stellen wir eine weitere Überlegung an. Jede Veränderung wird als Produkt mit der jeweiligen Einheit verrechnet und in Zusammenhang gesetzt. Im zweiten Schritt bestimmen wir, um welchen Exponenten sich die Faktoren unterscheiden. Denn um genau diesen Unterschied muss sich die Einheit selbst verändern, sodass sie mit dem Faktor verrechnet wieder die Äquivalenz herstellt.

Bedingung I:	$2 \cdot o = 2 \cdot e$	2^1 zu 2^1	Unterschied 0
Bedingung II:	$\frac{1}{2} \cdot s = \frac{1}{8} \cdot b$	$\frac{1}{2}$ zu $\frac{1}{8} = 2^{-1}$ zu 2^{-3}	Unterschied –2
Bedingung III:	$2 \cdot o = \frac{1}{\frac{1}{4}b} = 4 \cdot \frac{1}{b}$	2 zu $4 = 2^1$ zu 2^2	Unterschied 1

Wenn wir einen Moment darüber nachdenken, so erkennen wir auch die Logik hinter diesem Gedanken. Jede Proportionalität generiert einen konstanten Wert. Dies geschieht entweder durch den Quotienten der Einheiten (direkte Proportionalität) oder durch deren Produkt (indirekte Proportionalität). Um diese Konstante aufrechtzuerhalten, muss die Einheit mit der kleineren Änderung den größeren Exponenten erhalten:

Bedingung I: Exponent (o) = Exponent (e) (Unterschied 0)
Bedingung II: Exponent (s) = Exponent (b) + 2
Bedingung III: Exponent $\left(\frac{1}{o}\right)$ = Exponent (b) + 1

Da b den kleinsten Exponenten haben muss, können wir diesen auf 1 setzen. Alle anderen Exponenten lassen sich aus dem vorher dargestellten Zusammenhang mit ihrem Faktor ableiten:

Bedingung I: $o = e$
Bedingung II: $s^3 = b$
Bedingung III: $\left(\frac{1}{o}\right)^2 = b$

Nachdem wir jetzt alle Zusammenhänge geklärt haben, können wir die Bedingungen in einer Gesamtformel zusammenfassen. Hierzu müssen wir nur die Einheiten samt Exponenten übertragen. Vor allem muss darauf geachtet werden, dass die Proportionalität zueinander berücksichtigt wird. Die Formel kann danach noch umgestellt werden, um einer der Lösungen zu entsprechen:

Gesamtformel: $\frac{o^2}{s^3} = e^2 \cdot \frac{1}{b}$ oder $o^2 \cdot b = e^2 \cdot s^3$

Bei der letzten Aufgabenart, welche gerne im Zusammenhang mit Proportionalität gestellt wird, steht die Frage nach der prozentualen Veränderung von Einheit B, wenn Einheit A um einen definierten Wert verändert wird, im Zentrum. In den meisten Fällen handelt es sich hier um indirekte Proportionalität. Um auch solche Aufgaben schnell lösen zu können, erweitern wir unsere oben definierten Formeln der Proportionalität um einen zur Einheit gehörenden Faktor.

Indirekte Proportionalität

Faktor A · Einheit A · Faktor B · Einheit B = konst.
Wenn: Einheit A · Einheit B = konst.
Dann: Faktor A · Faktor B = 1

Wie bereits erklärt, ist die Veränderung einer Einheit immer als Produkt durch ihren Faktor zu verstehen. Eine „Erhöhung um 50 %" wäre also immer eine Multiplikation mit dem Faktor 1,5. Das „Reduzieren um 45 %" eine Multiplikation mit dem Faktor 0,55.

Aus diesem Wissen heraus und dem Zusammenhang, dass beide Faktoren zusammen das Produkt 1 ergeben müssen, können wir den zweiten Faktor immer als Kehrwert des ersten Faktors bestimmen. Das vereinfacht die Arbeit mit diesen Aufgaben sehr.

Sehen wir uns dazu eine weitere TMS Aufgabe an.

Beispiel

Um einen Spülvorgang abzuschließen, braucht eine Spülmaschine insgesamt zwei Stunden. Durch einen weiteren Wasserzufluss, der zusätzlich aktiviert werden kann, steigt die Leistung der Maschine um 60 %.

Wie lange braucht die Spülmaschine bei Verwendung der Zusatzfunktion?

- **a** 65 Minuten
- **b** 70 Minuten
- **c** 75 Minuten
- **d** 80 Minuten
- **e** 85 Minuten

Da sich Leistung und Zeit in indirekter Proportionalität zueinander verhalten, müssen wir nur den Kehrwert des Faktors bestimmen, um welchen sich die Leistung der Spülmaschine verändert. Diesen verrechnen wir dann mit der benötigten Zeit.

$$\text{Maschine}_{\text{Zusatzleistung}} = 160\,\% \cdot \text{Maschine}_{\text{normal}} = \frac{8}{5} \cdot \text{Maschine}_{\text{normal}}$$

$$\text{Zeit}_{\text{Zusatzleistung}} = \frac{5}{8} \cdot \text{Zeit}_{\text{normal}} = \frac{10}{2^4} \cdot 120\,\text{Minuten} = 75\,\text{Minuten}$$

Zusammenfassung

Um mit Aufgaben aus dem Bereich Proportionen sicher zu arbeiten, bedienen wir uns immer des gleichen Systems.

- **Markieren Sie in der Angabe** — 15 Sekunden maximal

Markieren Sie während des ersten Lesens bereits wichtige Werte in der Angabe. Auf diese Weise können Sie Ihre Augen besser entspannen, da diese nicht mehr beim Suchen ohne Halt über den Text fliegen. Es empfiehlt sich, bei jeder Aufgabe mit dem Lesen der Frage am Ende zu beginnen. So weiß man danach genau, welche Werte der Angabe wichtig sind und welche nicht. Doch dies ist von Teilnehmer zu Teilnehmer unterschiedlich, deswegen würde ich Ihnen ans Herz legen, es bei den Übungsaufgaben zu versuchen.

- **Zusammenhänge der Einheiten aufstellen** — 5 Sekunden maximal

Wenn Sie bemerken, dass es sich um eine Aufgabe mit direkter beziehungsweise indirekter Proportionalität handelt, so umkreisen Sie die entsprechenden Einheiten und bestimmen den Zusammenhang. Achten Sie hierbei auch darauf, dass aus jedem Zusammenhang eine einzelne Gleichung entstehen kann.

- **Arbeiten Sie mit den Lösungsmöglichkeiten** — 20 Sekunden maximal

Sollte es sich um eine Aufgabe handeln, in welcher eine Gesamtgleichung aufgestellt werden soll, so kann es eine gute Alternative sein, direkt mit den Lösungsmöglichkeiten zu arbeiten. Überprüfen Sie in diesem Fall die einzelnen Optionen auf die oben bestimmten Zusammenhänge. Sortieren Sie jeden falschen Zusammenhang aus.

- **Finden Sie einen Lösungsweg** — 30 Sekunden maximal

Überlegen Sie sich ein Vorgehen in höchstens 3 Schritten. Diese sollten selbstverständlich in Abhängigkeit von der Fragestellung, den Werten der Angabe und den eventuell schon aussortierten Lösungen geschehen. Grundsätzlich gilt: Die Zeit, welche Sie hier investieren, sparen Sie durch die gezielte Bearbeitung der Aufgabe wieder ein.

- **Berechnen Sie die Aufgabe** — 100 Sekunden maximal

Bearbeiten Sie nun die Aufgabe nach dem von Ihnen geplanten Lösungsweg. Vereinfachen Sie zunächst die erstellte Formel, und stellen Sie sie um, bevor Sie die Werte einsetzen. Verwenden Sie die Eigenschaft der Proportionalität, immer konstante Werte zu erzeugen, um Lösungen zu überprüfen. Es ist auch möglich, durch kleine Symbole Zusammenhänge festzuhalten. Zum Beispiel $a \sim \frac{1}{b}$ als Einheit a ist indirekt proportional zu Einheit b.

Bearbeitungsstrategie im Überblick

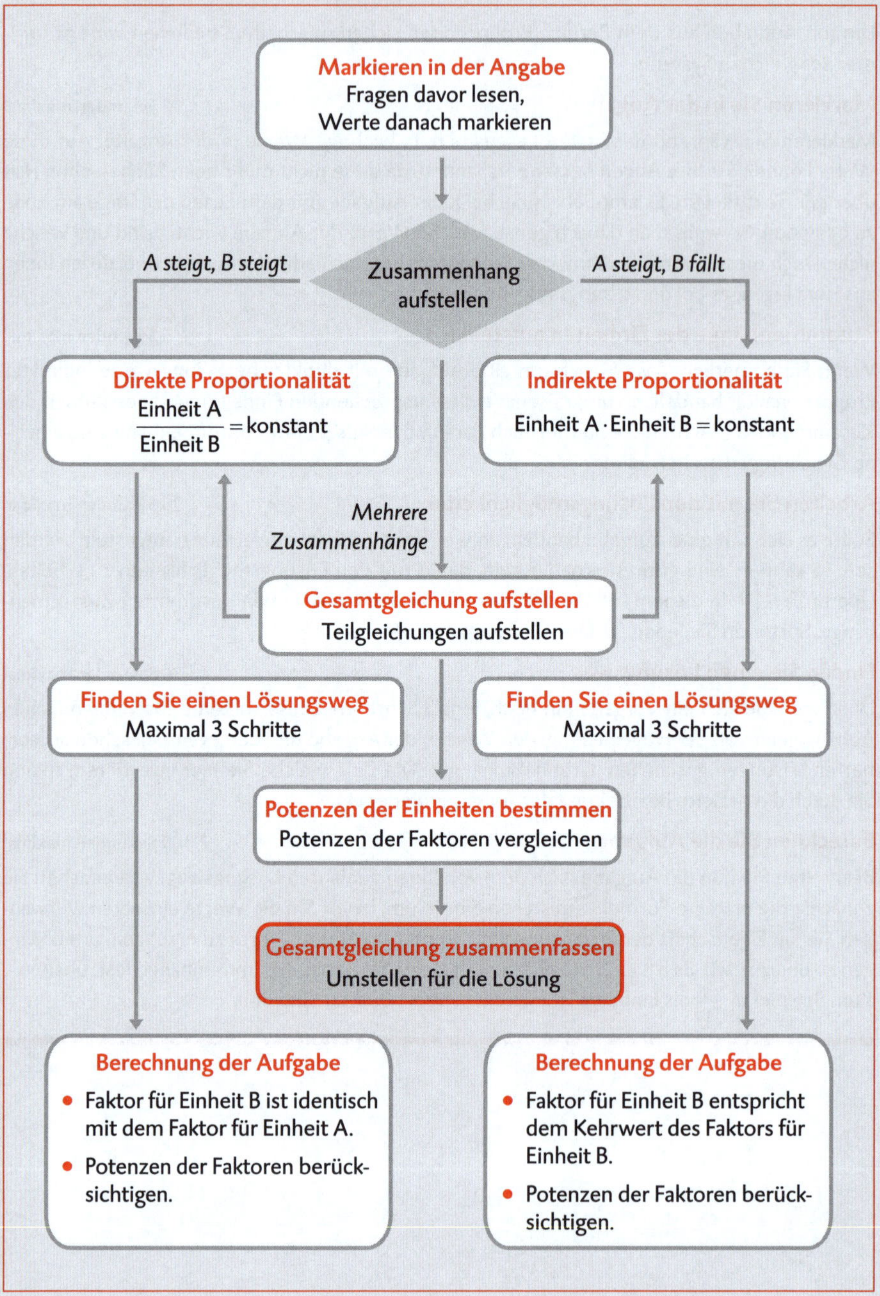

Übungsaufgaben

Es folgen nun zwei Aufgaben, welche Sie nach folgendem System bearbeiten:

1. Lesen Sie die Aufgabenstellung genau, markieren Sie sich dabei wichtige Informationen.
2. Finden Sie einen Lösungsweg mit maximal drei Schritten.
3. Bearbeiten Sie die Aufgabe in der vorgegebenen Zeit.
   - a Skizzen (wenn benötigt) bitte in das vorgegebene Feld
   - b Zwischenschritte (wenn benötigt) bitte in das vorgegebene Feld
4. Geben Sie an, warum manche Lösungen keinen Sinn ergeben.

- **Anzahl der Aufgaben:** 2
- **Zeit pro Aufgabe:** 140 s
- **Gesamtzeit der Übung:** 4 min 40 s

31 Wenn sich akustische Wellen im Raum frei ausbreiten können, so ist der Wellenwiderstand Z_w nur vom Medium abhängig. Dieser berechnet sich aus dem Produkt der Dichte ρ (Rho) des Mediums und der Schallgeschwindigkeit c. Die Schallgeschwindigkeit ist für Luft bei einer Temperatur von 21 °C definiert als 343 Meter pro Sekunde. Die Dichte selbst berechnet sich wiederum aus der Masse im Verhältnis zum Volumen. Hierbei verhalten sich Masse und Volumen proportional, Dichte und Volumen indirekt proportional zueinander. Als SI-Einheit für die Masse ist kg zu verwenden, während das Volumen als m^3 definiert ist.
Mit welcher Einheit wird der Wellenwiderstand Z_w angegeben?

a $\frac{kg}{m^2 \cdot s}$ ☐ falsch, weil ______

b $\frac{s \cdot m^3}{kg}$ ☐ falsch, weil ______

c $\frac{s \cdot m^2}{kg}$ ☐ falsch, weil ______

d $\frac{kg}{s \cdot m}$ ☐ falsch, weil ______

e $\frac{kg}{s \cdot m^3}$ ☐ falsch, weil ______

Lösungsweg (max. 3 Schritte/20 Sekunden):

______

______

______

Berechnung der Aufgabe (max. 120 Sekunden):

32 Bei einem physikalischen Gesetz mit den Variablen i, s, d und n ergeben sich folgende Zusammenhänge:

- Verdoppelt man i, so wird auch s verdoppelt.
- Halbiert man d, so wird n um das Vierfache größer.
- Wird s um das Vierfache größer, so wird d verdoppelt.

Wenn wir die genannten Zusammenhänge miteinander in Verbindung setzen, welche der folgenden Beziehungen ist dann korrekt?

a $d \cdot i^2 = s^2 \cdot n$ ☐ falsch, weil ______________________

b $d^2 \cdot i = s \cdot n$ ☐ falsch, weil ______________________

c $d^2 \cdot i^2 = \frac{s^2}{n}$ ☐ falsch, weil ______________________

d $d^2 \cdot i^2 = s \cdot n$ ☐ falsch, weil ______________________

e $d^2 \cdot i = \frac{s}{n}$ ☐ falsch, weil ______________________

Lösungsweg (max. 3 Schritte/20 Sekunden):

____

____

____

Berechnung der Aufgabe (max. 120 Sekunden):

Verbesserungsstrategie

Das Arbeiten mit Proportionalität schreckt einen Großteil der TMS-Teilnehmer ab, sobald es um die Erstellung von physikalischen Gleichungen geht. Aus diesem Grund sind genau diese Aufgaben auch jedes Jahr wieder vertreten. Nutzen Sie Ihren Vorteil, indem Sie den Lösungsalgorithmus verinnerlichen und auf verschiedene Aufgaben anwenden.
Reflektieren Sie zudem noch einmal über die eben bearbeiteten Aufgaben und beantworten Sie sich selbst folgende Fragen:

Auf welche Weise konnten Sie die vorgegebenen Aufgaben am besten bearbeiten?

☐ mathematischer Weg ☐ logischer Weg

Konnten Sie das neu erworbene Wissen über das Aufstellen einer Gesamtgleichung bereits anwenden?

☐ ja ☐ nein

Wählen Sie eine physikalische Formel aus und versuchen Sie, Ihre Einheiten untereinander mit den Begriffen der direkten respektive indirekten Proportionalität zu beschreiben.

Platz für weitere Notizen:

5 Dreisatz

Aufbau und Trainierbarkeit

Der Untertest „Quantitative und formale Probleme“ prüft das Grundverständnis für Mathematik und problemorientiertes Denken. Die Aufgaben lassen sich dabei in verschiedene Themenbereiche der Mathematik einteilen, von denen wir uns die wichtigsten nacheinander ansehen werden.

Der Untertest selbst besteht aus 24 Aufgaben, von welchen 20 gewertet und unbestimmte 4 als Einstreuaufgaben gestellt werden. Es wird im TMS darauf geachtet, die Aufgaben nach Schwierigkeitsgrad zu sortieren. Da dies bei diesem Aufgabentyp jedoch stark subjektiv ist, kann diese Regel nicht für jeden als allgemeingültig betrachtet werden. Dennoch ist es ratsam, sich grob an die vorgegebene Reihenfolge der Aufgaben zu halten. Für die Bearbeitung stehen insgesamt 60 Minuten zur Verfügung. Dies entspricht 150 Sekunden pro Aufgabe. Angestrebt werden 140 Sekunden pro Aufgabe. So hat man noch genug Zeit, die Ergebnisse auf den Antwortbogen zu übertragen.

Der Bereich aus „Quantitative und formale Probleme“, welchen wir nun betrachten, wird unter dem Begriff „Dreisatz“ zusammengefasst. Dieses mathematische Verfahren, welches auch Verhältnisgleichung oder Schlussrechnung genannt wird, bietet die Möglichkeit, bei drei bekannten Werten, aus einer Proportionalität einen unbekannten vierten Wert zu bestimmen.

Die Trainierbarkeit der Dreisatzrechnungen ist sehr hoch. Das Ziel ist es hier, durch ein besseres Verständnis der mathematischen Struktur Zeit zu sparen und Sicherheit beim Rechnen zu gewinnen.

Analyse der möglichen Fehler

Als Sie das Kapitel über den Dreisatz aufgeschlagen haben, hat Sie vielleicht ein Gefühl der Nostalgie erfüllt. Die Mathematik der frühen Jahre auf dem Gymnasium waren geprägt von diesem Begriff. Doch das liegt für alle Teilnehmer viele Jahre zurück. Jetzt erinnert man sich zwar noch an das Verfahren, doch braucht man zumeist ein wenig Vorlauf, um es wieder sicher einsetzen zu können.

Das erste Problem ist, dass Ihnen genau diese Zeit fehlt. Dieses Kapitel soll Ihnen helfen, Ihr Wissen wieder zu aktivieren, sodass Sie jederzeit schnell darauf zugreifen und es anwenden können. Wiederholen Sie vor allem das entsprechende Vokabular und machen Sie es wieder nutzbar.

Ein Fehler von nahezu allen TMS-Teilnehmern ist, dass sie das Wissen über den Dreisatz aus dem Mathematikunterricht nicht auf eine Rechnung übertragen können, ohne hier umständlich zu arbeiten. Wir erinnern uns alle an die Berechnungen des Dreisatzes. Wir teilen einen Wert durch sich selbst, um ihn auf 1 zu bringen, und erweitern ihn danach um den gewünschten Faktor. Doch genau hierfür brauchen die meisten mehrere Rechnungen und erhöhen so das Risiko, Fehler zu machen.

Ein weiteres Problem ist, dass häufig der Zusammenhang zwischen dem Dreisatz und der Proportionalität nicht bekannt ist. Aus diesem Grund werden hier oft Unterschiede gesucht, wo keine existieren. Selbstverständlich gibt es Aufgaben, bei welchen Sie sofort an den Dreisatz denken. Nun müssen Sie diesen Gedanken nur um die Anwendung der Proportionalität erweitern. Auf diese Weise haben Sie mehr als nur ein Werkzeug zur Verfügung, um Aufgaben dieser Art zu bewältigen.

Bearbeitungsstrategie

Halten wir noch einmal fest, was wir bisher zum Dreisatz erfahren haben: Wenn wir ein Wertpaar besitzen, welches einen gemeinsamen Zusammenhang beschreibt, so können wir durch eine weitere Bedingung einen unbekannten Wert berechnen. Hierfür haben wir immer den bekannten Wert auf 1 gekürzt und danach auf den Zielwert erweitert.

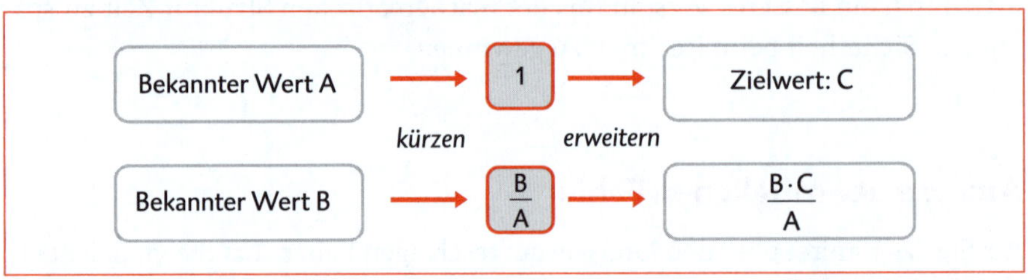

Führen wir die gleichen Berechnungsschritte mit der zweiten Einheit durch, so ergibt sich der unbekannte Wert. Doch erfordern diese Berechnungen oft zeitaufwendige Nebenrechnungen. Aus diesem Grund betrachten wir nun die bereits mehrfach angesprochenen Zusammenhänge. Sollten Sie noch nicht das Unterkapitel über Proportionalität bearbeitet haben, wäre nun ein guter Zeitpunkt.

Es gibt nur zwei Möglichkeiten, wie die Einheiten zueinander in Verbindung stehen können.

Direkte Proportionalität

$$\text{Einheit A} = \text{Einheit B} \cdot \text{konst.} \quad \text{oder} \quad \frac{\text{Einheit A}}{\text{Einheit B}} = \text{konst.}$$

Indirekte Proportionalität

$$\text{Einheit A} = \frac{\text{konst.}}{\text{Einheit B}} \quad \text{oder} \quad \text{Einheit A} \cdot \text{Einheit B} = \text{konst.}$$

Die in den Angaben enthaltenen Informationen lassen Rückschlüsse darüber zu, welche Form der Proportionalität vorliegt. Nun haben wir die Möglichkeit, eine Formel für den Dreisatz abzuleiten.

Gehen wir in diesem Fall davon aus, dass als Zusammenhang eine direkte Proportionalität vorliegt. Durch das gegebene erste Wertpaar können wir bereits den Quotienten bestimmen, welcher für jedes weitere Wertpaar gelten muss.

Dreisatz bei direkter Proportionalität

$$\frac{\text{Einheit}_1\ (\text{Wert 1})}{\text{Einheit}_2\ (\text{Wert 1})} = \text{konstanter Wert}$$

$$\frac{\text{Wert}_{\text{gesucht}}}{\text{Einheit}_2\ (\text{Wert 2})} = \text{konstanter Wert}$$

Der Vorteil, welcher sich aus diesem Zusammenhang ergibt, ist, dass wir sofort ein direktes Verhältnis bestimmen können, in welchem die Einheiten vorliegen müssen. Dies ermöglicht es uns, den gesuchten Wert unmittelbar zu bestimmen.

Das bisher vermittelte Wissen wird nun in dem Beispiel auf der folgenden Seite angewendet.

Beispiel

In einem Labor werden Nährstoffplatten oft verwendet, um die Wechselwirkungen von Mikroorganismen untereinander zu bestimmen. Im vorliegenden Fall kann beobachtet werden, dass der Erreger der Reiskeimlingsfäule, ein Pilz namens Rhizopus microsporus, mit dem Bakterium Burkholderia rhizoxinica zusammenarbeitet. Hierbei lebt das Bakterium sogar in den einzelnen Pilzzellen. Es ist nicht ungewöhnlich, auf eine Menge von $1{,}7 \cdot 10^2$ Pilzzellen mehr als $5{,}1 \cdot 10^4$ Bakterien vorzufinden.
Von wie vielen Bakterien kann nach dieser Faustregel ausgegangen werden, wenn die Anzahl der Pilzzellen auf $4{,}04 \cdot 10^7$ steigt?

- **a** $1{,}212 \cdot 10^{10}$
- **b** $12{,}012 \cdot 10^9$
- **c** $12{,}12 \cdot 10^{-9}$
- **d** $120{,}12 \cdot 10^8$
- **e** $121{,}20 \cdot 10^9$

Die vorliegende Aufgabe kann mithilfe des Dreisatzes gelöst werden. Hierzu müssen wir die Anzahl der vorhandenen Bakterien als Erstes durch die anfängliche Anzahl der Pilzzellen kürzen, um sie danach wieder mit der neuen Anzahl von Pilzzellen zu erweitern.

Doch diese Schritte sind anfällig für Leichtsinnsfehler und sollten deswegen vermieden werden. Stattdessen können wir hier einen Ansatz über die Proportionalität wagen.

In unserem Fall liegt der Zusammenhang der direkten Proportionalität vor. Mit einer steigenden Anzahl an Pilzzellen geht auch eine steigende Anzahl von Bakterien einher. Somit gilt eine **Quotientengleichheit** der möglichen Wertepaare:

$$\frac{\text{Bakterienanzahl}}{\text{Pilzzellenanzahl}} = \frac{5{,}1 \cdot 10^4}{1{,}7 \cdot 10^2} = 3 \cdot 10^2 = 300$$

Wir wissen nun also, dass alle Wertepaare den Quotienten 300 ergeben müssen. Auf Basis dieser Information lässt sich eine Gleichung für unsere Lösung erstellen:

$$\frac{\text{Bakterienanzahl}}{4{,}04 \cdot 10^7} = 3 \cdot 10^2$$

$$\text{Bakterienanzahl} = 4{,}04 \cdot 3 \cdot 10^{7+2} = 12{,}12 \cdot 10^9 = 1{,}212 \cdot 10^{10}$$

Durch das Aufstellen einer einzigen Gleichung lässt sich somit das Ergebnis ohne umständliche Berechnung bestimmen. Nutzen Sie bitte aus diesem Grund das hier angebotene Wissen als Alternative zum Dreisatz. Es wird Ihnen Zeit sparen und Ressourcen schonen.

Analog zum bereits gezeigten Arbeiten bei direkter Proportionalität gibt es natürlich auch eine Anwendung bei indirekter Proportionalität. In diesem Fall ergeben sich die Berechnungen aus den folgenden Zusammenhängen.

Dreisatz bei indirekter Proportionalität

$\text{Einheit}_1\ (\text{Wert 1}) \cdot \text{Einheit}_2\ (\text{Wert 1}) = \text{konstanter Wert}$

$\text{Einheit}_1\ (\text{Wert 2}) \cdot \text{Wert}_{\text{gesucht}} = \text{konstanter Wert}$

Auch in diesem Fall wird im ersten Schritt wieder der konstante Wert bestimmt. Ich betone an dieser Stelle noch einmal ausdrücklich, dass dieser nicht als feste Zahl bestimmt werden muss. Eine Verhältniszahl ist vollkommen ausreichend. Im oben angeführten Beispiel wäre dies ein Verhältnis von 1 zu 300. Auch Brüche können hilfreich sein. Auf diese Weise sind oft sehr genaue Schätzungen möglich, welche Berechnungen oft unnötig machen.

Es soll hier noch einmal angesprochen werden, wie wichtig es ist, das hier aufgeführte Wissen durch Übung zu verinnerlichen. Sie halten mit diesem Buch ein Werkzeug in der Hand, welches Ihnen zu einem überdurchschnittlich guten TMS verhelfen kann. Doch hierfür müssen Sie selbst aktiv werden.

Wie auch in den vorangegangenen Unterkapiteln von „Quantitative und formale Probleme" werden Sie die Möglichkeit haben, eigene Notizen und Gedanken im Verbesserungsbereich zu notieren. Machen Sie von solchen Angeboten Gebrauch und erweitern Sie somit die Erfahrungen, die Sie hier im Vorfeld sammeln können.

Sollten Sie im TMS eine Aufgabe vorfinden, welche Sie lieber über den Dreisatz lösen wollen, so tun Sie sich bitte keinen Zwang an. Selbstverständlich sollen Sie jedes Problem auf Ihre eigene Art angehen.

Zusammenfassung

Halten Sie sich bitte bei der Bearbeitung der Aufgaben an folgende Herangehensweise:

- **Markieren Sie in der Angabe** — 20 Sekunden maximal

Markieren Sie während des ersten Lesens bereits wichtige Werte in der Angabe. Auf diese Weise können Sie bereits Zeit sparen und Ihre Augen sind auf das Wesentliche fokussiert. Die Erfahrung hat gezeigt, dass man mit dem Lesen der Frage, welche am Ende der Aufgabe steht, beginnen sollte. So weiß man danach genau, welche Werte der Angabe für einen wichtig sind und welche nicht. Doch dies ist von Teilnehmer zu Teilnehmer unterschiedlich, deswegen sollten Sie bei den Übungsaufgaben verschiedene Verfahren erproben.

- **Bestimmung des konstanten Wertes** — 15 Sekunden maximal

Sollte es für Sie offensichtlich werden, dass es sich bei der vorliegenden Angabe um eine Dreisatzaufgabe handelt, so wandeln Sie diese in eine Proportionalitätsaufgabe um.

Hierbei ist es wichtig, die Art des Zusammenhangs festzustellen und den konstanten Wert zu berechnen. Hierbei reicht es, ein Zahlenverhältnis zu bestimmen.

- Direkte Proportionalität: Quotientengleichheit
- Indirekte Proportionalität: Produktgleichheit

Notieren Sie sich das Ergebnis Ihrer Berechnung in der Nähe der Lösungsmöglichkeiten.

- **Arbeiten Sie mit den Lösungsmöglichkeiten** — 30 Sekunden maximal

Zu diesem Zeitpunkt sind Sie bereits so weit in der Aufgabe, dass Sie falsche und unlogische Lösungen erkennen können. Sollten Sie solche identifizieren, so zögern Sie nicht, diese direkt auszustreichen. Zudem sollten Sie in der Lage sein, durch den bereits berechneten konstanten Wert schon Schätzungen zu machen. Auf diese Weise können manche Aufgaben bereits jetzt gelöst werden.

- **Finden Sie einen Lösungsweg** — 30 Sekunden maximal

Überlege Sie sich ein Vorgehen in höchstens drei Schritten. Zu diesem Zeitpunkt haben Sie noch keine Berechnung angestellt und dies ist auch nicht notwendig. Die Zeit, welche Sie hier investieren, sparen Sie danach durch eine einfachere und gezielte Berechnung. Zudem schonen Sie Ihre Konzentration und können Fehler im Zweifelsfall auch schneller finden.

- **Berechnen Sie die Aufgabe** — 120 Sekunden maximal

Berechnen Sie die Aufgabe nach dem Muster einer Proportionalitätsaufgabe. Rufen Sie sich bitte hierfür die ausführliche Darstellung im entsprechenden Unterkapitel ins Gedächtnis.

Bearbeitungsstrategie im Überblick

Markieren in der Angabe
Frage davor lesen,
Werte danach markieren

↓

Konstanten Wert bestimmen

Direkte Proportionalität:

$$\frac{\text{Einheit}_1\ (\text{Wert 1})}{\text{Einheit}_2\ (\text{Wert 2})} = \text{konstanter Wert}$$

Indirekte Proportionalität:

$$\text{Einheit}_1\ (\text{Wert 1}) \cdot \text{Einheit}_2\ (\text{Wert 1}) = \text{konstanter Wert}$$

↓

Arbeit mit Lösungen
Falsche/unlogische Lösungen streichen,
Ergebnisse überschlagen

↓

Berechnung der Aufgabe
Verinnerlichen Sie für eine übersichtliche Darstellung der Bearbeitung bitte das Unterkapitel über Proportionalität

Übungsaufgaben

Es folgen nun zwei Aufgaben, welche Sie nach folgendem System bearbeiten:

1. Lesen Sie die Aufgabenstellung genau, markieren Sie sich dabei wichtige Informationen.
2. Finden Sie einen Lösungsweg mit maximal drei Schritten.
3. Bearbeiten Sie die Aufgabe in der vorgegebenen Zeit.
   a. Skizzen (wenn benötigt) bitte in das vorgegebene Feld
   b. Zwischenschritte (wenn benötigt) bitte in das vorgegebene Feld
4. Geben Sie an, warum manche der Lösungen nicht richtig sein können.

- **Anzahl der Aufgaben:** 2
- **Zeit pro Aufgabe:** 140 s
- **Gesamtzeit der Übung:** 4 min 40 s

33 Diabetiker müssen sich Insulin spritzen, da ihr Körper nicht imstande ist, dies in ausreichender Menge zu produzieren. Um ihren Blutzuckerspiegel genau einstellen zu können, bedarf es hier einer genauen Handhabung der gespritzten Insulindosis.

Eine I. E. (internationale Einheit) Insulin senkt den Blutzuckerspiegel um $2 \frac{\text{mmol}}{\ell}$, 1 BE (Broteinheit) entspricht 12 g Kohlenhydraten. 3 g Kohlenhydrate erhöhen den Blutzuckerspiegel um insgesamt $10 \frac{\text{mg}}{\%} = 0{,}5 \frac{\text{mmol}}{\ell}$.

Ein Diabetiker (nüchtern $= 80 \frac{\text{mg}}{\%}$) will eine Pizza (8 BE) und ein kleines Bier (1 BE) zu sich nehmen. Wenn er nach dem Essen nicht über einen Wert von $160 \frac{\text{mg}}{\%}$ mg kommen will, wie viel I. E. Insulin muss er sich dann spritzen?

- **a** 5 I. E. ☐ falsch, weil ____________________
- **b** 6 I. E. ☐ falsch, weil ____________________
- **c** 7 I. E. ☐ falsch, weil ____________________
- **d** 8 I. E. ☐ falsch, weil ____________________
- **e** 9 I. E. ☐ falsch, weil ____________________

Lösungsweg (max. 3 Schritte/20 Sekunden):

____

____

____

Berechnung der Aufgabe (max. 120 Sekunden):

34 Paracelsus prägte schon früh den Satz: „Allein die Menge macht das Gift." Dieses Zitat macht deutlich, dass viele Medikamente in zu hoher Dosis schädlich für den menschlichen Körper sind.
Paracetamol kann die Leber bei einem durchschnittlichen Erwachsenen mit 80 kg ab einer Dosis von 8 Gramm am Tag stark schädigen. Bei Kindern hingegen orientiert man sich am Körpergewicht. Die zulässige Gesamtdosis beträgt hier 60 $\frac{mg}{kg}$ pro Tag.
Wenn bei einem durchschnittlichen Erwachsenen somit bei 16 Tabletten Vergiftungserscheinungen auftreten, wie viele Tabletten darf ein Kind mit 25 kg dann höchstens einnehmen?

a 1 Tablette ☐ falsch, weil ____________________

b 2 Tabletten ☐ falsch, weil ____________________

c 3 Tabletten ☐ falsch, weil ____________________

d 4 Tabletten ☐ falsch, weil ____________________

e 5 Tabletten ☐ falsch, weil ____________________

Lösungsweg (max. 3 Schritte/20 Sekunden):

____

____

____

Berechnung der Aufgabe (max. 120 Sekunden):

Verbesserungsstrategie

Durch das Verknüpfen des bereits vorhandenen Wissens über Proportionalität mit der Anwendung des Dreisatzes, haben Sie eine weitere Möglichkeit kennengelernt, Ihre Perspektive auf eine Aufgabenstellung zu verändern. Es sind genau diese erweiterten Möglichkeiten, die Ihnen eine flexible Bearbeitung des TMS ermöglichen und somit Rückgriffe auf Ihre Stärken ermöglichen.
Nehmen Sie sich die Zeit, über die eben bearbeiteten Aufgaben unter folgenden Gesichtspunkten zu reflektieren:

Auf welche Weise konnten Sie die vorgegebenen Aufgaben am besten bearbeiten?

☐ mathematischer Weg ☐ logischer Weg

Konnten Sie das neu erworbene Wissen über das Aufstellen einer Gesamtgleichung bereits anwenden?

☐ Proportionalität ☐ Dreisatz ☐ andere Lösungsmöglichkeit

Versuchen Sie kurz zu beschreiben, welche Schwierigkeiten Sie bei der Bearbeitung der Aufgaben hatten. Welche Möglichkeiten haben Sie, um diesen besser zu begegnen?

___

___

___

Platz für weitere Notizen:

___

___

___

___

___

___

___

6 Umformungen

Aufbau und Trainierbarkeit

Der Untertest „Quantitative und formale Probleme“ prüft das Grundverständnis für Mathematik und problemorientiertes Denken. Die Aufgaben hierfür werden aus den verschiedensten Bereichen des öffentlichen Lebens genommen und müssen nicht zwangsläufig einen medizinischen Hintergrund haben.

Dieser Test selbst besteht aus 24 Aufgaben, von welchen 20 gewertet und 4 unbestimmte als Einstreuaufgaben gestellt werden. Es wird im TMS darauf geachtet, die Aufgaben in steigender Schwierigkeit anzuordnen. Da der Schwierigkeitsgrad bei diesem Aufgabentyp jedoch stark subjektiv empfunden wird, kann diese Regel nicht als allgemeingültig betrachtet werden. Dennoch ist es ratsam, sich grob an die vorgegebene Reihenfolge der Aufgaben zu halten. Für die Bearbeitung stehen insgesamt 60 Minuten zur Verfügung. Dies entspricht 150 Sekunden pro Aufgabe. Angestrebt werden 140 Sekunden pro Aufgabe. So hat man noch genug Zeit, die Ergebnisse auf den Antwortbogen zu übertragen.

Der Teilbereich aus „Quantitative und formale Probleme“, welchen wir im Folgenden genauer betrachten werden, ist das Arbeiten mit Einheiten und deren Umformung.

Die Trainierbarkeit der Umformungsaufgaben ist sehr hoch. Dies kommt daher, dass grundlegende Einheiten sich nach dem metrischen System richten und damit den gleichen Regeln folgen. Lernt man diese für eine Einheit, so kann man sie auf alle anderen Einheiten ebenso anwenden.

Analyse der möglichen Fehler

Beim Arbeiten mit Einheiten können verschiedene Fehler passieren. Diese reichen von Leichtsinnsfehlern, welche nicht vollkommen verhindert werden können, bis hin zu Verständnisfehlern. Um Ersteres zu verhindern, hilft nur Konzentration und Übung. Um das Zweitgenannte werden wir uns in diesem Kapitel kümmern.

Einer der größten Fehler ist, dass viele TMS-Teilnehmer sich nicht mit den Präfixen des metrischen Systems auseinandergesetzt haben. So wird es zwar als Allgemeinwissen betrachtet, dass es Nano-, Mikro- und Milli-Größen gibt, doch die Umrechnung wurde in der Regel nie geübt. Aus diesem Grund werden im Test wichtige Minuten darauf verschwendet, Gedanken zu sortieren und Ergebnisse mehrfach zu überprüfen.

Ein weiterer Fehler ist, dass der Zusammenhang zwischen Zehnerpotenzen und den Einheiten oft nicht vertieft wurde. Da einige Aufgaben im TMS aus dem Bereich der Naturwissenschaften kommen, muss ein grundlegendes Verständnis für die verwendeten Größenordnungen vorhanden sein. Nehmen Sie sich deswegen bitte die Zeit, verschiedene Beispiele zu den einzelnen Einheiten kennenzulernen.

Bearbeitungsstrategie

Um zu verstehen, wie wir mit einer Umformungsaufgabe arbeiten sollten, betrachten wir als Erstes eine typische Angabe aus dem naturwissenschaftlichen Umfeld:

$$2{,}4 \cdot 10^{-2} \, \frac{\text{mmol}}{\ell}$$

Weil wir in den Naturwissenschaften versuchen, alle theoretisch möglichen Bereiche zu erklären, haben wir eine undenkbar große Spannweite von zu beschreibenden Ereignissen. Um diese wahrnehmen zu können, müssen wir in der Lage sein, Einheiten und Zahlen unabhängig vom beschriebenen Wert zu ändern.

Betrachten Sie das Beispiel etwas genauer. Der hier angegebene Wert ist eine Konzentrationsangabe. Um sie in eine andere Darstellungsform zu bringen, untersuchen wir, was eigentlich alles geändert werden kann.

$2{,}4 \cdot 10^{-2}$	$\frac{\text{mmol}}{\ell}$	Wert
Zahl	Einheit	

Der Wert einer Darstellung setzt sich immer aus den beschreibenden Zahlen und ihrer Einheit zusammen. Diese verhalten sich zueinander indirekt proportional. Wenn wir die Zahl um einen Faktor erweitern, so müssen wir die Einheit um den gleichen Wert kürzen, um die Konstanz des Wertes zu erhalten.

Halten wir uns dabei aber noch vor Augen, dass sich die Einheiten immer durch eine Zehnerpotenz verändern. Verglichen mit der Grundeinheit lassen sich so alle weiteren Darstellungen durch eine Vorsilbe oder eben durch eine weitere Zehnerpotenz darstellen.

Im Falle unseres Beispiels bedeutet das, dass wir die Zahl um denselben Faktor kürzen müssen, wenn wir die Einheit von Millimol in Mol ändern wollen (hierdurch wird die Einheit um den Faktor 1 000 größer):

$2{,}4 \cdot 10^{-2} \cdot 10^{-3}$	$\frac{\text{mol}}{\ell}$	Wert
Zahl	Einheit	

Durch das Verwenden der Potenzen wird die Gefahr, sich zu verrechnen, nicht nur geringer, wir können diese auch einfacher für Berechnungen verwenden. Nutzen Sie diese Option immer, wenn es möglich ist.

Um das Umformen von Einheiten und Zahlen zu beherrschen, muss man die SI-Präfixe beherrschen. Diese sind auf unser Dezimalsystem genormt und international einheitlich. Anders wäre es auch schwer, wissenschaftlich über die Landesgrenzen hinweg zu forschen. Lernen Sie bitte die folgende Tabelle auswendig. Sie werden sie im Laufe des TMS garantiert benötigen:

Symbol	Name	Zehnerpotenz	Zahl
T	Tera	$1 \cdot 10^{12}$	1000000000000
G	Giga	$1 \cdot 10^{9}$	1000000000
M	Mega	$1 \cdot 10^{6}$	1000000
k	Kilo	$1 \cdot 10^{3}$	1000
	Grundheit	$1 \cdot 10^{0}$	1
d	Dezi	$1 \cdot 10^{-1}$	0,1
c	Zenti	$1 \cdot 10^{-2}$	0,01
m	Milli	$1 \cdot 10^{-3}$	0,001
µ	Mikro	$1 \cdot 10^{-6}$	0,000001
n	Nano	$1 \cdot 10^{-9}$	0,000000001
p	Piko	$1 \cdot 10^{-12}$	0,000000000001
f	Femto	$1 \cdot 10^{-15}$	0,000000000000001

Betrachten wir die Darstellung durch eine einfache Zahl, so wird uns noch einmal deutlich, wie angenehm es ist, denselben Wert als Zehnerpotenz zu schreiben. Denn die Verwendung von Potenzen verringert nicht nur die Gefahr, sich zu verrechnen, sondern vereinfacht auch die Berechnung. Die Wahrscheinlichkeit, Dinge durcheinanderzubringen, ist überraschend hoch und eine Kontrolle benötigt zu viel Zeit. Bitte gewöhnen Sie sich deswegen im Vorfeld eine Schreibweise in Zehnerpotenzen an.

Ein weiterer Grund ist die bereits angesprochene Umrechnung der Einheiten. Ihnen soll gezeigt werden, wie Sie auch in komplexen Aufgabenstellungen stets die Übersicht behalten. Das Werkzeug hierfür haben Sie bereits vor Augen.

Wie wir bereits wissen, verhalten sich Zahl und Einheit indirekt proportional zueinander. Auf diese Weise erhalten wir bei der Veränderung des zweiten zwangsläufig auch immer eine weitere Änderung. Diese kann sich in einer weiteren Einheit zeigen, oder eben in einer Anpassung der Zahl. Um welchen Faktor wir diese Veränderung vornehmen müssen, können Sie der Tabelle direkt entnehmen.

Um Ihnen das Vorgehen besser verdeutlichen zu können, wenden wir es auf verschiedene Beispiele an.

Beispiel

a Umrechnung von $12{,}03 \cdot 10^2$ ng in mg
Hier soll eine Umrechnung von Nanogramm in Milligramm stattfinden. Weil die Einheit in diesem Fall größer wird, muss die Zahl bei diesem Vorgang kleiner werden.
Aus der Tabelle können wir entnehmen, dass sich ng von mg durch den Faktor 10^6 unterscheidet.
Mithilfe dieser beiden Informationen können wir die Umrechnung durchführen:
$12{,}03 \cdot 10^2 \cdot 10^{-6} \cdot 10^6$ ng
$12{,}03 \cdot 10^{-4}$ mg
Durch die Verrechnung mit 10^6: ng $\Rightarrow$ mg
Durch die Verrechnung mit 10^{-6}: $10^2 \Rightarrow 10^{-4}$

b Umrechnung von $0{,}13 \cdot 10^{-3}$ MPa in dPa
In diesem Beispiel haben wir es mit der Einheit für den Druck (Pascal) zu tun. Die Darstellung durch Megapascal soll nun in Dezipascal erfolgen. Hierbei wird die Einheit kleiner, also muss die Zahl im Gegenzug größer werden.
Aus der Tabelle können wir entnehmen, dass sich MPa von dPa durch den Faktor 10^7 unterscheidet.
Für die Umrechnung verwenden wir nun beide Informationen.
Umrechnung:
$0{,}13 \cdot 10^{-3} \cdot 10^7 \cdot 10^{-7}$ MPa
$0{,}13 \cdot 10^4$ dPa
Durch die Verrechnung mit 10^{-7}: MPa $\Rightarrow$ dPa
Durch die Verrechnung mit 10^7: $10^{-4} \Rightarrow 10^3$

Sollte es sich bei einer der gestellten Aufgaben um eine Einheit des zweiten oder dritten Grades handeln, so verändert sich auch der Umrechnungswert. Nehmen Sie dazu einfach den Exponenten der Einheit und multiplizieren Sie ihn mit dem des Umrechnungswertes.

Umrechnung von	nm	in	mm	$\Rightarrow$	10^6		
	nm^2	in	mm^2	$\Rightarrow$	$10^{6 \cdot 2}$	$\Rightarrow$	10^{12}
	nm^3	in	mm^3	$\Rightarrow$	$10^{6 \cdot 3}$	$\Rightarrow$	10^{18}

Zusammenfassung

Bearbeiten Sie Aufgaben aus dem Bereich Umformungsaufgaben immer nach folgendem Muster:

- **Markieren Sie in der Angabe** — 25 Sekunden maximal

Markieren Sie während des ersten Lesens bereits wichtige Werte in der Angabe. Auf diese Weise können Sie Ihre Augen besser entspannen, da diese nicht mehr beim Suchen ohne Halt über den Text fliegen. Achten Sie zu diesem Zeitpunkt besonders darauf, ob sich verschiedene Einheiten in der Angabe befinden. Es ist ratsam, jede Aufgabe mit dem Lesen der Frage zu beginnen, welche am Ende steht. So weiß man danach genau, welche Werte der Angabe wichtig sind und welche nicht. Doch dies ist von Teilnehmer zu Teilnehmer unterschiedlich, deswegen sollte man zunächst ausführlich prüfen, von welcher Strategie man am meisten profitiert.

- **Anpassung der Darstellung** — 4 Sekunden maximal

Sollte es sich um eine Aufgabe handeln, bei welcher verschiedene Darstellungen der gleichen Grundeinheit verwendet werden, so ist es immer vorteilhaft, diese zu vereinheitlichen. Auf diese Weise lassen sich sofort Vergleiche anstellen und Berechnungen vereinfachen. Orientieren Sie sich bei der Wahl der Einheit an den Ergebnissen.

- **Finden Sie einen Lösungsweg** — 30 Sekunden maximal

Überlegen Sie sich ein Vorgehen in höchstens drei Schritten. Zu diesem Zeitpunkt haben Sie noch keine Berechnung angestellt und dies ist auch nicht notwendig. Die Zeit, welche Sie hier investieren, sparen Sie sich danach durch eine einfachere und gezielte Berechnung. Zudem schonen Sie Ihre Konzentration und können Fehler im Zweifelsfall auch schneller finden.

- **Berechnen Sie die Aufgabe** — 120 Sekunden maximal

Beginnen Sie mit dem Aufstellen einer Formel. Mit dieser können Sie arbeiten, anstatt direkte Berechnungen anzustellen. Im Gegensatz zu Schulaufgaben oder anderen Mathetests interessiert es hier nicht, wie Sie auf eine Lösung gekommen sind. Vereinfachen Sie deswegen Ihre Berechnung so weit wie möglich und setzen Sie die Werte erst am Ende ein. Nutzen Sie einen Blick auf die Lösungen, um zu erkennen, ob Sie runden oder überschlagen können. In dem Fall sind die Ergebnisse meistens ganze Zahlen und haben dieselben Abstände zueinander. Sollten Sie zwischen zwei/drei möglichen Ergebnissen schwanken und noch genug Zeit haben, so überprüfen Sie eines der beiden/das mittlere der drei, um (per Ausschlussverfahren) eine Lösung zu erhalten.

Bearbeitungsstrategie im Überblick

Markieren in der Angabe
Frage davor lesen,
Werte danach markieren

↓

Anpassen der Darstellung
Verschiedene Einheiten anpassen,
Einheit der Lösung beachten

↓

Arbeiten Sie mit Lösungen
Falsche/unlogische Lösungen streichen,
sich an der Darstellung orientieren

↓

Finden Sie einen Lösungsweg
Maximal 3 Schritte

↓

Berechnung der Aufgabe

- Vereinheitlichen Sie die angegebenen Einheiten.
- Nutzen Sie Zehnerpotenzen, um Zwischenrechnungen im Kopf zu machen. Wiederholen Sie hierzu noch einmal die Potenzgesetze.
- Formen Sie gegebenenfalls die Präfixe der SI-Einheiten in Zehnerpotenzen um.
- Sollten Sie um eine Berechnung der Aufgabe nicht herumkommen, arbeiten Sie so lange wie möglich direkt mit den Formeln und den Zehnerpotenzen. Fassen Sie am Ende alles zusammen und überprüfen Sie, was Sie wirklich berechnen müssen. Oft ist es hier nützlich, direkt von den Ergebnissen ausgehend zu arbeiten.

Übungsaufgaben

Es folgen nun zwei Aufgaben, welche Sie nach folgendem System bearbeiten:

1 Lesen Sie die Aufgabenstellung genau, markieren Sie sich dabei wichtige Informationen.

2 Finden Sie einen Lösungsweg mit maximal drei Schritten.

3 Bearbeiten Sie die Aufgabe in der vorgegebenen Zeit.
   a Skizzen (wenn benötigt) bitte in das vorgegebene Feld
   b Zwischenschritte (wenn benötigt) bitte in das vorgegebene Feld

4 Geben Sie an, warum manche Lösungen keinen Sinn ergeben.

- **Anzahl der Aufgaben:** 2
- **Zeit pro Aufgabe:** 140 s
- **Gesamtzeit der Übung:** 4 min 40 s

35 Eukaryotische Zellen sind von einer Zellmembran umgeben, welche durchschnittlich eine Dicke von 6 Nanometern hat. Der Zellkern hat im Vergleich dazu einen Durchmesser von 10 Mikrometer.
Wie viele Zellmembranen könnten wir nebeneinander durch die breiteste Stelle des Zellkerns legen?

a $16{,}5 \cdot 10^3$ ☐ falsch, weil ______

b $1{,}65 \cdot 10^2$ ☐ falsch, weil ______

c $16{,}5 \cdot 10^4$ ☐ falsch, weil ______

d $1{,}65 \cdot 10^4$ ☐ falsch, weil ______

e $1{,}65 \cdot 10^3$ ☐ falsch, weil ______

Lösungsweg (max. 3 Schritte/20 Sekunden):

______

______

______

Berechnung der Aufgabe (max. 120 Sekunden):

36 Die Wirksamkeit eines Giftes wird oft dadurch definiert, ab welcher Dosis es für einen Organismus letal wirkt. So führt das Batrachotoxin aus der Haut des südamerikanischen Pfeilgiftfrosches bereits bei einer Konzentration von 0,25 Mikrogramm pro 125 Gramm Körpergewicht zum Tod.
Wie viel des Giftes benötigt man, um ein Lebewesen mit einem Gewicht von 3,6 Tonnen tödlich zu vergiften?

- **a** 720 µg ☐ falsch, weil ____________________
- **b** 3,6 mg ☐ falsch, weil ____________________
- **c** 7,2 mg ☐ falsch, weil ____________________
- **d** 36 mg ☐ falsch, weil ____________________
- **e** 72 µg ☐ falsch, weil ____________________

Lösungsweg (max. 3 Schritte/20 Sekunden):

____

____

____

Berechnung der Aufgabe (max. 120 Sekunden):

Verbesserungsstrategie

Das Arbeiten mit physikalischen Einheiten gehört zum Alltag des naturwissenschaftlich arbeitenden Studenten. Aus diesem Grund müssen Sie sich bereits im Vorfeld darüber im Klaren sein, dass die hier von Ihnen geprüften Kompetenzen zu den vorausgesetzten Grundlagen gehören. Wie ein leitender Chefarzt einmal so passend gesagt hat: „Nicht die doppelte Menge tötet einen Patienten, sondern das falsch gesetzte Komma."
Betrachten Sie deswegen die von Ihnen bearbeiteten Aufgaben unter den folgenden Aspekten:

Auf welche Weise konnten Sie die vorgegebenen Aufgaben am besten bearbeiten?

☐ mathematischer Weg ☐ logischer Weg

Wie empfanden Sie die Herausforderung, fließend zwischen den Einheiten, Zehnerpotenzen und Kommastellen zu wechseln, um die Darstellung der Werte anzupassen?

☐ sehr einfach ☐ eher einfach ☐ eher schwer ☐ sehr schwer

Versuchen Sie hier noch einmal die Präfixe (Namen) der Einheiten in aufsteigender Reihenfolge aufzuzählen. Durch welches Symbol werden diese dargestellt?

____

____

____

Platz für weitere Notizen:

____

____

____

____

____

7 Potenzen

Aufbau und Trainierbarkeit

Um im Untertest „Quantitative und formale Probleme" ein gutes Ergebnis zu erzielen, müssen Ihre mathematischen Grundkenntnisse ebenso geschult sein wie Ihr lösungsorientiertes Denken. Da die Aufgaben ohne die Verwendung eines Taschenrechners oder einer Formelsammlung gelöst werden müssen, scheitern viele Abiturienten an der Herausforderung, zeiteffizient zu arbeiten.
Der Untertest selbst besteht aus 24 Aufgaben, von welchen 20 gewertet und 4 unbestimmte als Einstreuaufgaben gestellt werden. Es wird im TMS darauf geachtet, die Aufgaben nach Schwierigkeitsgrad zu sortieren. Da der Schwierigkeitsgrad bei diesem Aufgabentyp jedoch stark subjektiv empfunden wird, kann diese Regel nicht als allgemeingültig betrachtet werden. Dennoch ist es ratsam, sich grob an die vorgegebene Reihenfolge der Aufgaben zu halten. Für die Bearbeitung stehen insgesamt 60 Minuten zur Verfügung. Dies entspricht 150 Sekunden pro Aufgabe. Angestrebt werden 120 Sekunden pro Aufgabe.

Die Trainierbarkeit der Potenzaufgaben ist sehr hoch. Dies liegt an der geringen Anzahl von Gesetzmäßigkeiten, die zur Anwendung kommen. Haben wir diese einmal verstanden, so können wir viele wichtige Schritte bereits im Kopf zusammenfassen und sparen so effektiv Zeit.

Es sei hier ausdrücklich betont, dass in kaum einem anderen Untertest Ihr TMS-Ergebnis derart stark von der eingeplanten Übungszeit abhängt. Richtig angewandt, kann die hier dargestellte (Bearbeitungs-)Strategie Ihnen zu einem überdurchschnittlichen Ergebnis in diesem Teilbereich verhelfen. Planen Sie bitte deswegen genug Zeit zum Üben ein und verinnerlichen Sie das hier gelernte Wissen.

Analyse der möglichen Fehler

Grundsätzlich sind sich die Ersteller des TMS darüber im Klaren, dass jeder Abiturient in der Lage ist, mit Potenzen zu arbeiten. Um die Fähigkeiten der einzelnen Teilnehmer also unterscheiden zu können, werden die Potenzen dezent in den Fließtext der Angabe eingewoben. Ein häufiger Fehler ist somit, dass diese überlesen und nicht markiert werden.
So banal es auch klingen mag, dass Potenzen bei diesen Aufgaben oft überlesen werden – für die Bearbeitungsstrategie ist es hier ausschlaggebend, dass Ihnen

das nicht passiert. Nehmen Sie sich deswegen die Zeit, die Angabe einmal richtig zu lesen und wichtige Informationen schon beim ersten Lesen zu markieren.

Ein weiterer Fehler ist, dass oftmals die einzelnen Potenzgesetze nicht zeitnah wiederholt wurden. Jeder von Ihnen wird in der Lage sein, sich die einzelnen Gesetzmäßigkeiten binnen weniger Minuten ins Gedächtnis zu rufen. Doch im TMS haben Sie diese Zeit nicht. Hier geht es darum, Wissen unmittelbar nutzen zu können.

Zuletzt liegt der Fehler im Detail. Viele TMS-Teilnehmer sind nicht in der Lage, aus den gegebenen Informationen die beste Lösungsstrategie abzuleiten. Jede nicht zielgerichtete Aktion während des TMS ist verschwendete Zeit und kostet zusätzliche Konzentration. Potenzaufgaben sind auch Unterrichtsthema der gymnasialen Unterstufe. Doch genau aus diesem Grund sind sie oft nicht mehr in den abiturnahen Unterricht eingebaut. Lernen Sie deswegen die hier angebotene Lösungs- und Bearbeitungsstrategie und nutzen Sie sie.

Bearbeitungsstrategie

Wir haben bereits in einigen Kapiteln der Untertests „Quantitative und formale Probleme" über Aufgaben gesprochen, in welchen Potenzen verwendet werden. Im Bereich der naturwissenschaftlichen Forschung dienen sie als wichtiges Werkzeug zur geeigneten Darstellung von Größen wie Einheiten.

Um Aufgaben, welche auf Potenzrechnungen basieren, schnell und effizient bearbeiten zu können, müssen wir diese als Erstes erkennen. Aus diesem Grund markieren Sie bitte in einer Angabe immer Folgendes:

- jede Zehnerpotenz, z. B. 10^3, 10^{-4}, ...
- jede Wurzel, z. B. $\sqrt{16}$, $\sqrt[3]{27}$, $\Leftrightarrow$ $16^{\frac{1}{2}}$, $27^{\frac{1}{3}}$
- jede genannte Einheit, z. B. Milligramm, Nanometer, Hektopascal, ...

Jedes der hier aufgeführten Beispiele kann als eine Potenz ausgedrückt werden. Dies ermöglicht es uns durch das Verwenden der Potenzgesetze, Berechnungen ohne Umwege durchzuführen. Halten wir zu diesem Zweck fest, wie wir aus einer gegebenen Einheit eine Potenz erzeugen.

Beispiel

$7{,}25 \cdot 10^2$ mg

In unserem gewählten Beispiel befindet sich zum einen bereits eine Zehnerpotenz, zum anderen aber auch eine Einheit, welche wir als Potenz ihrer Grundeinheit ausdrücken wollen. Sollten Sie Probleme mit den Umrechnungsfaktoren haben, so lesen Sie bitte noch einmal das Kapitel über Umformungen, das hier als Grundwissen vorausgesetzt wird.

$$\begin{aligned} 7{,}25 \cdot 10^2\ \text{mg} &= 7{,}25 \cdot 10^2 \cdot 10^{-3}\ \text{g} \\ &= 7{,}25 \cdot 10^{-1}\ \text{g} \\ &= 0{,}725\ \text{g} \end{aligned}$$

Das Darstellen von Einheiten in einer anderen Form ist eine der gängigsten Möglichkeiten, um Angaben aus TMS-Aufgaben zu vereinfachen und besser berechnen zu können. Ebenso müssen Sie aber auch in der Lage sein, verschiedene Einheiten miteinander zu verrechnen. Insgesamt verwenden wir dabei sechs Grundregeln.

Grundregeln

- Werden Potenzen gleicher Basis **multipliziert**, so **addiert** man ihre Exponenten:
  $a^m \cdot a^n = a^{m+n}$
- Werden Potenzen gleicher Basis **dividiert**, so **subtrahiert** man ihre Exponenten:
  $a^m : a^n = a^{m-n}$
- Werden Potenzen **potenziert**, so bilden wir das **Produkt** ihrer Exponenten:
  $(a^m)^n = a^{m \cdot n}$
- Besitzt eine Potenz einen **negativen Exponenten**, so bilden wir daraus einen **Bruch**:
  $a^{-m} = \frac{1}{a^m}$
- Für jede Basis $a \neq 0$ gilt: Der Wert bei einem **Exponenten** 0 ist 1:
  $a^0 = 1 \quad (a \neq 0)$
- Besitzen Potenzen **gleiche Gestalt** (Basis und Exponent), so können wir diese **addieren**:
  $ka^m + pa^m = (k+p) \cdot a^m$

Alle Aufgaben des TMS, welche mit Potenzen arbeiten, lassen sich durch eine Kombination dieser Grundregeln berechnen. Um dies zu verdeutlichen, wenden wir sie nun direkt auf eine der möglichen Aufgabenstellungen an.

Beispiel

Im Durchschnitt finden sich in $10\,m\ell$ menschlichen Blutes etwa $6 \cdot 10^7$ Leukozyten, $5 \cdot 10^{10}$ Erythrozyten und $20 \cdot 10^8$ Thrombozyten. Wie viele Zellen (Leu + Ery + Thr) haben wir durchschnittlich in $25\,m\ell$ Blut?

a $130 \cdot 10^{10}$
b $1{,}03 \cdot 10^{12}$
c $1{,}3 \cdot 10^{11}$
d $13 \cdot 10^9$
e $103 \cdot 10^{10}$

In dieser Aufgabe ist es von Anfang an offensichtlich, dass wir mit Potenzen arbeiten werden. Diese finden sich nicht nur in der Angabe, sondern auch in den Lösungsmöglichkeiten. Aus diesem Grund markieren wir die einzelnen Werte und bringen sie auf den gleichen Exponenten.

$\text{Anzahl}_{10\,m\ell}$ (Leukozyten): $6 \cdot 10^7 \Leftrightarrow 6 \cdot 10^7 \Leftrightarrow 6 \cdot 10^7$
$\text{Anzahl}_{10\,m\ell}$ (Erythrozyten): $5 \cdot 10^{10} \Leftrightarrow 5 \cdot 10^3 \cdot 10^7 \Leftrightarrow 5\,000 \cdot 10^7$
$\text{Anzahl}_{10\,m\ell}$ (Thrombozyten): $20 \cdot 10^8 \Leftrightarrow 20 \cdot 10^1 \cdot 10^7 \Leftrightarrow 200 \cdot 10^7$

Hierfür verwenden wir zu Beginn unsere erste Regel und brechen die Potenzen so auf, dass wir überall ein 10^7 erzeugen. Im nächsten Schritt können wir durch die sechste Regel alle Potenzen mit gleicher Gestalt addieren:

$\text{Anzahl}_{10\,m\ell}$ ($\text{Zellen}_{\text{Gesamt}}$): $(6 + 5\,000 + 200) \cdot 10^7 = 5\,206 \cdot 10^7$

Diese Zahl ist jedoch auf eine Blutmenge von $10\,m\ell$ gerechnet. Um nun unser Ergebnis zu erhalten, müssen wir es noch auf $25\,m\ell$ hochrechnen. Da dies dem Faktor 2,5 entspricht, können wir auch hier geschickter rechnen.

$\text{Anzahl}_{25\,m\ell}$ ($\text{Zellen}_{\text{Gesamt}}$):
$\text{Anzahl}_{10\,m\ell}$ ($\text{Zellen}_{\text{Gesamt}}$) $\cdot 2{,}5$

$$\text{Anzahl}_{10\,m\ell}(\text{Zellen}_{\text{Gesamt}}) \cdot \frac{10}{4} \Rightarrow \frac{5206}{4} \cdot 10^{7+1} \approx 1300 \cdot 10^8 \approx 1{,}3 \cdot 10^{11}$$

Ein kleiner Einschub an dieser Stelle: Es mag hier einfacher erscheinen, direkt mit dem Faktor 2,5 zu arbeiten. Dennoch wird das Arbeiten im TMS unter Zeitdruck zu einer Stresssituation, in welcher auch bei einfachen mathematischen Schritten Fehler passieren können. Eine Zahl durch die Zahl vier zu teilen bedeutet, sie zweimal durch zwei zu dividieren. Auf diese Weise werden Fehlerquellen minimiert und Berechnungen sehr einfach. Im Kapitel „Kopfrechnen“ werden wir darauf nochmals genauer eingehen.

Wie Sie sicher schon gemerkt haben, gehen viele Themengebiete des Untertests „Quantitative und formale Probleme" ineinander über. So haben auch die Potenzaufgaben einen nicht zu übersehenden Zusammenhang mit dem Kapitel zu Umformungen und Kopfrechnen. Es sei an dieser Stelle nochmals betont, dass es an Ihnen liegt, sich diese Gemeinsamkeiten zu verinnerlichen. Die Anforderungen des TMS an die mathematischen Kenntnisse der Teilnehmer sind keine besondere Herausforderung im Hinblick auf das Wissen. Die meisten der teilnehmenden Abiturienten haben eine überdurchschnittlich gute Leistung in ihrer schulischen Laufbahn gezeigt. Deshalb wurden die Aufgaben so gestaltet, dass der TMS die Befähigung testet, vorhandenes Wissen nutzbar zu machen. Unabhängig davon, wie Sie eine Lösung generieren, wird sie immer gleich viel wert sein. Nehmen Sie sich also nicht selbst die Chance, möglichst viele Zugänge zur Bearbeitung einer Aufgabe zu erlernen. Verknüpfen Sie die verschiedenen Themengebiete und optimieren Sie so Ihr Testergebnis. Das Werkzeug dazu halten Sie gerade in den Händen – nutzen Sie es.

Zusammenfassung

Um Zeit zu sparen und sicher ein Ergebnis zu erhalten, verfahren Sie deswegen bei Potenzaufgaben immer nach folgendem Muster:

- **Markieren Sie in der Angabe** — 20 Sekunden maximal
  Markieren Sie während des ersten Lesens bereits wichtige Werte in der Angabe. Auf diese Weise können Sie Ihre Augen besser entspannen, da diese nicht mehr beim Suchen ohne Halt über den Text fliegen. Legen Sie Ihren Fokus dabei besonders auf Zehnerpotenzen, Wurzeln und Einheiten. Es wird empfohlen, mit dem Lesen der Frage zu beginnen, welche am Ende der Aufgabe steht. So weiß man danach genau, welche Werte der Angabe für einen selbst wichtig sind und welche nicht. Doch dies ist von Teilnehmer zu Teilnehmer unterschiedlich, deswegen sollten Sie Ihre Präferenzen mit den Übungsaufgaben testen.
- **Anpassen der Einheiten** — 10 Sekunden maximal
  In den meisten Fällen sind Potenzaufgaben eng verknüpft mit Einheiten aus dem naturwissenschaftlichen Umfeld. Um hier Möglichkeiten für Vergleiche und Berechnungen zu erlauben, vereinheitlichen Sie diese bitte. Dies kann durch gleiche Zehnerpotenzen oder gleiche Grundeinheiten erreicht werden. Das Vorgehen ist hier in Abhängigkeit zur gegebenen Aufgabe zu wählen. Orientieren Sie sich bei der Wahl an den gegebenen Lösungsmöglichkeiten.
- **Arbeiten Sie mit den Lösungsmöglichkeiten** — 20 Sekunden maximal
  Zu diesem Zeitpunkt haben Sie sich bereits so weit in die Aufgabe eingearbeitet, dass Sie falsche und unlogische Lösungen erkennen können. Achten Sie als Erstes auf die angegebenen Exponenten der Potenzen und die beschreibenden Einheiten. Bei manchen Aufgaben bietet es sich auch an, direkt von den Lösungen her zu arbeiten oder sie untereinander zu vergleichen. Nutzen Sie diese Informationen im gleichen Maße wie die Werte aus der Angabe.
- **Finden Sie einen Lösungsweg** — 30 Sekunden maximal
  Überlegen Sie sich ein Vorgehen in höchstens drei Schritten. Zu diesem Zeitpunkt haben Sie noch keine Berechnung angestellt und dies ist auch nicht notwendig. Die Zeit, welche Sie hier investieren, sparen Sie danach durch eine einfachere und gezielte Berechnung. Zudem schonen Sie Ihre Konzentration und können Fehler im Zweifelsfall auch schneller finden.
- **Berechnen Sie die Aufgabe** — 100 Sekunden maximal
  Nutzen Sie die Potenzgesetze, um Werte bereits im Kopf zusammenzufassen. Machen Sie sich nur Notizen von Werten, mit denen Sie gerade arbeiten. Wenn Vergleiche von Exponenten gefragt sind, haben Sie auch die Möglichkeit, grafisch zu arbeiten.

Bearbeitungsstrategie im Überblick

Markieren in der Angabe
Frage davor lesen,
Werte danach markieren

↓

Anpassen der Einheiten
Gleiche Zehnerpotenzen und
Einheiten bilden

↓

Arbeiten Sie mit Lösungen
Falsche/unlogische Lösungen streichen,
Vergleich der Lösungen untereinander

↓

Finden Sie einen Lösungsweg
Maximal 3 Schritte

↓

Berechnung der Aufgabe

- Nutzen Sie die Potenzgesetze, um schnell und sicher Berechnungen durchzuführen:

  $a^m \cdot a^n = a^{m+n}$ $\quad a^m : a^n = a^{m-n}$ $\quad (a^m)^n = a^{m \cdot n}$

  $a^{-m} = \frac{1}{a^m}$ $\quad a^0 = 1$ $\quad ka^m + pa^m = (k+p) \cdot a^m$

  Halten Sie die Menge der geschriebenen Informationen in diesen Aufgaben möglichst gering. Viele Berechnungen lassen sich durch die oben genannten Zusammenhänge im Kopf durchführen. Notieren Sie sich deswegen nur essenziell wichtige Werte.
- Nutzen Sie Teilergebnisse, um bereits falsche Lösungsvorschläge auszustreichen. Durch diesen Schritt werden viele weitere Berechnungen unnötig.

Übungsaufgaben

Es folgen nun zwei Aufgaben, welche Sie nach folgendem System bearbeiten:

1 Lesen Sie die Aufgabenstellung genau, markieren Sie sich dabei wichtige Informationen.
2 Finden Sie einen Lösungsweg mit maximal drei Schritten.
3 Bearbeiten Sie die Aufgabe in der vorgegebenen Zeit.
   a Skizzen (wenn benötigt) bitte in das vorgegebene Feld
   b Zwischenschritte (wenn benötigt) bitte in das vorgegebene Feld
4 Geben Sie an, warum manche Lösungen keinen Sinn ergeben.

- **Anzahl der Aufgaben:** 2
- **Zeit pro Aufgabe:** 140 s
- **Gesamtzeit der Übung:** 4 min 40 s

37 Wir haben auf einem gemeinsamen Nährboden drei verschiedene Pilzstämme kultiviert. Um das Auszählen der Gesamtzahl aller Pilzzellen zu vereinfachen, haben Sie sich den bewachsenen Bereich in fünf gleich große Bereiche eingeteilt. Sie erhalten nach der Analyse eines Bereiches folgende Werte:
Stamm P1: 20 Milliarden Zellen
Stamm P2: 200 Millionen Zellen
Stamm P3: 2 Millionen Zellen

Wie hoch ist die Anzahl der Pilzzellen auf dem gesamten Nährboden?

a $10{,}101 \cdot 10^9$ ☐ falsch, weil ______________________
b $10{,}101 \cdot 10^{10}$ ☐ falsch, weil ______________________
c $10{,}101 \cdot 10^{-9}$ ☐ falsch, weil ______________________
d $10{,}01 \cdot 10^9$ ☐ falsch, weil ______________________
e $10{,}01 \cdot 10^{10}$ ☐ falsch, weil ______________________

Lösungsweg (max. 3 Schritte/20 Sekunden):

____

____

____

Berechnung der Aufgabe (max. 120 Sekunden):

38 Fünf verschiedene Bakterienkulturen C–L–O–U–D, welche zu Beginn der Beobachtungsperiode die gleiche Anzahl von Bakterien aufweisen, vermehren sich unterschiedlich schnell. Der Zuwachs einer Kultur pro Stunde (h) ergibt sich wie folgt:
Kultur L wächst proportional zur dritten Potenz der momentanen Anzahl der Bakterien.
Kultur U proportional zur momentanen Anzahl der Bakterien.
Kultur C proportional zum Quadrat der momentanen Anzahl der Bakterien.
Kultur D proportional zur Quadratwurzel der momentanen Anzahl der Bakterien.
Kultur O umgekehrt proportional zur momentanen Anzahl der Bakterien.
Ordnen Sie die Bakterienkulturen (in aufsteigender Reihenfolge) nach der Bakterienanzahl, welche nach 16 Stunden erreicht ist!

a O–D–U–C–L ☐ falsch, weil ______________________

b O–U–D–C–L ☐ falsch, weil ______________________

c L–C–D–U–O ☐ falsch, weil ______________________

d L–C–U–O–D ☐ falsch, weil ______________________

e D–U–C–L–O ☐ falsch, weil ______________________

Lösungsweg (max. 3 Schritte/20 Sekunden):

____

____

____

Berechnung der Aufgabe (max. 120 Sekunden):

Verbesserungsstrategie

Kaum eine andere Vorgehensweise ist flexibler darin, Darstellungsgrößen anzupassen als die Verwendung von Zehnerpotenzen. Nur so ist es möglich, Zahlen wie die Avogardrokonstante ($6{,}022 \cdot 10^{23}$) zu schreiben, ohne die Übersicht zu verlieren. Als angehender Naturwissenschaftler müssen Sie deswegen in der Lage sein, grundlegende Berechnungen schnell und sicher durchzuführen.
Bearbeiten Sie bitte aus diesem Grund die vorliegenden Aufgaben gewissenhaft und aufmerksam.

Auf welche Weise konnten Sie die vorgegebenen Aufgaben am besten bearbeiten?

☐ mathematischer Weg ☐ logischer Weg

Öffnen Sie bitte über das Internet die Anwendung „Scales of the Universe 2" (www.medbreaker.de/scales) und suchen Sie Beispiele für folgende Größeneinheiten. Vergeben Sie für die Einheiten auch jeweils den korrekten Namen (Präfix + Meter).

etwa 10^{-9} m: ______________________

etwa 10^{-8} m: ______________________

etwa 10^{-5} m: ______________________

etwa 10^{-4} m: ______________________

etwa 10^{-2} m: ______________________

etwa 10^{0} m: ______________________

etwa 10^{2} m: ______________________

etwa 10^{6} m: ______________________

etwa 10^{11} m: ______________________

Platz für weitere Notizen:

____

____

____

Konzentriertes und sorgfältiges Arbeiten

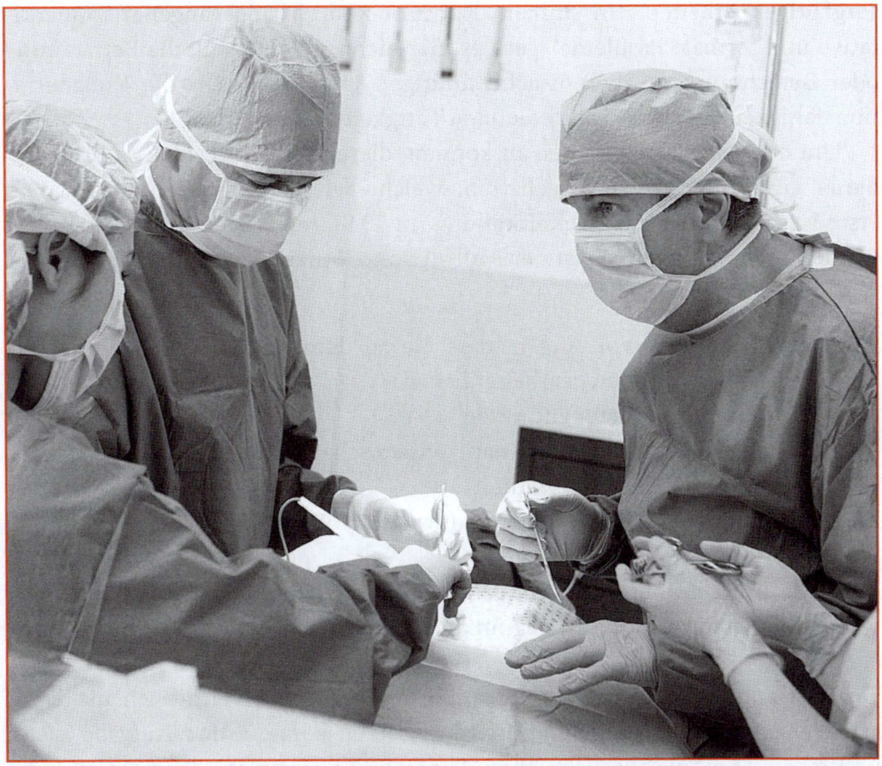

Aufbau und Trainierbarkeit

Der letzte Untertest des Vormittags trägt den Namen „Konzentriertes und sorgfältiges Arbeiten". In starkem Kontrast zum vorangegangenen „Quantitative und formale Probleme" geht es hier nicht um eine logische Betrachtung oder Berechnung. In diesem achtminütigen Untertest steht die Konzentrationsfähigkeit bei sich wiederholenden Tätigkeiten im Fokus.

Um den Anspruch erheben zu können, diese auch wirklich zu messen, hat dieser Untertest zwei Eigenschaften, welche wir hervorheben müssen. Das erste ist das Problem der Zeiteinteilung im TMS, mit der die Aufgaben gelöst werden müssen. Zweitens ist der Aufbau von „Konzentriertes und sorgfältiges Arbeiten" zu erklären.

Halten Sie sich bitte vor Augen, dass Sie zu dem Zeitpunkt des Untertests bereits folgende Aufgaben bearbeitet haben:

- 22 Minuten „Muster zuordnen"
- 60 Minuten „Medizinisch-naturwissenschaftliches Grundverständnis"
- 15 Minuten „Schlauchfiguren"
- 60 Minuten „Quantitative und formale Probleme"

Der TMS prüft immer unter Zeitdruck, unterschätzen Sie deswegen nicht, in welchem Zustand Sie sich zu Beginn dieses Untertests befinden werden.

Der Test selbst besteht aus 40 Zeilen mit je 40 Zeichen, welche sich aus bis zu acht verschiedenen Symbolen zusammensetzen können. Ihre Aufgabe ist es, bestimmte Symbole auszustreichen. Hierbei gibt es verschiedene Variationen, welche sich im Laufe der Jahre auch immer erweitert haben. Zur Verdeutlichung folgen nun zwei Variationen aus vergangenen Tests:

1	2	2	1	1	3	2	2	3	1	4	4	1	4	3	2	2	3
2	4	1	1	2	1	3	2	1	4	2	4	1	3	2	4	4	1

Hier musste jede Ziffer durchgestrichen werden, welche mit der vorangegangenen Ziffer in Summe 5 ergeben hat. Da die Ziffern 1, 2, 3 und 4 verwendet wurden, trifft dies immer für die Zahlenpaare 2 und 3 sowie 1 und 4 zu. Bearbeitet hätte dieses Beispiel so aussehen müssen:

1	2	2	1	1	3	~~2~~	2	~~3~~	1	~~4~~	4	~~1~~	~~4~~	3	~~2~~	2	~~3~~
2	4	~~1~~	1	2	1	3	~~2~~	1	~~4~~	2	4	~~1~~	3	~~2~~	4	4	~~1~~

Eine andere Variation arbeitet mit Würfelaugen:

In diesem Fall lautete die Aufgabe, alle Würfelseiten mit genau vier Augen durchzustreichen. Es machte dabei keinen Unterschied, welche Anordnung diese hatten. Das bearbeitete Beispiel musste wie folgt aussehen:

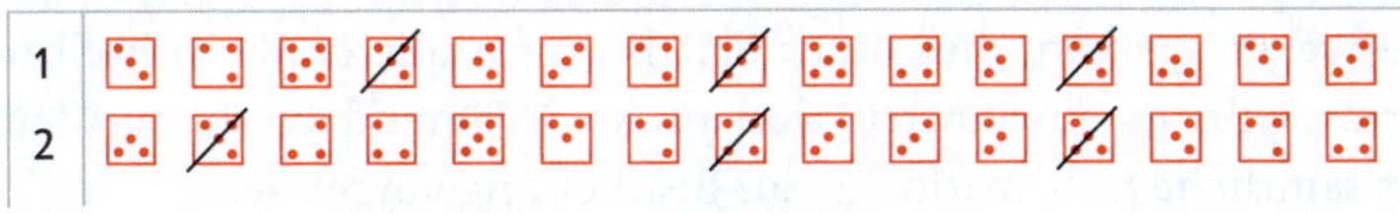

Selbstredend sind dies nur Ausschnitte aus den ersten beiden Zeilen. Wie bereits eingehend erwähnt, besteht dieser Untertest aus 40 Zeilen mit je 40 Zeichen, welche es zu bearbeiten gilt.

Konzentriertes und sorgfältiges Arbeiten — Bearbeitungszeit: 8 Minuten

Dieser Test soll Ihre Fähigkeit messen, schnell, sorgfältig und konzentriert zu arbeiten. Dazu finden Sie auf der folgenden Seite 40 Zeilen, die aus je 40 Ziffern (1 – 4) gebildet werden.

Ihre Aufgabe ist es, zeilenweise (von links nach rechts) jede Ziffer durchzustreichen, die mit der folgenden in Summe 5 ergibt.

~~3~~ 2 ~~4~~ 1 ~~2~~ 3 ~~1~~ 4

Eine markierte Ziffer, die nicht mit der darauffolgenden 5 ergibt, würde als Fehler gewertet werden. Nachfolgend sehen Sie beispielhaft eine richtig bearbeitete Zeile:

4 ~~4~~ 1 1 3 ~~1~~ 4 2 4 3 ~~1~~ 4 2 ~~1~~ 4 ~~3~~ 2 1 2 ~~1~~ ~~4~~ 1 ~~2~~ 3 4 2 ~~1~~ 4 3

Die Bearbeitung beginnt in der ersten Zeile. Wenn Sie eine Zeile fertig bearbeitet haben, beginnen Sie unaufgefordert sofort vorn in der nächsten Zeile und tun dies so lange, bis Ihnen der Testleiter das Ende der Bearbeitungszeit mitteilt. Die Zeit ist für die Anzahl der Aufgaben sehr knapp bemessen – arbeiten Sie, so weit Sie kommen.
Sie sollten dabei allerdings keine Zeilen überspringen, da zur Auswertung alle Fehler vor dem letzten bearbeiteten Zeichen gezählt werden. Zusätzlich sollten Sie beachten, dass Sie die Zeilen unabhängig voneinander bearbeiten sollen. Das heißt, das letzte Zeichen einer Zeile muss in dieser Aufgabenstellung nie markiert werden.

Berücksichtigen Sie bei der Bearbeitung, dass Sie die Zeichen deutlich, aber sorgfältig markieren müssen, denn undeutliche, zu kurze oder sonstige falsche Markierungen können zu Punktverlust führen.

Verwenden Sie in diesem Test anstelle eines Fineliners einen dünnen, dunklen Filzstift. Auch weil Sie falsche Markierungen nicht korrigieren können, sollten Sie, falls Ihnen ein Fehler auffällt, konzentriert weiterarbeiten. Nutzen Sie die Zeit, um durch weitere richtige Zeichen den Fehler auszugleichen.

Arbeiten Sie so genau, aber gleichzeitig auch so schnell wie möglich. In der Auswertung wird im bearbeiteten Teil die Zahl der fälschlich angestrichenen und der fälschlich nicht angestrichenen Zeichen von der Gesamtzahl der richtig markierten Zeichen abgezogen und anschließend zum Testergebnis der anderen Teilnehmer in Bezug gesetzt.

Instruktionsphase:

Aufgabenstellung/dynamischer Teil	**rot**
statischer Teil	**schwarz**

Die Trainierbarkeit ist hier, auch bei kurzfristigem Üben, sehr hoch. Dies kommt daher, dass trotz vieler Variationsmöglichkeiten des Tests die Grundlagen der Bearbeitung immer dieselben bleiben. So kann durch Übung eine signifikante Steigerung des zu erwartenden Ergebnisses erreicht werden. Achten Sie allerdings bitte darauf, dass Sie die Übungseinheiten zu diesem Kapitel immer nach einer kognitiven Belastung durchführen. Es handelt sich, wie bereits angesprochen, um den letzten Untertest vor der Mittagspause. Zu diesem Zeitpunkt haben Sie bereits einige Stunden Arbeit des TMS hinter sich. Es sei Ihnen deswegen geraten, dies bestmöglich zu simulieren. Unmittelbar vor dem Untertest gibt es eine Instruktionsphase. Während dieser werden Ihnen nochmals sämtliche Informationen zur Bearbeitung vorgelesen.

Auch in diesem Untertest gibt es bis zu 20 Punkte für Ihr TMS-Ergebnis. Allerdings ist die Testauswertung abhängig vom durchschnittlich erreichten Ergebnis aller TMS-Teilnehmer desselben Jahres.

Auswertung des Untertests

Um zu verstehen, wie wir uns in diesem Test verbessern können, müssen wir als Erstes erörtern, wie er bewertet wird. Nur auf dieser Basis können wir sehen, welche der hier vorgeschlagenen Strategien auch effizient sind.

Wie bereits erwähnt, wird die Punktzahl, welche Sie bei „Konzentriertes und sorgfältiges Arbeiten" erhalten, anhand der durchschnittlichen Leistung aller TMS-Teilnehmer bestimmt. Um diese aber miteinander vergleichen zu können, muss der sogenannte Rohwert bestimmt werden.

Rohwert = gefundene Symbole – falsche Symbole – vergessene Symbole

Im Laufe der Jahre hat sich gezeigt, dass sich in der Regel pro Zeile zehn zu findende Symbole befinden. Schaffen wir es also, innerhalb der acht Minuten 26 Zeilen zu bearbeiten, so ist ein Rohwert von bis zu 260 Punkten möglich. Doch sagt dieser nicht viel über unsere eigentliche Leistung aus. Behalten Sie diesen Gedanken im Hinterkopf, wenn Sie später die Übungen zu diesem Untertest machen. Es ist nicht aussagekräftig, ob Sie es schaffen, 15 oder 25 Zeilen in der Zeit zu bearbeiten, da das Ergebnis mit dem Gesamtdurchschnitt verglichen werden muss.

Betrachten wir den möglichen Rohwert für eine einzige Zeile, so ergibt sich folgendes Bild:

Richtig markiert	Falsch markiert	Vergessene Symbole	Rohwert pro Zeile
10	0	0	+10
9	0	1	+8
8	0	2	+6
7	0	3	+4
6	0	4	+2
5	0	5	0
4	0	6	–2

In diesem Beispiel wurde davon ausgegangen, dass nie ein falsches Symbol markiert wurde. Wie Sie sehen können, werden vergessene Elemente doppelt bestraft. Zum einen ist die Anzahl der gefundenen Symbole niedriger, zum anderen kommt es hier auch zu einem Abzug in Höhe der übersehenen Zeichen. Sehen wir uns im Vergleich dazu an, was passiert, wenn wir nichts übersehen, doch zusätzlich falsche Symbole ankreuzen:

Richtig markiert	Falsch markiert	Vergessene Symbole	Rohwert pro Zeile
10	0	0	+10
10	1	0	+9
10	2	0	+8
10	3	0	+7
10	4	0	+6
10	5	0	+5
10	6	0	+4

Wie Sie erkennen können, fällt die Anzahl der falschen Markierungen bei Weitem nicht so schwer ins Gewicht, zusätzlich passiert dieser Fehler deutlich seltener. Doch es soll an dieser Stelle noch einmal auf die größte Fehlerquelle eingegangen werden. Sollten Sie vor der Abgabe noch einige Zeilen weiter ein Symbol finden, welches Sie ankreuzen, so ruinieren Sie den gesamten Rohwert. Denn alle, auch die übersprungenen leeren Zeilen, würden gewertet werden.

Sollten Sie das Symbol also beispielsweise fünf Zeilen später entdeckt und angekreuzt haben, so ergäbe sich dieses Bild:

Richtig markiert	Falsch markiert	Vergessene Symbole	Rohwert pro Zeile
10	0	0	+10
0	0	10	–10
0	0	10	–10
0	0	10	–10
0	0	10	–10
1	0	9	–8

In diesem fiktiven Beispiel hätten Sie durch das Ankreuzen des Symbols bis zu 48 Punkte Abzug auf Ihre Wertung erhalten. Es wäre gleichzusetzen mit dem Streichen der letzten fünf Zeilen, welche Sie bearbeitet haben.

Zuletzt wird ihr Rohwert nur noch in Vergleich zu den Rohwerten der anderen Testteilnehmer gesetzt. Die 2,5 % der höchsten/niedrigsten Leistungen werden als die Grenzen für 20 respektive 0 TMS-Punkte gesetzt. Der Zwischenraum wird mit 19 gleich großen Intervallen gefüllt, welchen die Punktzahlen 1 bis 19 zugeordnet werden.

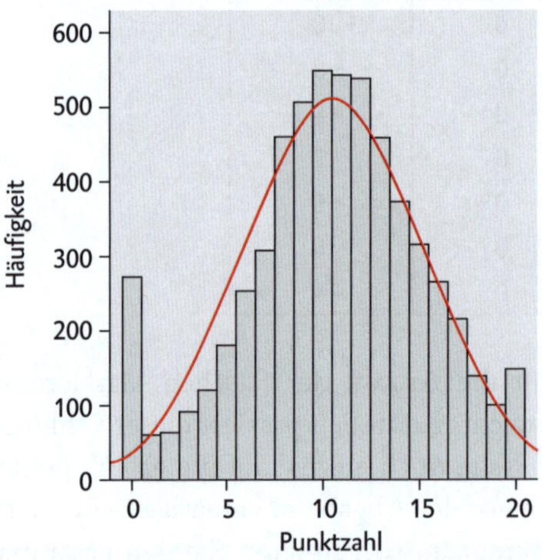

Beachten Sie, dass die Häufung bei 0 Punkten in der Abbildung nur über den oben genannten Fehler oder ein Missverstehen der Angabe zu erklären ist. Denn neben den schlechtesten 2,5 % erhalten alle Teilnehmer mit einem negativen Rohwert null Punkte in diesem Untertest. Nehmen Sie sich deshalb die Zeit, die Angabe konzentriert zu lesen und sich auf den Test mental einzustellen.

Zusammengefasst lässt sich sagen, dass der Rohwert alleine keine Aussagekraft über die zu erwartende TMS-Punktzahl hat. Jedoch kann nur dann ein gutes Ergebnis erreicht werden, wenn wir eben jenen erhöhen. Aus diesem Grund setzen wir auf eine bewährte Bearbeitungsstrategie, die auf den folgenden Seiten vorgestellt wird.

Analyse der möglichen Fehler

Ein sehr einfacher Fehler, welcher jedoch von vielen TMS-Teilnehmern gemacht wird, ist das Verwenden eines Stiftes mit zu dünnem Strich. Dies ist aufgrund unserer Wahrnehmung keine gute Idee. Es ist eine Tatsache, dass wir nicht nur sehen, worauf wir uns fokussieren, sondern auch die Umgebung des betrachteten Objektes wahrnehmen. Jeder gesetzte Strich verlässt also beim Weiterarbeiten unseren Fokus, beeinflusst uns allerdings weiterhin über das periphere Sehen. Erscheint hier der Strich deutlich, so arbeiten wir weiter. Bei undeutlichen Linien ertappen wir uns aber dabei, zurückzusehen, um uns zu vergewissern, dass dort wirklich etwas durchgestrichen ist.

Ein weiterer Fehler ist das ungeordnete Arbeiten in diesem Test. Ohne Übung und Strategie hat der Großteil der Teilnehmer die gleiche ungünstige Angewohnheit, eine Zeile oder Teile davon mehr als einmal zu bearbeiten. Auch wenn jeder von sich selbst sagen würde, dass dies nicht der Fall sei, so passiert es doch, teilweise unbewusst, durch wiederholte Rücksprünge mit dem Auge in derselben Zeile. Der Grund hierfür ist, dass man versucht, besonders ordentlich vorzugehen und jeden Fehler zu entdecken. Doch geschieht dies auf Kosten der Geschwindigkeit. Ab einem gewissen Grad nimmt man sich so die Möglichkeit, ein besseres Ergebnis zu erreichen.

Gleiches gilt auch für den Umgang mit falsch angestrichenen Zeichen. Da diese im Vergleich zu den übersehenen nur sehr selten vorkommen (aus Erfahrungswerten 1 von 40), sollten Sie sich nicht mit deren Verbesserung aufhalten. Dies würde Sie nur zu viel Zeit kosten und hierdurch Ihr Ergebnis herunterziehen. Gleichzeitig wäre dies durch die Bearbeitung mit einem Filzstift ohnehin nicht möglich.

Der dritte Fehler betrifft die Leserichtung, in welcher man die Zeilen bearbeitet. So scheint die Idee, die Zeilen nicht nur von links nach rechts, sondern jede zweite Zeile entgegen der Leserichtung zu bearbeiten, vielleicht zunächst gewinnbringend. Doch ist dies aus zwei Gründen ein Trugschluss. Zum einen gibt es Aufgabenstellungen, bei denen man „das nachfolgende“ oder „das erste“ Zeichen streichen muss. In diesen Fällen müsste jeweils ein Umdenken zwischen den Zeilen stattfinden. Hierdurch verliert man nicht nur Zeit, sondern dieses System ist auch anfälliger für Fehler. Zum anderen zählt die maschinelle Auswertung bis zum letzten bearbeiteten Zeichen. Befindet sich dieses am Ende einer sonst nicht bearbeiteten Zeile, so werden alle bis zu diesem Zeichen nicht gefundenen Symbole negativ verrechnet.

Ein häufiger und sehr ärgerlicher Fehler tritt auf, wenn nach Ablauf der Zeit beim Überfliegen der Seite noch ein Symbol gefunden und ausgestrichen wird. Da die maschinelle Auswertung des Untertests bis zum letzten bearbeiteten Zeichen geht, kann es auf diese Weise zu einem massiven Punktabzug kommen.

Bearbeitungsstrategie

Das Ziel in diesem Untertest ist es, einen möglichst hohen Rohwert zu erhalten. Um das zu erreichen, muss man sich des Zielkonflikts dabei bewusst sein.

Der Rohwert steigt mit jedem richtig angestrichenen Zeichen. Demnach ergibt sich die höchste Wertung durch eine maximale Bearbeitungsgeschwindigkeit. Gleichzeitig steigt aber auch die Gefahr, richtige Symbole zu übersehen. Dies wird, wie oben gezeigt, doppelt bestraft und senkt den Rohwert erheblich. Also muss sorgfältig gearbeitet werden, was wiederum Zeit kostet.

Gesucht ist also der optimale Weg. Dieser setzt sich zusammen aus einer möglichst schnellen Bearbeitung bei größtmöglicher Sorgfalt. Genau hierauf zielt auch die folgende Bearbeitungsstrategie ab.

Der von den meisten angestrebte Bereich ist der, in welchem man eine +10-Wertung auf den Rohwert erhält. Doch diesen erreicht man nur mit einer sehr großen Sorgfalt. Da diese auf Kosten der Geschwindigkeit geht, schafft man in den acht Minuten insgesamt weniger Zeilen. Bei logischer Betrachtung erhält man durch weniger Sorgfalt und mehr Geschwindigkeit einen höheren Rohwert.

Folglich sollte der in der nachfolgenden Tabelle markierte Zielbereich angestrebt werden.

Richtig markiert	Falsch markiert	Vergessene Symbole	Rohwert pro Zeile	
10	0	0	+10	
9	**0**	**1**	**+8**	**Zielbereich**
8	0	2	+6	
7	0	3	+4	
6	0	4	+2	
5	0	5	0	
4	0	6	–2	

In der Schulzeit sind viele darauf getrimmt worden, möglichst perfektionistisch zu arbeiten. Aus diesem Grund erfordert die Absicht, weniger sorgfältig zu arbeiten, ein nicht unerhebliches Maß an Überwindung und Übung.

Sie müssen das Muster Ihrer eigenen Ergebnisse evaluieren, um zu sehen, inwiefern Sie Ihre Arbeitsweise noch verbessern können.

Auch durch die Verwendung eines geeigneten Stiftes kann das zu erwartende Ergebnis nochmals gesteigert werden. Dieser Punkt scheint trivial, doch es ist wirklich wichtig, sich bewusst zu machen, dass uns durch das periphere Sehen unauffällige Striche verleiten, nochmals zurückzublicken. Wir verdoppeln uns damit die Arbeit und verschwenden viel Zeit.

Zur Verdeutlichung ein Beispiel mit zwei verschiedenen Stiften:

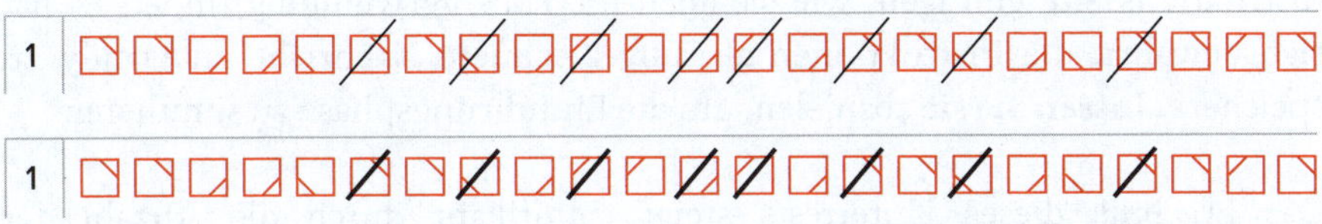

Sie werden zugeben, dass die zweite Zeile angenehmer zu betrachten ist. Obwohl die Striche kürzer sind, ist der höhere Kontrast zum Untergrund weniger anstrengend für unser Auge. Wenn dieser Effekt bereits bei einem Ausschnitt einer einzelnen Zeile auftritt, dann ist er bei der Durchführung des Tests entscheidend. Wählen Sie Ihren Stift also mit Bedacht.

Um hier einen möglichst guten Effekt zu erzielen, sollte der verwendete Stift folgende Eigenschaften haben: Verwenden Sie einen Filzstift mit einer dunklen Farbe, idealerweise dunkelblau bis schwarz. Achten Sie darauf, dass er einen kräftigen Strich erzeugt. Wichtig ist zudem, dass er keinen Schweif hinterlässt. Jeder, der schon einmal mit einem Füller geschrieben hat, an dessen Feder sich ein Haar verfangen hat, kennt den Effekt.

Da jedes Werkzeug nur so gut ist wie die Person, welche es verwendet, sollten Sie die Übungen zu diesem Untertest bereits mit dem Stift Ihrer Wahl durchführen. Auf diese Weise brauchen Sie sich nicht umzugewöhnen und sind noch ein wenig näher an einer Testsimulation.

Der letzte Schritt für eine gute Bearbeitungsstrategie ist die optimale Nutzung der Instruktionsphase. In dieser wird der Test erklärt und die Arbeitsanweisung gegeben, was ca. drei Minuten in Anspruch nimmt. Während dieser Zeit sitzt der Großteil der TMS-Teilnehmer schweigend da und liest die vorliegenden Instruktionen mit. Diese Zeit kann jedoch wesentlich effizienter genutzt werden. Hierfür müssen Sie wissen, dass die Informationen des zweiten Teils der Instruktionsphase immer identisch sind. Die einzige Abweichung hiervon ist die Aufgabenstellung. Aus diesem Grund sollten Sie sich auf genau diese konzentrieren.

Um die Aufgabe zu veranschaulichen befindet sich auf dem Instruktionsblatt eine bereits korrekt bearbeitete Zeile. Nutzen Sie die Instruktionsphase in abwechselnden Intervallen für folgende zwei Ziele:

- Verinnerlichen der Aufgabe durch wiederholtes Bearbeiten der Beispielzeile
- Entspannung mit geschlossenen Augen, um die Aufgabe nochmals zu visualisieren

Um diese Punkte zu üben, werden wir vor jeder Übungsaufgabe eine Instruktionsseite einfügen, wie sie auch im TMS Verwendung findet. Es hat sich bewährt, die Instruktionen als aufgezeichnete Nachricht im Handy zu speichern. Lassen Sie sie abspielen, um die Einführungsphase zu simulieren.

Das Ergebnis dieses Untertests steigt signifikant durch die Anzahl der Übungen, welche Sie machen. Durch diese Lernerfahrung entwickelt sich ein Automatismus, durch welchen Sie Ihre Striche sicher setzen. Bei der Entwicklung der Strategie sind die Erfahrungen aus den Medbreaker-Kursen sehr aussagekräftig. Beinahe alle Teilnehmer konnten ihre Fähigkeiten durch tägliches Üben zu einem weit überdurchschnittlichen Ergebnis steigern.

Selbstverständlich tritt dieser Effekt nur dann ein, wenn Sie ausreichend viele verschiedene Übungsaufgaben bearbeiten. Sollten Sie sich nur auf eine einzige Ausführung des Tests konzentrieren, so kann sogar der umgekehrte Fall eintreten. Bleiben Sie also flexibel und erweitern Sie Ihre Fähigkeiten.

Zusammenfassung

Bearbeiten Sie den Untertest „Konzentriertes und sorgfältiges Arbeiten" also nach folgendem Muster:

- **Instruktionsphase** — **direkt vor dem Untertest – 3 Minuten maximal**

  Nutzen Sie die Zeit während der Instruktionsphase, um sich auf den kommenden Untertest vorzubereiten. Dies können Sie durch zwei Methoden erreichen: Betrachten Sie auf dem Ihnen vorliegenden Instruktionsblatt das korrekt bearbeitete Beispiel. Nehmen Sie Ihren Stift und fahren Sie die bereits gesetzten Striche nach. Auf diese Weise können Sie den benötigten Automatismus vertiefen, welchen Sie zur Bearbeitung der kommenden Variation des Untertests verwenden werden. Entspannen Sie sich ein wenig. Sie haben in den vergangenen Stunden bereits einiges geleistet. Visualisieren Sie bei geschlossenen Augen die Aufgabe und streichen Sie die entsprechenden Symbole aus. Je besser diese Phase genutzt wird, umso erfolgreicher werden Sie diesen Untertest abschließen.

- **Testphase** — **8 Minuten maximal**

  Wenn Sie die Zeit der Instruktionsphase gut genutzt haben, so sollten Sie zu diesem Zeitpunkt bereits einen Automatismus entwickelt haben. Bearbeiten Sie deswegen die Zeilen immer nach denselben Regeln:

  - Jede Zeile von links nach rechts bearbeiten.
  - Gefundene Zeichen einmal deutlich ausstreichen.
  - Falsch markierte Zeichen ignorieren und weiterarbeiten.
  - Einmal bearbeitete Zeilen nicht noch einmal betrachten.
  - Zeilen nie überspringen.

- **Endphase** — **gegen Ende des Untertests**

  Auch an dieser Stelle sei noch ein letztes Mal der Fehler erwähnt, welcher Ihnen die TMS-Punktzahl auf 0 reduzieren kann. Bitte streichen Sie niemals ein Symbol an, wenn Sie dadurch mehrere unbearbeitete Zeilen überspringen würden. Da dies aus Gedankenlosigkeit meistens kurz vor der Abgabe geschieht, findet diese „Falle" hier noch einmal separat Erwähnung.

Bearbeitungsstrategie im Überblick

Instruktionsphase

- Bereits bearbeitete Beispielzeile mehrfach nachbearbeiten
- Entspannen
- Bei geschlossenen Augen die Aufgabe visualisieren
- Hand lockern und dehnen
- Einen guten Stift für den Untertest verwenden

↓

Testphase

- Jede Zeile immer von links nach rechts bearbeiten
- Deutliche und kurze Striche machen
- Falsch markierte Zeichen ignorieren und weiterarbeiten
- Keine Zeile doppelt bearbeiten, auch nicht teilweise
- Keine Zeile überspringen

↓

Endphase

Fehler vermeiden: Kein zusätzliches Zeichen anstreichen, wenn hierdurch mehrere Zeilen übersprungen werden!

Übungsaufgaben

Wie im vorangegangenen Kapitel beschrieben, sind die übergeordneten Übungsziele:

1 Einen effektiven Anstreichautomatismus zu entwickeln.
2 Das persönlich optimale Verhältnis aus Geschwindigkeit und Genauigkeit (Zielbereich +8–9 pro Zeile) zu ermitteln.
3 Die verschiedenen bekannten Aufgabenstellungen zu trainieren und gleichzeitig flexibel zu bleiben.

Am besten lässt sich dies durch das Bearbeiten möglichst authentischer Aufgaben mit Fokus auf die oben genannten Punkte üben.

Nach der Bearbeitung sollten Sie jede Aufgabe Zeile für Zeile hinsichtlich der Rohwertverteilung auswerten und auch überprüfen, zu welchen Fehlern Sie in welcher Phase der Bearbeitung tendieren.

Haben Sie Schwierigkeiten zu Beginn der Bearbeitungszeit? Dann sollten Sie das Nutzen der Instruktionsphase weiter üben. Vielleicht hilft das Aufzeichnen der einzelnen Zeichen, ihrer Kombination und der Aufgabenstellung. Für einige Menschen ist dies nützlicher, als die Aufgabenstellung bei geschlossenen Augen zu visualisieren.

Lässt Ihre Konzentration gegen Ende der Bearbeitungszeit oder zwischendurch nach? Trainieren Sie Ihre Konzentrationsausdauer, indem Sie übungshalber die Bearbeitungszeit auf 10 Minuten verlängern. Versuchen Sie dabei, sich nicht durch den Zeitdruck ablenken zu lassen. Machen Sie bei Bedarf lieber für 3–5 Sekunden eine kurze Pause, schließen Sie für einen Moment die Augen und arbeiten Sie anschließend konzentriert weiter, anstatt einige Zeilen zu ungenau zu bearbeiten.

Haben Sie ganze Zeilen ausgelassen? Dann ist es unter Umständen hilfreich, die noch nicht bearbeiteten Zeilen mit einem Blatt Papier (im Test dem Antwortbogen) zuzudecken. Allerdings ist dazu nur bedingt zu raten, da dies leider uneinheitlich an einigen Testorten in den letzten Jahren von den Aufsichtspersonen untersagt wurde. Alternativ ist es häufig schon ausreichend, mit dem Finger die Zeilennummer der zu bearbeitenden Zeile zu fixieren.

Überprüfen Sie Ihre Striche hinsichtlich Position und Größe – einen guten Hinweis, inwieweit das Durchstreichen ausreichend automatisiert ist, liefert die Gleichmäßigkeit der Striche. Tendenziell werden sich die Striche mit zunehmendem Training immer ähnlicher und wirken beinahe wie „gestempelt".

Übrigens: Ein anderes Beispiel für einen kreativ-visuellen Bearbeitungsansatz war die in der Vergangenheit vorkommende Aufgabenstellung aus b d p q.

Hier war die Aufgabe, jedes q vor einem p und jedes d vor einem b durchzustreichen sowie jedes p vor einem q und jedes b vor einem d.

1	q q b b ~~p~~ q ~~q~~ p ~~b~~ d ~~d~~ b b ~~p~~ q ~~q~~ p b ~~p~~ q q d q d p d q q b ~~q~~ p

Einige Teilnehmer gaben an, dass sie – statt auf die richtige Zeichenkombination zu achten – nur auf das „kopfhörerähnliche“ Symbol geschaut und dabei immer den ersten „Kopfhörer“ markiert hatten, wenn die Kabel in die gleiche Richtung zeigten, die Zeichen aber nicht identisch waren – eine Methode, die sich als effizient erwiesen hat.

Auf den folgenden Seiten finden Sie neben einigen Übungen insgesamt drei Übungsaufgaben, welche exemplarisch einige der typischen Aufgabenstellungen der vergangenen Jahre widerspiegeln.

Übung: Fokus auf Instruktionsphase (Entspannen und Visualisieren)

Im ersten Durchgang sollen Sie sich in aller Ruhe zunächst mit dem typischen Aufbau und Formulierungsstil der Instruktionsphase vertraut machen.

Im zweiten Durchgang simulieren Sie die Testsituation und benutzen drei Minuten, um sich zu entspannen, kognitiv auf die Aufgabe vorzubereiten und sich gleichzeitig vor allem die Aufgabenstellung sicher einzuprägen. Wie Sie die Zeit dabei verteilen, bleibt Ihnen überlassen.

Wie bei der Bearbeitungsstrategie erläutert, können Ihnen hierbei die richtig bearbeiteten Zeilen und Zeichen dienen, oder Sie malen sich alternativ noch einmal die möglichen Zeichenkombinationen auf. Vorrangiges Ziel ist es, die Aufgabenstellung zu verinnerlichen und ganz genau zu wissen, welche Zeichen zu erwarten sind und welches Zeichen durchzustreichen ist.

Stellen und beantworten Sie sich nach der Übung folgende Fragen:

- Wie haben Sie die ca. drei Minuten genutzt?
- Welche Ziffernkombinationen sind aufgrund der Angaben möglich, welche Ziffern sind durchzustreichen, welche nicht?
- Welche Strategien zur Entspannung wenden Sie erfolgreich in der Kürze der Zeit an?
- Fällt es Ihnen bei dieser Aufgabe leichter, mathematisch (Summe = 5) oder visuell (jede 4 nach einer 1) zu arbeiten?

39

Konzentriertes und sorgfältiges Arbeiten Bearbeitungszeit: 8 Minuten

Dieser Test soll Ihre Fähigkeit messen, schnell, sorgfältig und konzentriert zu arbeiten. Dazu finden Sie auf der folgenden Seite 40 Zeilen, die aus je 40 Ziffern (1 – 4) gebildet werden.

Ihre Aufgabe ist es, zeilenweise (von links nach rechts) jede Ziffer durchzustreichen, die mit der folgenden in Summe 5 ergibt.

~~3~~ 2   ~~4~~ 1   ~~2~~ 3   ~~1~~ 4

Eine markierte Ziffer, die nicht mit der darauffolgenden 5 ergibt, würde als Fehler gewertet werden. Nachfolgend sehen Sie beispielhaft eine richtig bearbeitete Zeile:

4 ~~4~~ 1 1 3 ~~1~~ 4 2 4 3 ~~1~~ 4 2 ~~1~~ 4 ~~3~~ 2 1 2 ~~1~~ ~~4~~ 1 ~~2~~ 3 4 2 ~~1~~ 4 3

Die Bearbeitung beginnt in der ersten Zeile. Wenn Sie eine Zeile fertig bearbeitet haben, beginnen Sie unaufgefordert sofort vorn in der nächsten Zeile und tun dies so lange, bis Ihnen der Testleiter das Ende der Bearbeitungszeit mitteilt. Die Zeit ist für die Anzahl der Aufgaben sehr knapp bemessen – arbeiten Sie, so weit Sie kommen.

Sie sollten dabei allerdings keine Zeilen überspringen, da zur Auswertung alle Fehler vor dem letzten bearbeiteten Zeichen gezählt werden. Zusätzlich sollten Sie beachten, dass Sie die Zeilen unabhängig voneinander bearbeiten sollen. Das heißt, das letzte Zeichen einer Zeile muss in dieser Aufgabenstellung nie markiert werden.

Berücksichtigen Sie bei der Bearbeitung, dass Sie die Zeichen deutlich, aber sorgfältig markieren müssen, denn undeutliche, zu kurze oder sonstige falsche Markierungen können zu Punktverlust führen.

Verwenden Sie in diesem Test anstelle eines Fineliners einen dünnen, dunklen Filzstift. Auch weil Sie falsche Markierungen nicht korrigieren können, sollten Sie, falls Ihnen ein Fehler auffällt, konzentriert weiterarbeiten. Nutzen Sie die Zeit, um durch weitere richtig markierte Zeichen den Fehler auszugleichen.

Arbeiten Sie so genau, aber gleichzeitig auch so schnell wie möglich. In der Auswertung wird im bearbeiteten Teil die Zahl der fälschlich angestrichenen und der fälschlich nicht angestrichenen Zeichen von der Gesamtzahl der richtig markierten Zeichen abgezogen und anschließend zum Testergebnis der anderen Teilnehmer in Bezug gesetzt.

Name: ______________________ Vorname: ______________________

bitte Label hier kleben

Übungsbogen
Konzentriertes und sorgfältiges Arbeiten

bitte nur so markieren 3̸ 2 / 2̸ 3 , 4̸ 1 / 1̸ 4 oder ⧵3 2 / ⧵2 3 , ⧵4 1 / ⧵1 4

1	3	3	4	4	2	3	3	2	4	1	1	4	4	2	3	3	2	4	2	3	3	1	3	1	2	1	3	3	4	3	2	2	3	4	3	3	4	1	1	3
2	1	4	4	3	4	2	3	4	1	3	1	4	2	3	1	1	4	2	3	4	3	3	3	3	2	1	1	2	2	4	1	1	3	3	3	4	1	3	4	4
3	1	3	4	1	4	3	1	3	2	1	3	1	4	2	1	3	3	4	2	2	3	4	1	1	4	3	3	2	4	2	2	2	3	3	4	3	3	2	1	3
4	4	2	3	3	3	3	1	4	4	2	3	2	3	1	3	4	3	1	3	3	4	2	1	4	2	4	3	4	2	3	1	3	2	4	2	3	1	3	3	2
5	1	4	4	3	4	1	3	3	3	4	4	3	2	1	4	2	3	1	2	3	3	4	2	1	2	3	2	1	2	2	3	4	3	3	4	2	3	1	3	3
6	4	2	3	2	2	1	4	3	4	3	2	3	4	2	4	4	3	1	4	4	2	4	1	3	2	4	3	1	3	1	2	3	3	3	1	4	2	4	3	1
7	3	4	2	3	3	3	2	4	3	3	2	4	2	2	1	3	1	4	3	3	1	2	3	2	2	3	4	1	1	4	4	4	2	1	2	3	3	3	3	4
8	4	3	1	3	2	4	3	3	2	4	4	3	1	4	4	2	1	1	2	3	2	2	4	3	1	4	3	2	2	1	4	2	3	3	3	4	1	3	4	3
9	1	4	3	3	1	4	4	2	4	2	2	3	4	4	1	3	4	3	2	3	1	3	3	3	2	2	1	3	4	4	2	3	4	2	3	4	3	1	4	3
10	2	4	4	2	3	2	4	1	3	4	3	3	3	1	4	4	2	1	1	3	4	3	3	3	1	1	3	2	2	2	3	3	2	3	2	3	1	3	4	2
11	3	4	2	1	1	4	4	2	1	4	2	4	1	3	4	1	1	1	2	2	1	3	4	1	4	2	1	1	4	3	3	2	2	3	1	1	4	3	4	3
12	1	1	2	2	3	3	1	1	4	4	2	1	4	3	2	4	3	3	2	1	2	1	2	2	1	1	2	4	2	3	1	4	3	4	4	1	3	4	1	4
13	4	2	1	3	2	4	3	1	4	1	2	1	2	2	1	4	3	4	4	2	3	1	2	1	4	4	2	1	3	1	4	2	1	4	2	3	1	2	1	4
14	4	4	1	1	3	1	4	2	4	3	1	4	2	1	4	3	1	1	2	1	4	4	2	3	4	2	1	4	1	3	1	2	1	2	4	1	3	2	4	2
15	2	2	4	3	2	2	1	4	3	1	4	1	2	2	4	4	1	3	1	2	4	3	1	2	4	1	2	2	1	2	1	4	4	1	3	1	4	1	3	1
16	4	2	3	2	2	1	1	2	4	1	3	1	1	3	1	4	4	1	2	2	2	2	1	1	3	2	2	1	4	2	4	2	4	3	1	4	1	3	3	2

17	4	4	2	1	1	4	1	1	2	3	3	1	4	4	4	2	2	1	1	4	1	3	1	4	3	4	1	2	2	1	1	2	1	2	3	3	2	4	4	1
18	1	2	1	4	2	3	4	2	1	2	1	4	1	1	2	1	4	4	3	1	2	2	4	1	2	1	1	3	1	4	2	2	3	4	3	1	4	2	4	1
19	4	1	4	2	1	1	2	4	1	3	4	3	3	2	2	4	4	1	1	1	1	3	4	4	3	2	1	2	3	4	3	3	1	2	3	2	2	3	1	2
20	1	4	2	2	1	2	3	3	1	4	2	1	4	3	4	1	1	2	1	2	1	4	4	3	1	4	2	4	1	4	2	1	2	2	1	2	1	3	4	1
21	3	1	4	3	4	2	1	1	4	4	2	2	1	1	3	4	3	1	4	1	2	1	4	4	3	1	3	2	4	1	2	3	2	2	2	1	3	1	2	3
22	2	1	3	2	1	4	3	4	3	4	2	3	3	4	3	2	3	1	4	4	1	1	2	2	3	4	3	3	3	4	2	2	3	1	2	1	3	3	2	2
23	2	1	4	3	1	3	3	2	1	1	3	4	3	2	4	3	1	4	1	3	3	1	4	3	3	1	2	2	2	2	3	4	1	3	2	4	3	3	2	1
24	4	3	1	4	4	2	2	3	3	3	1	3	2	4	4	2	3	1	3	2	4	3	2	3	1	3	2	1	3	3	4	3	3	4	1	4	3	4	1	2
25	2	1	4	3	1	3	3	2	4	1	3	4	2	4	3	3	4	3	2	2	1	1	1	3	2	2	4	4	1	3	1	3	1	3	2	1	3	2	3	2
26	1	2	1	1	4	2	3	4	3	2	2	3	1	4	3	1	3	2	4	2	1	4	3	1	3	4	4	1	2	4	3	3	2	2	1	3	1	1	2	3
27	4	1	3	2	2	4	3	4	4	3	1	3	1	2	3	4	3	3	1	1	1	1	4	1	4	1	2	1	3	3	3	2	1	1	2	3	4	2	4	1
28	4	1	3	3	4	2	3	1	1	1	4	2	1	2	3	1	2	2	3	4	3	2	1	3	1	1	4	3	2	4	4	2	3	4	2	4	4	1	1	3
29	3	4	3	2	1	2	1	1	1	4	1	2	3	3	4	1	3	3	4	2	1	4	2	3	1	4	3	4	4	2	2	1	1	3	3	2	1	3	2	4
30	2	1	3	4	2	3	1	2	1	3	1	4	4	3	2	1	4	1	2	1	2	3	3	1	4	2	3	1	2	4	4	3	2	2	1	2	2	3	4	1
31	3	1	4	1	1	2	4	1	3	3	3	2	2	1	1	2	4	1	3	4	2	3	1	4	3	1	2	3	2	1	1	3	3	4	4	3	1	1	4	4
32	1	2	1	1	3	4	1	2	2	3	4	3	2	2	1	4	3	2	2	1	1	1	4	3	2	4	3	4	2	2	3	4	2	3	1	3	1	2	3	1
33	1	1	1	4	2	1	3	2	3	4	2	4	1	3	1	2	2	3	4	4	1	3	3	3	4	1	3	3	1	3	2	2	1	3	4	1	3	1	4	2
34	4	2	3	1	2	1	4	2	4	3	3	1	1	2	3	2	4	2	3	1	3	2	1	2	1	3	4	3	2	3	4	1	3	4	3	4	3	1	4	3
35	2	1	4	2	2	3	3	3	1	1	3	1	4	2	2	1	3	2	4	2	4	1	3	2	3	3	4	1	2	1	3	2	4	4	2	2	1	2	3	4
36	4	4	3	2	2	4	4	1	1	3	3	2	3	3	2	2	1	1	1	4	1	1	2	4	4	4	2	3	3	3	3	2	2	1	2	3	1	3	3	4
37	4	1	1	1	2	1	2	3	3	4	2	3	1	4	1	1	2	2	3	4	2	4	2	3	3	3	4	3	1	2	4	1	1	2	3	4	2	3	3	4
38	2	4	4	1	1	1	2	2	3	1	4	1	3	1	3	2	4	3	1	2	2	3	4	2	2	3	1	2	3	3	1	3	4	4	3	4	2	3	3	2
39	1	4	1	2	2	3	3	3	3	1	2	4	4	4	1	3	4	4	3	2	2	4	3	1	4	1	3	4	1	2	2	1	4	2	3	3	1	3	4	2
40	2	1	3	2	1	3	2	2	4	3	1	3	2	4	2	4	1	3	4	4	1	3	2	1	2	1	2	3	2	1	1	1	4	3	4	3	4	3	2	1

Bei einer weiteren Aufgabengruppe der vergangenen TMS-Jahre sollten die Teilnehmer Zeichen durchstreichen, die im Vergleich zu einem ihrer Nachbarzeichen um 180° gedreht waren. Diese Aufgabe kam mit leicht abgewandelten Zeichen und anderer Markierungsregel im TMS/EMS in den vergangenen Jahren häufiger dran und bereitet den Teilnehmern regelmäßig zu Beginn große Schwierigkeiten.

40 Bearbeiten Sie nun in ca. 3 Minuten die folgende Instruktion und anschließend in 8 Minuten den folgenden Testbogen:

Konzentriertes und sorgfältiges Arbeiten — Bearbeitungszeit: 8 Minuten

Dieser Test soll Ihre Fähigkeit messen, schnell, sorgfältig und konzentriert zu arbeiten. Dazu finden Sie auf der folgenden Seite 40 Zeilen, die aus je 40 Zeichen gebildet werden.

Ihre Aufgabe ist es, zeilenweise (von links nach rechts) jedes Zeichen durchzustreichen, auf das dasselbe Zeichen um 180° gedreht folgt.

Sie dürfen kein Zeichen markieren, auf das dasselbe Zeichen um 0°, 90° oder 270° gedreht folgt. Dies wäre ein Fehler. Nachfolgend sehen Sie beispielhaft eine richtig bearbeitete Zeile:

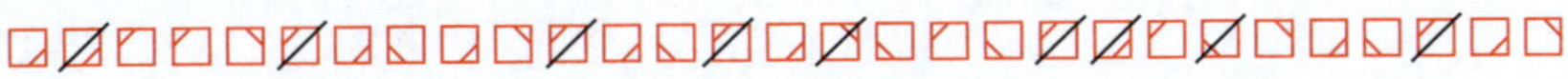

Die Bearbeitung beginnt in der ersten Zeile. Wenn Sie eine Zeile fertig bearbeitet haben, beginnen Sie unaufgefordert sofort vorn in der nächsten Zeile und tun dies so lange, bis Ihnen der Testleiter das Ende der Bearbeitungszeit mitteilt. Die Zeit ist für die Anzahl der Aufgaben sehr knapp bemessen – arbeiten Sie, so weit Sie kommen.

Sie sollten dabei allerdings keine Zeilen überspringen, da zur Auswertung alle Fehler vor dem letzten bearbeiteten Zeichen gezählt werden. Zusätzlich sollten Sie beachten, dass Sie die Zeilen unabhängig voneinander bearbeiten sollen. Das heißt, das letzte Zeichen einer Zeile muss in dieser Aufgabenstellung nie markiert werden.

Berücksichtigen Sie bei der Bearbeitung, dass Sie die Zeichen deutlich, aber sorgfältig markieren müssen, denn undeutliche, zu kurze oder sonstige falsche Markierungen können zu Punktverlust führen.

Verwenden Sie in diesem Test anstelle eines Fineliners einen dünnen, dunklen Filzstift. Auch weil Sie falsche Markierungen nicht korrigieren können, sollten Sie, falls Ihnen ein Fehler auffällt, konzentriert weiterarbeiten. Nutzen Sie die Zeit, um durch weitere richtige Zeichen den Fehler auszugleichen.

Arbeiten Sie so genau, aber gleichzeitig auch so schnell wie möglich. In der Auswertung wird im bearbeiteten Teil die Zahl der fälschlich angestrichenen und der fälschlich nicht angestrichenen Zeichen von der Gesamtzahl der richtig markierten Zeichen abgezogen und anschließend zum Testergebnis der an-

Name: ______________________ Vorname: ______________________

bitte Label hier kleben

Übungsbogen
Konzentriertes und sorgfältiges Arbeiten

bitte nur so markieren , oder ,

17
18
19
20
21
22
23
24
25
26
27
28
29
30
31
32
33
34
35
36
37
38
39
40

Bei dieser Aufgabengruppe gilt es nicht, zwei benachbarte Zeichen miteinander zu vergleichen, sondern lediglich jedes Zeichen einzeln zu bewerten. Auch wenn diese Aufgabenstellung in den letzten Jahren nicht bearbeitet werden musste, sollten Sie, auch im Interesse der kognitiven Flexibilität, darauf vorbereitet sein. Bei dieser konkreten Aufgabe sollen Sie nun jeden einzelnen Würfel anhand seiner Augenzahl bewerten. Allerdings müssen hierbei die Augen nicht wie bei einem herkömmlichen Spielwürfel verteilt sein.

41 Bearbeitungszeit für die Instruktion drei, für den Testbogen acht Minuten.

Konzentriertes und sorgfältiges Arbeiten — Bearbeitungszeit: 8 Minuten

Dieser Test soll Ihre Fähigkeit messen, schnell, sorgfältig und konzentriert zu arbeiten. Dazu finden Sie auf der folgenden Seite 40 Zeilen, die aus je 40 Zeichen (ähnlich Spielwürfeln) mit unterschiedlich vielen Punkten gebildet werden.

Ihre Aufgabe ist es, zeilenweise (von links nach rechts) jedes Zeichen mit genau vier Augen durchzustreichen.

Sie dürfen kein Zeichen markieren, welches nicht genau 4 Punkte hat. Dies wäre ein Fehler. Nachfolgend sehen Sie beispielhaft eine richtig bearbeitete Zeile:

Die Bearbeitung beginnt in der ersten Zeile. Wenn Sie eine Zeile fertig bearbeitet haben, beginnen Sie unaufgefordert sofort vorn in der nächsten Zeile und tun dies so lange, bis Ihnen der Testleiter das Ende der Bearbeitungszeit mitteilt. Die Zeit ist für die Anzahl der Aufgaben sehr knapp bemessen – arbeiten Sie, so weit Sie kommen.

Sie sollten dabei allerdings keine Zeilen überspringen, da zur Auswertung alle Fehler vor dem letzten bearbeiteten Zeichen gezählt werden. Zusätzlich sollten Sie beachten, dass Sie die Zeilen unabhängig voneinander bearbeiten sollen.

Berücksichtigen Sie bei der Bearbeitung, dass Sie die Zeichen deutlich, aber sorgfältig markieren müssen, denn undeutliche, zu kurze oder sonstige falsche Markierungen können zu Punktverlust führen.

Verwenden Sie in diesem Test anstelle eines Fineliners einen dünnen, dunklen Filzstift. Auch weil Sie falsche Markierungen nicht korrigieren können, sollten Sie, falls Ihnen ein Fehler auffällt, konzentriert weiterarbeiten. Nutzen Sie die Zeit, um durch weitere richtige Zeichen den Fehler auszugleichen.

Arbeiten Sie so genau, aber gleichzeitig auch so schnell wie möglich. In der Auswertung wird im bearbeiteten Teil die Zahl der fälschlich angestrichenen und der fälschlich nicht angestrichenen Zeichen von der Gesamtzahl der richtig markierten Zeichen abgezogen und anschließend zum Testergebnis der an-

Name: ____________________ Vorname: ____________________

bitte Label hier kleben

Übungsbogen
Konzentriertes und sorgfältiges Arbeiten

bitte nur so markieren  oder 

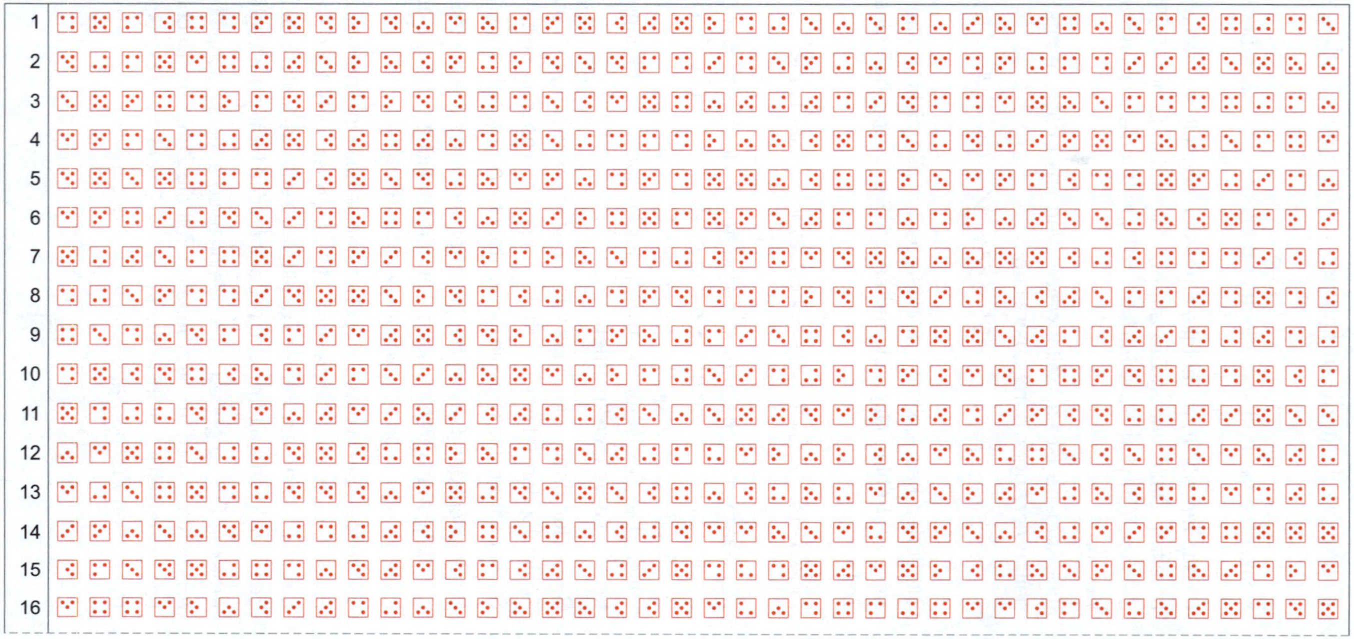

17 18 19 20 21 22 23 24 25 26 27 28 29 30 31 32 33 34 35 36 37 38 39 40

Verbesserungsstrategie

Der Untertest „Konzentriertes und sorgfältiges Arbeiten“ gehört mit zu den am besten trainierbaren Teilbereichen des TMS. Gleichzeitig dient er jedoch auch als gute Möglichkeit für Sie, Ihre Konzentrationsfähigkeit zu steigern. Dies ist ein Vorteil für alle anderen Untertests. Beachten Sie bitte, dass jeder von uns Vorlieben für bestimmte Variationen dieser Übung hat. Hier liegen meist auch unsere Stärken. Es ist wichtig, dass Sie sich Ihrer eigenen Stärken bewusst sind. Aber arbeiten Sie zusätzlich auch an den für Sie anstrengenderen Variationen. Ein einseitiges Vorbereiten hätte negative Auswirkungen auf das Gesamtergebnis.

In welchem Bereich haben Sie durchschnittlich einen geringeren Rohwert pro Zeile erreicht?

☐ im Startbereich ☐ im Mittelbereich ☐ im Endbereich

Sollten Sie Schwierigkeiten im Startbereich gehabt haben, so müssen Sie Ihre Zeit während der Instruktionsphase besser nutzen. Versuchen Sie bereits hier, Ihren Automatismus zu entwickeln.

Platz für weitere Notizen:

Figuren lernen

Aufbau und Trainierbarkeit

Eine weitere Fähigkeit, welche im TMS geprüft werden soll, ist die Gedächtnisleistung der Teilnehmer. Dies geschieht in den beiden Untertests „Figuren lernen“ und „Fakten lernen“. Da sich beide Untertests hinsichtlich Aufbau, Bearbeitungsstrategien und Anforderungen an die Teilnehmer unterscheiden, werden beide Untertests in diesem Buch getrennt voneinander behandelt.

Der Untertest „Figuren lernen“ ist (ebenso wie der Untertest „Fakten lernen“) in zwei Phasen aufgeteilt.

Die erste Phase, welche im TMS „Einprägphase“ genannt wird, startet direkt nach der 60-minütigen Mittagspause. Sie hat eine Dauer von vier Minuten, in denen Sie 20 abstrakte Figuren betrachten müssen. Jede dieser Figuren besteht aus fünf Teilflächen, von denen eine schwarz gefärbt ist.

In der zweiten Phase, der Reproduktionsphase, finden Sie die 20 Figuren in anderer Reihenfolge wieder vor. Allerdings sind nun **alle** Teilflächen der abstrakten Figuren weiß gefärbt. Ihre Aufgabe besteht darin, sich in einem Zeitraum von fünf Minuten zu erinnern, welche Teilflächen in der Einprägphase schwarz eingefärbt waren.

Ein weiterer wichtiger Punkt ist, dass die Einprägphase von der Reproduktionsphase durch einen weiteren Untertest getrennt ist. Um den Anspruch erheben zu können, eine Gedächtnisleistung zu testen, ist dies aber auch notwendig. Der Untertest, der beide Phasen voneinander trennt, ist „Textverständnis“ und hat eine Dauer von 60 Minuten.

Obgleich die Figuren einander ähneln und von Jahr zu Jahr immer ähnlicher werden, gilt „Figuren lernen“ als sehr gut trainierbar. Durch das Anwenden von Bearbeitungsstrategien und rechtzeitiger Vorbereitung sind 15 bis 20 Punkte für jeden Teilnehmer realistisch. An dieser Stelle muss jedoch noch einmal deutlich erwähnt werden, dass dies nur durch regelmäßiges Üben unter möglichst prüfungsnahen Umständen gewährleistet werden kann. Bitte achten Sie deswegen auch darauf, bei den Übungsaufgaben zu „Figuren lernen“ ebenso wie zu „Fakten lernen“ immer eine Unterbrechung von 60 Minuten einzuplanen, in welcher Sie sich einer weiteren kognitiv anspruchsvollen Aufgabe widmen, idealerweise einer Übungseinheit „Textverständnis“.

Erwähnenswert ist zudem, dass es bei „Figuren lernen“ keine Einstreuaufgaben gibt. Jede richtig beantwortete Aufgabe entspricht einem Punkt, wodurch sich die 20 Gesamtpunkte ergeben.

Exkurs: Unser Gedächtnis

Da dieser Test darauf abzielt, die Gedächtnisleistung zu prüfen, sollte man sich kurz vergegenwärtigen, wie das menschliche Gedächtnis aufgebaut ist und arbeitet. Zum einen, da dies für Sie als angehender Medizinstudent ohnehin interessant ist. Zum anderen, da Sie auf diese Art besser verstehen, warum die hier vorgestellten Bearbeitungsstrategien so gut funktionieren.

Unter „Gedächtnis" versteht man die Fähigkeit unseres Nervensystems, aufgenommene Informationen zu codieren, zu speichern und später wieder abzurufen. Die hierbei gespeicherten Informationen sind das Ergebnis vorangegangener bewusster wie unbewusster Lernprozesse.

Abhängig von der Dauer, während der eine Information gespeichert wird, lässt sich unser Gedächtnis nun in verschiedene Subsysteme unterteilen. Folgende spielen in dem Gedächtnistest des TMS eine Rolle:

- Sensorisches Gedächtnis (elektrischer Speicher)
- Arbeitsgedächtnis (elektrischer Speicher)
- Langzeitgedächtnis (biochemischer Speicher)

Im Falle unseres sensorischen Gedächtnisses, welches auch Ultrakurzzeitgedächtnis genannt wird, werden Informationen nur für wenige Momente bis hin zu Minuten gespeichert. Im Gegensatz hierzu können eine Unmenge von Informationen zeitgleich aufgenommen werden. Auf diesem Weg wird gewährleistet, dass wir uns in unserer Umgebung sicher bewegen können. So erkennen wir zum Beispiel das herannahende Auto und erinnern uns auch daran, während wir es aus den Augen verlieren. Haben wir die Straße überquert, so ist diese Information für uns jedoch hinfällig und verfällt.

Das Arbeitsgedächtnis oder auch Kurzzeitgedächtnis ist in der Lage, Informationen über eine Dauer von bis zu 20 Minuten zu speichern. Nach Millers (1956) ist die Menge an Informationen hier auf 5 bis 9 Informationsblöcke (sog. Chunks) begrenzt. Nach heutigem Wissensstand sollte man eher von 3 bis 4 ausgehen. Wie auch im sensorischen Gedächtnis werden Informationen hier durch elektrische Reize gespeichert. Sie sind damit nicht permanent.

Unser Langzeitgedächtnis ist das dauerhafte Speichersystem unseres Gehirns. Im Gegensatz zu den vorher genannten Subsystemen unseres Gedächtnisses werden Informationen hier durch biochemische Änderungen unseres Gehirns gespeichert. Hierdurch ist es möglich, sich über Jahre hinweg an Situationen zu erinnern. Im Gegensatz zur theoretisch unbegrenzten Speicherdauer steht jedoch, dass nur wenige Informationsspuren, auch Engramme genannt, in diesen Speicher übernommen werden.

Die folgende Abbildung fasst den Inhalt der letzten Seite kurz zusammen.

Um Informationen in unser Langzeitgedächtnis zu transportieren, müssen sie zuerst das sensorische Gedächtnis und das Arbeitsgedächtnis durchlaufen. Wie wir jetzt wissen, steigt die Speicherdauer innerhalb der Subsysteme auf Kosten der gespeicherten Informationsmenge an. Während wir im sensorischen Gedächtnis noch unbegrenzt Informationen aufnehmen können, werden diese für unser Arbeitsgedächtnis auf ein paar Datenblöcke reduziert. Das Übertragen in unser Langzeitgedächtnis filtert weitere Informationen aus, bis es die wenigen übrig gebliebenen Informationsspuren speichert.

Die Weiterleitung von Informationen entzieht sich unserer direkten Kontrolle. Diese Tatsache bedeutet allerdings nicht, dass wir den Prozess nicht beeinflussen können. Eine Information besitzt für unser Gedächtnis eine desto höhere Priorität, je höher das emotionale Gewicht und die Anzahl der vorhandenen Assoziationen sind.

Wir halten also für uns fest, dass wir durch das Verknüpfen mit bereits vorhandenen Informationen oder das Anbinden der Information an emotionale Befindlichkeiten die Wahrscheinlichkeit erhöhen können, dass eine Speicherung im Langzeitgedächtnis erfolgt. Um dies zu bewerkstelligen, muss die gewünschte Information aber zuerst das Arbeitsgedächtnis durchlaufen. Da dieses, im Gegensatz zum sensorischen Gedächtnis, eine starke Limitierung in der Aufnahme von Informationen hat, müssen wir die zu speichernden Informationen in einzelnen Chunks zusammenfassen.

Die besten Gedächtniskünstler dieser Welt sind in der Lage, eine Vielzahl von Zahlenfolgen innerhalb weniger Sekunden auswendig zu lernen, da sie für jede Zahl von 0 bis 99 ein codiertes Bild eines Gegenstandes haben. So wird eine Zahlenkombination in Bausteine von je 2 Ziffern zerlegt und diese werden in das jeweilige Bild übersetzt. Das Ergebnis ist eine Geschichte, in welcher die Künstler die codierten Gegenstände nacheinander verwenden. Je lustiger oder seltsamer die Geschichte ist, umso höher ist ihr emotionales Gewicht.

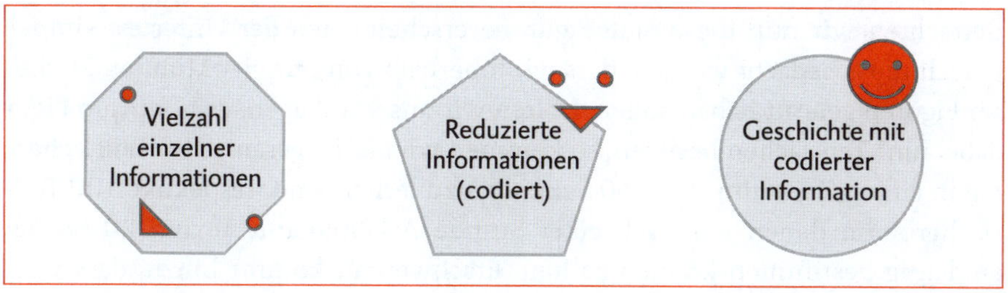

All diese Methoden sind erlernt. Ihre Effizienz ist das Ergebnis von langer Übung sowie Vorbereitung. Aus diesem Satz kann man zwei wichtige Informationen für die Vorbereitung auf den TMS ziehen:

- Jeder kann Methoden zur Verbesserung der Gedächtnisleistung lernen.
- Um die Methoden zu beherrschen, reicht allein das Wissen darüber nicht aus, man muss es durch Übung anwenden und wiederholen.

Nutzen Sie in diesem Sinne die hier beschriebenen Tipps und machen Sie sie zu Ihrem eigenen Werkzeug für den TMS. Eine klare Denkstruktur und ein funktionierendes Gedächtnis sind die beste Vorbereitung, um Erfolg zu haben.

Analyse der möglichen Fehler

Um verstehen zu können, welche Fehler beim Bearbeiten dieses Untertests passieren können, ist es wichtig, zu verstehen, wie die Figuren im Einzelnen visualisiert werden.

Wie anfangs erklärt, handelt es sich um sehr abstrakte Figuren, welche aus je fünf Teilflächen bestehen. Während der Einprägphase ist eine dieser Teilflächen schwarz gefärbt und unterscheidet sich dadurch von den weißen Flächen. In der Reproduktionsphase müssen Sie in der Lage sein, die Figur wiederzuerkennen und anzugeben, welche Fläche zuvor schwarz gefärbt war.

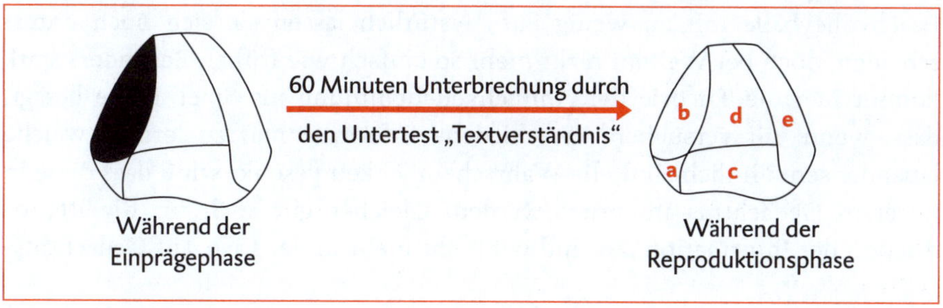

Betrachten wir nun diese eine Figur, so erscheint uns der Untertest simpel. Jedoch muss bedacht werden, dass wir innerhalb von nur vier Minuten 20 dieser Figuren gelernt haben sollen. Halten wir uns vor Augen, dass wir pro Figur dabei fünf Teilflächen besitzen, so kommen wir auf insgesamt 100 Teilflächen, die in einem Zeitraum von 240 Sekunden zu lernen sind, respektive 100 Teilflächen, von denen wir nach einer Stunde Arbeiten mit Texten 20 wieder eindeutig bestimmen können sollten. Erschwerend kommt hinzu, dass viele Figuren ähnlich aussehen.

Der erste Fehler ist, dass man genau diese Auffassung von dem Untertest besitzt. Denn gehen wir in die Einprägphase und haben die Vorstellung, dass wir uns 20 von 100 Teilflächen einprägen müssen, so wissen wir selbst, wie unmöglich diese Aufgabe ist. Die Konsequenz hieraus ist Zweifel an den eigenen Fähigkeiten bis hin zur Resignation. Wie wir später in der Bearbeitungsstrategie lernen werden, geht es um ein Reduzieren der Informationen.

Ein weiterer Fehler ist, zu unterschätzen, wie viel Konzentration man während des Untertests „Textverständnis" benötigt. Selbst Formen, welche man sich davor intensiv angeschaut hat, werden einem danach fremd vorkommen. Dies kommt daher, dass unser Arbeitsgedächtnis nur eine Speicherdauer von etwa 20 Minuten besitzt. Wir müssen die einzelnen Formen inklusive ihrer schwarzen Teilflächen also in unser Langzeitgedächtnis integrieren. Das einfache Ansehen der Formen mit dem Vorsatz, die Informationen nicht zu vergessen, reicht hierzu leider nicht aus.

Die Vorstellung, dass sich die abstrakten Figuren gut voneinander unterscheiden lassen würden, ist ein anderer Fehler, welcher oft von TMS-Teilnehmern gemacht wird. Im Laufe der Jahre wurde der Untertest „Figuren lernen" aufgrund seiner hohen Trainierbarkeit immer mehr in seinem Schwierigkeitsgrad erhöht. Das bedeutet, dass die einzelnen Figuren einander immer ähnlicher gestaltet wurden. In den letzten Testjahren sahen sie alle aus wie Beachvolleybälle mit zu wenig Luft. Natürlich lassen sie sich noch unterscheiden, doch bei Weitem nicht mehr so einfach wie früher. Besonders stark kommt hier die Theorie der Ähnlichkeitshemmung ins Spiel. Diese besagt, dass, wenn wir versuchen, verschiedene Informationen zu lernen, welche einander sehr ähnlich sind, die Wahrscheinlichkeit gesenkt wird, dass diese in unserem Gedächtnis integriert werden. Gleiches gilt auch für die Reproduktion der Information. So sind wir nicht mehr in der Lage, auf Gedächtnisinhalte zuzugreifen, da die Vielzahl an ähnlichen Informationen dies verhindert.

Der größte Fehler ist, ohne passende Strategie und ausführliche Übung an den Test heranzugehen. Dies ist ein Fehler, der sehr vielen TMS-Teilnehmern unterläuft. Aber auch die beste Strategie bleibt nutzlos, wenn sie nicht durch regelmäßige Übung verinnerlicht wird.

Bearbeitungsstrategie

Unser Ziel im Untertest „Figuren lernen" ist es, bei mindestens 15 Figuren der Reproduktionsphase angeben zu können, welche Teilfläche während der Einprägphase schwarz gefärbt war. Um dies zu bewerkstelligen, muss die Information darüber in unser Langzeitgedächtnis integriert werden.

Wie im Abschnitt über die Funktionsweise unseres Gedächtnisses bereits erwähnt, wird eine Information umso eher in unser Langzeitgedächtnis übernommen, je höher ihr emotionales Gewicht ist und je mehr Assoziationen wir damit erstellen können. Im Gegensatz hierzu steht, dass die abstrakten Figuren aufgrund ihres kaum zu unterscheidenden Äußeren zu einer Ähnlichkeitshemmung führen können.

Eine gute Bearbeitungsstrategie muss daher jeden dieser Punkte berücksichtigen:

- Vorhandene Assoziationen nutzen
- Emotionales Gewicht für einzelne Informationen schaffen
- Ähnlichkeitshemmung verhindern

Im Untertest „Figuren lernen" haben wir nur abstrakte ähnliche Formen, welche wir weder emotional noch kognitiv mit Vorwissen verknüpfen können. Eine rein logische Betrachtung der gestellten Aufgabe kann somit nicht zum Erfolg führen.

Betrachten wir uns deswegen die drei oben aufgezählten Punkte im Einzelnen und wie wir sie für uns nutzbar machen können. So stellt sich nun unweigerlich die Frage, wie wir bereits vorhandenes Wissen mit einer undefinierten Form verbinden wollen. Die Lösung ist einfach. Wir verändern unsere Vorstellung des Tests in der Art, dass er sich über Kreativität lösen lässt.

Um eine brauchbare Verbindung zu einer bereits gespeicherten Information herzustellen, betrachten wir folgende Eigenschaften der Figur:

- Äußere Form
- Schnittpunkte der Linien
- Position der schwarzen Fläche

Aus diesen Eigenschaften wird ein Titel für die Figur abgeleitet. Man kann es sich so vorstellen, als ob man einem Gemälde in einer Galerie einen Titel geben würde. Je prägnanter der Titel, umso höher ist der Wiedererkennungswert des Bildes. Der Kreativität ist hierbei kein Limit gesetzt. Die Länge des Titels darf bis hin zu einer Kurzbeschreibung reichen. Essenziell wichtig ist dabei nur, dass die Position der schwarzen Fläche als zentrale Information verwertet wird.

Beispiel

Betrachten Sie folgende Figuren aus dem TMS und ihre Kurzbeschreibungen.

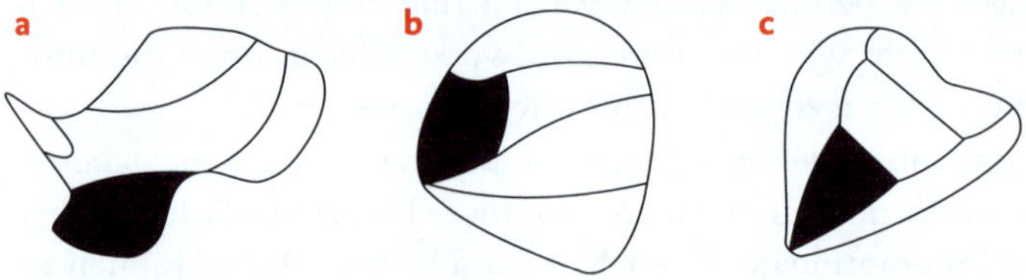

Die angegebenen Beschreibungen stammen von Medbreaker-Kursteilnehmern. Sie sind exemplarisch und können beliebig durch andere Titel ersetzt werden.

- **a** Ein Nashorn leckt Tinte.
- **b** Der Motorradfahrer ist blind.
- **c** Ein schwarzer Filzstift malt ein Herz.

Zu jedem der Titel folgt nun eine kurze Erläuterung sowie die Entscheidung, ob sie die oben genannten Vorgaben erfüllen.

Im ersten Fall ist es einfach, den Gedankengang nachzuvollziehen. Durch die markante spitz zulaufende Form, welche einem Horn ähnelt, kann der Eindruck eines Nashorns entstehen. Die Position der schwarzen Fläche erinnert an eine Zunge, welche Tinte leckt. Die Beschreibung wird mit hoher Wahrscheinlichkeit replizierbar sein.

Die zweite Form ist auch gut beschrieben. Vor allem durch die Verknüpfung der Linien miteinander sowie durch die äußere Form entsteht das Erscheinungsbild eines Motorradhelms. Die Position der schwarzen Fläche als Visier ist treffend. Mit der emotionalen Assoziation eines blinden Motorradfahrers ist die Wahrscheinlichkeit hoch, dass dieses Ergebnis nach einer Stunde nochmals replizierbar ist.

Die letzte Form hat einen besonderen Wert. In diesem Fall handelt es sich um zwei sehr starke Symbole, welche wir in unserem Denken mit vielen Assoziationen verbinden. So steht der Stift für Wissen und Schule, mit welcher Sie sicherlich in den vergangenen Jahren täglich zu tun hatten. Hier ist es auch nur logisch, dass die Spitze des Stiftes die schwarze Farbe enthält. Das Herz hingegen ist ein international verwendetes Symbol mit einer eindeutigen Nachricht. Sogar der kausale Zusammenhang, dass der Stift das Herz zeichnen kann, ist gegeben und wird somit von unserem Gehirn einfacher akzeptiert.

Der Grund, aus welchem die Information über die dritte Form so schnell in unser Langzeitgedächtnis integriert wurde, ist der zweite Aspekt, der den Erfolg der hier beschriebenen Bearbeitungsstrategie ausmacht: Die emotionale Gewichtung der Information.

Unser Gehirn ist aus zwei Hälften aufgebaut, welche Informationen über unterschiedliche Aspekte bewerten. Während die linke Seite logikorientiert ist, fühlt sich die rechte Seite unseres Gehirns lieber in eine Thematik ein und ist für Emotionen und Kreativität zugänglicher. Es wäre eine Verschwendung von Potenzial, würden wir nur mit der Hälfte unserer Kapazität an die Aufgabe gehen. Aus diesem Grund ergänzen wir unseren Titel durch Begriffe, welche Emotionen beschwören. Hierbei sind der Fantasie keine Grenzen gesetzt. Ganz gleich, ob diese Begriffe unter moralischen Gesichtspunkten als anstößig oder seltsam zu betrachten sind, hier dienen sie dazu, unsere Gedächtnisleistung zu verbessern. Genau genommen sind es meistens sogar solche Titel, welche sich besonders stark in unserem Kopf verankern.

Beispiel

Wenden wir dieses Verfahren auf unsere Beispiele an und ergänzen die Titel:

a Ein Nashorn leckt Tinte.

b Der Motorradfahrer ist blind.

c Ein schwarzer Filzstift malt ein Herz.

Die Ergänzung der Assoziation mit einem weiteren Adjektiv weckt eine bestimmte emotionale Haltung gegenüber dem beschriebenen Bild. So sagten einige Kursteilnehmer, dass sie Sorge um ein Nashorn hätten, welches Tinte leckt. Diese Sorge ist bereits eine mögliche emotionale Komponente, welche die beschriebene Form wahrscheinlicher in unser Gedächtnis bringt. Gleiches gilt auch für einen blinden Motorradfahrer, ein Beispiel, das einen Hauch von Ironie trägt. Auch das Beispiel mit dem Zeichnen ist hier durch die Anbindung an das Wort „Herz" sehr emotional, was den Prozess der Einprägung unterstützt.

All diese Kombinationen aus einer Assoziation der Form und einer Emotion machen aus den beschriebenen Bildern Unikate. Auf diesem Weg umgehen wir auch die letzte Gefahr, welche sich bei der Bearbeitung des Tests ergibt: die Ähnlichkeitshemmung. Auch wenn die abstrakten Figuren selbst einander ähneln, so haben wir die Informationen für uns als Unikate codiert. Auf diesem Weg existieren sie für unser Gedächtnis als eben solche.

Weil viele Figuren ähnlich aussehen, besteht die Gefahr, sehr ähnliche Titel zu verwenden. Um diese Gefahr zu mildern, kann eine Notfall-Liste erstellt werden. Hierbei handelt es sich um eine Sammlung von Begriffen, die man verwenden kann, falls man einen Blackout hat.

Unabhängig von der Form handelt es sich bei jeder Figur stets um eine Kombination aus vier weißen Flächen und einer schwarzen Fläche. Also helfen alle Begriffe, die grundsätzlich eine solche Figur beschreiben könnten, d. h., Begriffe für weiße Gegenstände mit einem sich davon abhebenden Element, z. B.:

- Briefumschlag + Briefmarke
- Eiweiß + Eigelb
- Zahn + Loch

Diese Beispiele nennen wir Notfall-Liste, da sie wenig spezifisch sind. Aus diesem Grund ist der Wiedererkennungswert um ein Vielfaches geringer als bei einem selbst gewählten Titel. Um dennoch eine subjektive Notfall-Liste zu besitzen, sind Sie selbst gefragt. Schreiben Sie Ihre eigenen Beispiele für weiße Objekte auf, bei denen sich ein Element durch eine andere Farbe hervorhebt.

Bedenken Sie: All diese Gedächtnismethoden sind erlernbar. Auch wenn es am Anfang schwierig ist, für jede Form einen Titel zu entwickeln, so wird man mit ein wenig Übung schnell weit bessere Ergebnisse als auf dem konventionellen Weg haben. Nehmen Sie sich deswegen ausreichend Zeit, um in diesem Bereich sehr gute Ergebnisse zu erzielen. Denn obgleich dieser Untertest nur insgesamt neun Minuten dauert (vier Minuten für die Einprägphase, fünf Minuten für die Reproduktionsphase), sind auch hier bis zu 20 Punkte möglich. Somit hat dieser Untertest ebenso viel Gewicht wie die meisten anderen Untertests. Zudem an dieser Stelle noch der Hinweis auf einen Fehler, dessen Vermeidung besondere Bedeutung zukommt.

Drehen Sie bitte niemals das Blatt mit den Figuren, die Sie gerade lernen wollen. Auf diesem Weg erschaffen Sie nur zusätzliche Figuren in Ihrem Kopf. Da diese den vorangegangenen Figuren ähnlich sind, erhöhen Sie damit effektiv die Gefahr einer Ähnlichkeitshemmung.

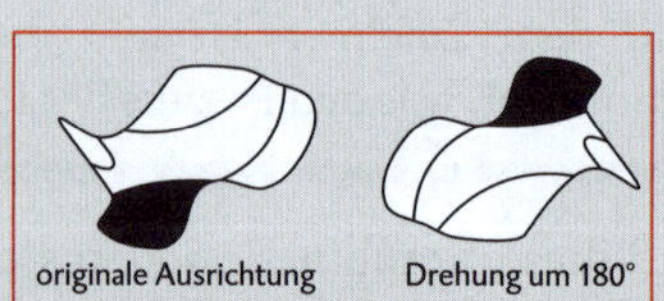

Zusammenfassung

Der Untertest „Figuren lernen“ sollte ergo nach folgendem Muster bearbeitet werden:

- **Auswahl einer Aufgabe** — 2 Sekunden maximal

  Da uns für die gesamte Vorbereitung in der Einprägphase nur ein Zeitfenster von vier Minuten zur Verfügung steht, haben wir die Möglichkeit, die Figuren einfach der Reihe nach zu bearbeiten oder uns welche auszusuchen. Für die meisten Kursteilnehmer scheint es angenehmer zu sein, sich die ersten markanten Figuren selbst zu wählen. Suchen Sie hierzu nach besonders hervorstechenden Formen, welche einen hohen Wiedererkennungswert haben.

- **Entwicklung eines Titels** — 5 Sekunden maximal

  Wählen Sie nun einen Titel oder eine kurze Beschreibung für die vorliegende Figur. Wählen Sie einen der ersten spontanen Gedanken und erklären Sie sich selbst, warum er zutreffend ist. Besonders wichtig ist dabei, dass Sie die Position der schwarzen Fläche in Ihre Überlegung mit einbauen. Seien Sie hier so kreativ als möglich, aber erzwingen Sie keine seltsame Verknüpfung, welche Sie nicht auch sehen. Wenn Sie Schwierigkeiten mit diesem Schritt haben, können Sie auch auf eine Notfall-Liste zurückgreifen. Diese finden Sie im Abschnitt „Verbesserungsstrategie“ dieses Kapitels.

- **Hinzufügung von Adjektiv/Emotion** — 3 Sekunden maximal

  Ergänzen Sie nun den Titel noch um ein beschreibendes Adjektiv. Das Ziel ist es, einen Titel zu finden, welcher beim Lesen eine Emotion hervorbringt. Verknüpfen Sie beides direkt mit der zu merkenden Figur. Hindern Sie sich bei diesem Teil der Aufgabe nicht durch moralische Vorstellungen, sondern ziehen Sie alle Register, um einen Titel zu finden, der möglichst starke Emotionen kanalisiert.

- **Wiederholung** — nach je 4 Figuren

  Nach je vier Figuren wiederholen Sie Ihre bisherigen Titel. Das trägt nicht nur dazu bei, sie besser zu speichern, sondern vereinfacht auch den kommenden Schritt dieser Strategie. Wiederholen Sie immer die letzten acht Figuren, die Sie sich angesehen haben:

Nach der vierten Figur:	Wiederholung der Titel 1 bis 4
Nach der achten Figur:	Wiederholung der Titel 1 bis 8
Nach der zwölften Figur:	Wiederholung der Titel 5 bis 12
Nach der sechzehnten Figur:	Wiederholung der Titel 9 bis 16
Nach der zwanzigsten Figur:	Wiederholung der Titel 13 bis 20

- **Verknüpfung** — Wenn möglich: immer nach Wiederholung

  Im letzten Schritt kann man versuchen, einzelne Titel miteinander zu verknüpfen. Dies ist besonders dann von Vorteil, wenn man sich durch diesen Schritt weitere Eselsbrücken schaffen kann. Manchmal ist man in der Lage, ganze Geschichten zu entwickeln. Diese sind der Weg zu 20 Punkten in diesem Untertest.

Bearbeitungsstrategie im Überblick

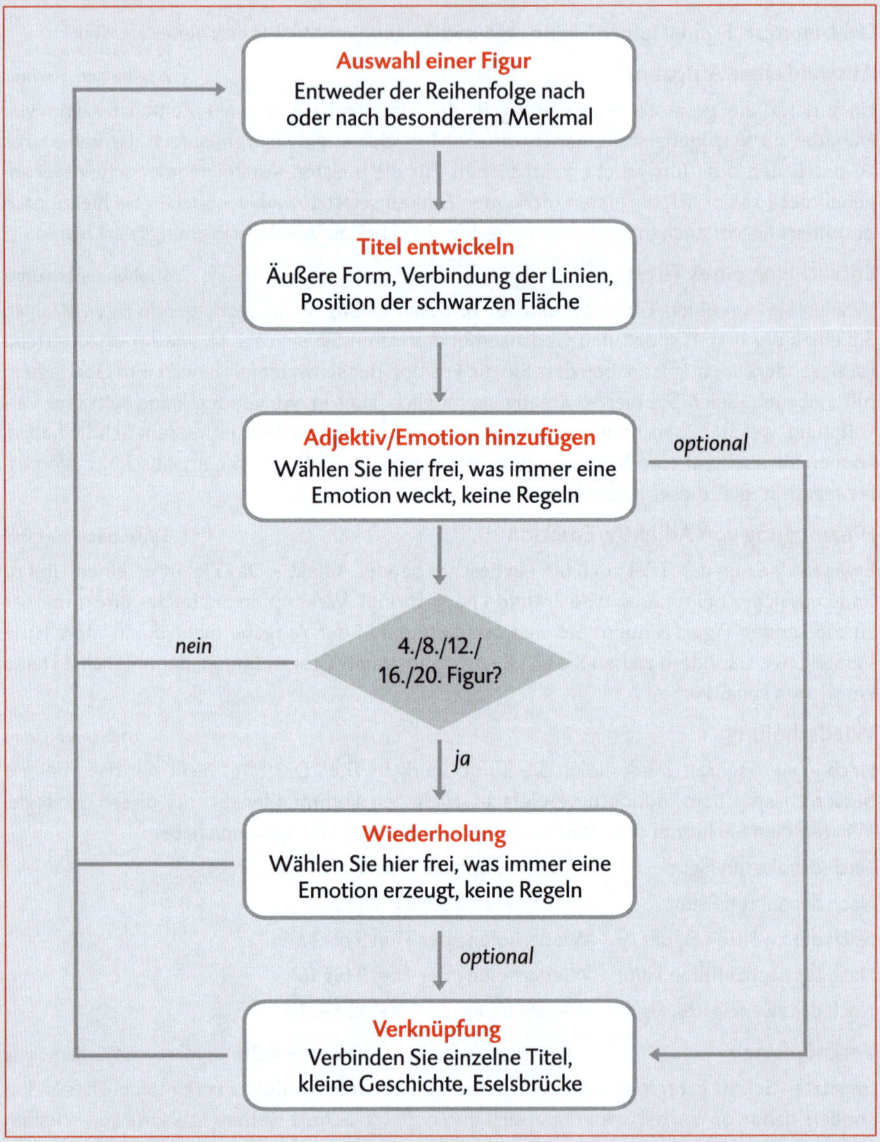

Übungsaufgaben

Während des TMS haben Sie 4 Minuten Zeit, um sich 20 Figuren des Untertests „Figuren lernen" einzuprägen. Ihnen stehen also pro Figur durchschnittlich 12 Sekunden zur Verfügung. Um Zeit für eine Wiederholung zu erwirtschaften, werden 10 Sekunden pro Figur angestrebt.

Die Einprägphase von „Figuren lernen" beginnt direkt nach der Mittagspause des TMS. Deswegen ist es am sinnvollsten, wenn Sie diese Übung machen, nachdem Sie sich ein wenig ausgeruht haben. Die Reproduktionsphase, bei welcher Wissen über die Figuren geprüft wird, ist durch den Untertest „Textverständnis" erst 60 Minuten später.

Planen Sie deswegen für die Bearbeitung dieser Übung eine weitere Aufgabe ein, welche eine Stunde in Anspruch nimmt. Andernfalls können Sie die Effizienz der Bearbeitungsstrategie nicht überprüfen.

Während der Einprägphase dürfen keine Stifte oder andere Hilfsmittel verwendet werden. Es können weder Notizen noch Skizzen oder andere Hilfen aus der Phase mitgenommen werden.

Es folgen nun 20 Figuren, welche Sie immer nach dem gleichen System bearbeiten:

1. Suchen Sie eine der Figuren aus oder gehen Sie der Reihe nach vor.
2. Entwickeln Sie einen Titel für die gewählte Figur (achten Sie auf die Position der schwarzen Fläche).
3. Fügen Sie dem Titel ein weiteres Adjektiv hinzu, um eine Emotion anzuknüpfen.
4. Wiederholen Sie nach jeweils 4 Figuren die letzten 8 Titel.
5. Optional: Verknüpfen Sie einzelne Titel miteinander.

- **Anzahl der Aufgaben:** 20
- **Zeit pro Aufgabe:** 12 s
- **Gesamtzeit der Übung:** 4 min

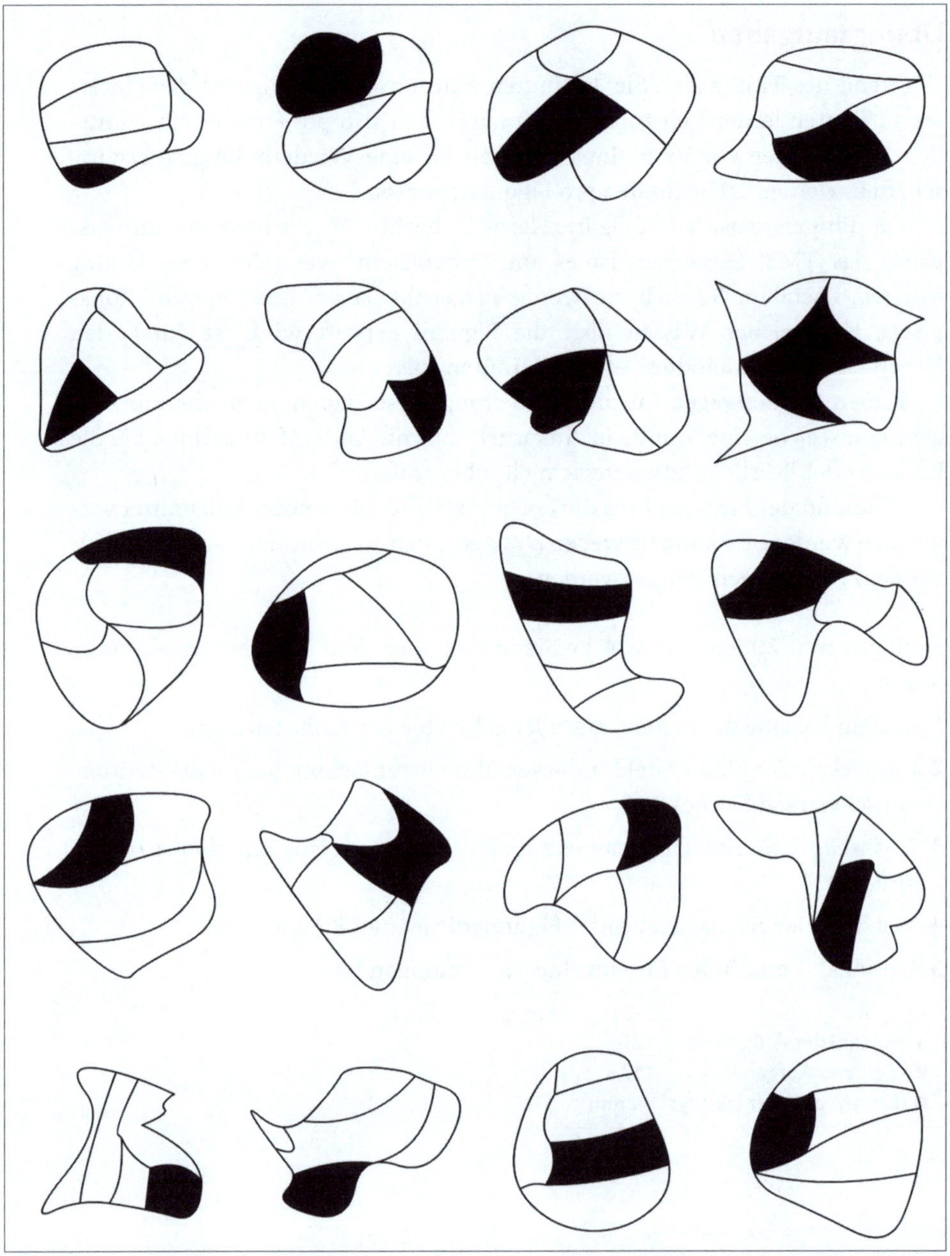

Bevor Sie auf der nächsten Seite Ihre Gedächtnisleistung prüfen, sollten Sie eine 60-minütige Übung machen, welche Sie kognitiv fordert. Besonders vorteilhaft wäre es, wenn es sich um eine ähnliche Anforderung wie in der Aufgabe „Textverständnis“ handeln würde.

Alternativen sind Kreuzworträtsel oder weitere Übungsaufgaben aus den Fachbereichen Deutsch, Englisch oder einer anderen Sprache.

Arbeiten Sie **danach** an dieser Stelle weiter.

Im Folgenden beginnt der Reproduktionsteil für den Untertest „Figuren lernen“. Im TMS kommt dieser nach dem Untertest „Textverständnis“ und hat eine Dauer von fünf Minuten.

Es folgen nun 20 Aufgaben, welche Sie immer nach dem gleichen System lösen:

1 Wählen Sie eine der Figuren aus.

2 Schreiben Sie Ihren Titel nieder.

3 Kreuzen Sie an, welche Teilfläche der Figur schwarz gefärbt war.

- **Anzahl der Aufgaben: 20**
- **Zeit pro Aufgabe: 15 s**
- **Gesamtzeit der Übung: 5 min**

42

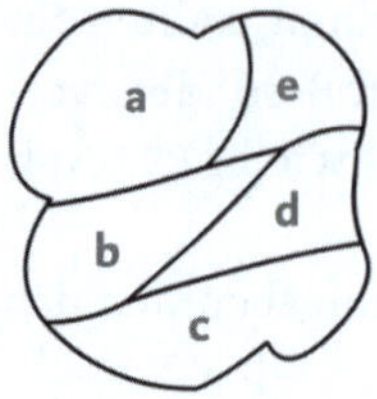

Titel: ______________________________

Lösung:

a ☐ b ☐ c ☐ d ☐ e ☐

43

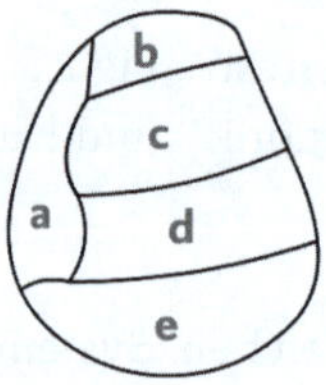

Titel: ______________________________

Lösung:

a ☐ b ☐ c ☐ d ☐ e ☐

44

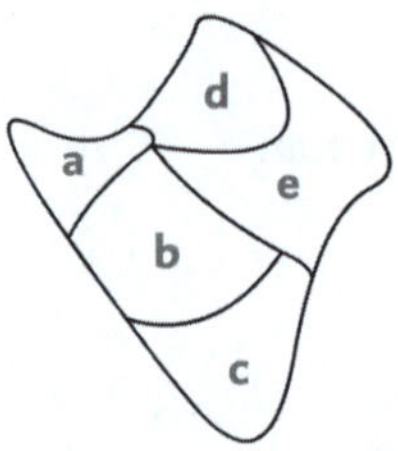

Titel: ______________________________

Lösung:

a ☐ b ☐ c ☐ d ☐ e ☐

45

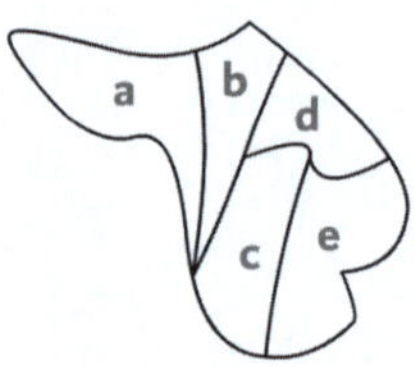

Titel: ______________________________

Lösung:

a ☐ b ☐ c ☐ d ☐ e ☐

46

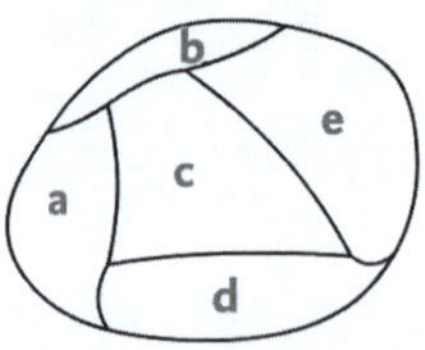

Titel: ______________________________

Lösung:

a ☐ b ☐ c ☐ d ☐ e ☐

47

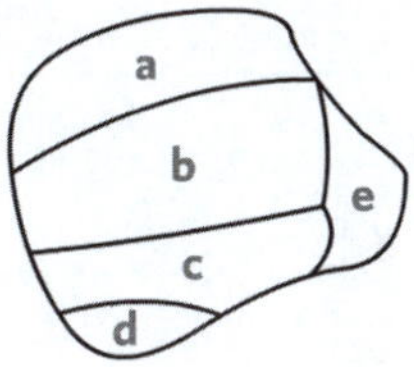

Titel: ______________________________

Lösung:

a ☐ b ☐ c ☐ d ☐ e ☐

48

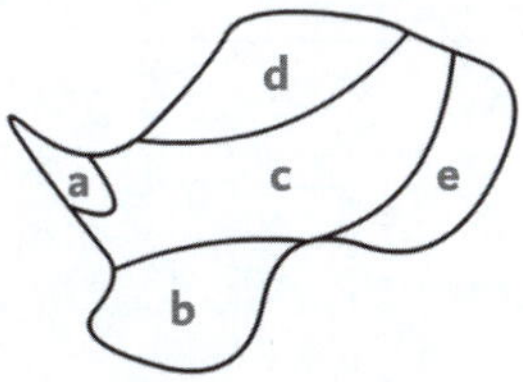

Titel: ______________________________

Lösung:

a ☐ b ☐ c ☐ d ☐ e ☐

49

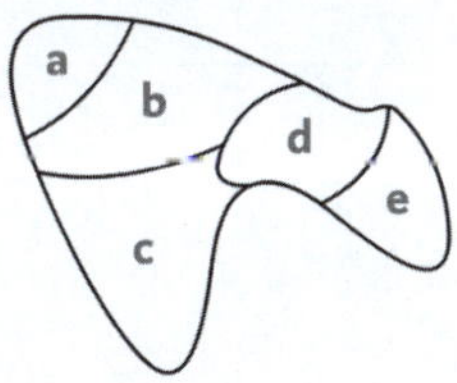

Titel: ______________________________

Lösung:

a ☐ b ☐ c ☐ d ☐ e ☐

50

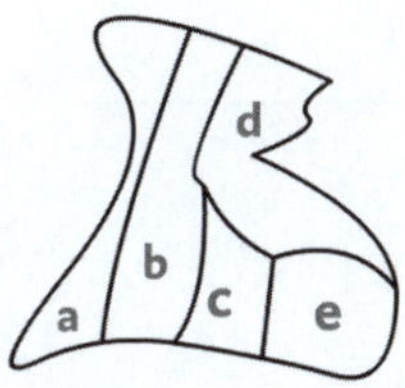

Titel: ______________________________

Lösung:

a ☐ b ☐ c ☐ d ☐ e ☐

51

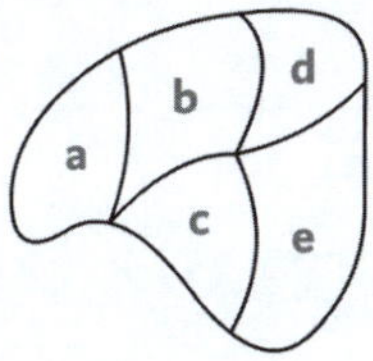

Titel: ______________________________

Lösung:

a ☐ b ☐ c ☐ d ☐ e ☐

52

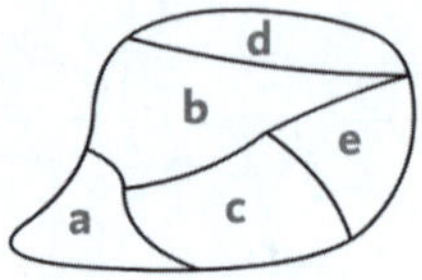

Titel: ______________________________

Lösung:

a ☐ b ☐ c ☐ d ☐ e ☐

53

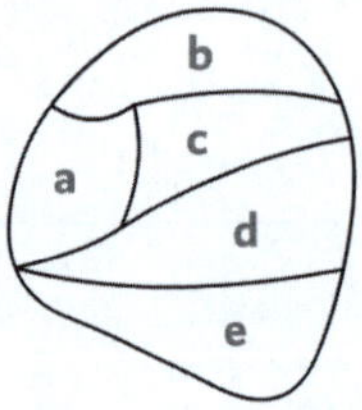

Titel: ______________________________

Lösung:

a ☐ b ☐ c ☐ d ☐ e ☐

54

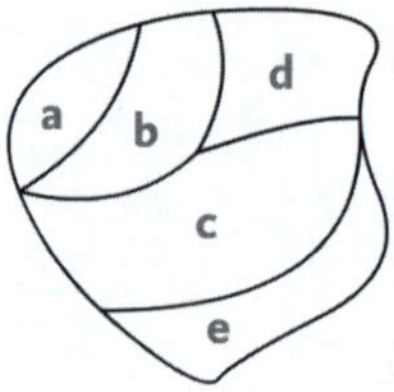

Titel: ______________________________

Lösung:

a ☐ b ☐ c ☐ d ☐ e ☐

55

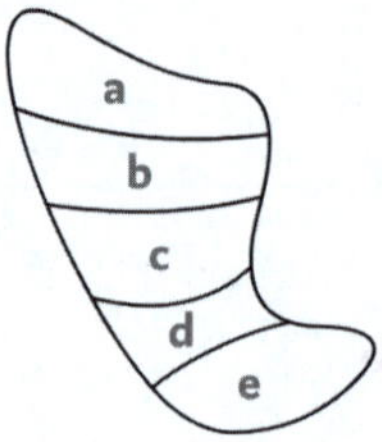

Titel: ______________________________

Lösung:

a ☐ b ☐ c ☐ d ☐ e ☐

56

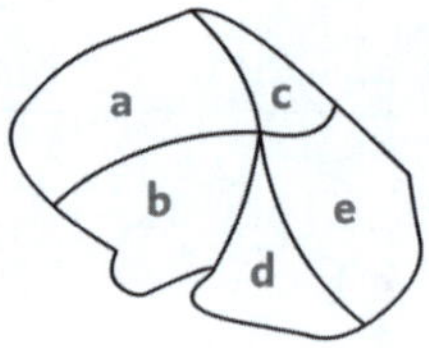

Titel: ______________________________

Lösung:

a ☐ b ☐ c ☐ d ☐ e ☐

57

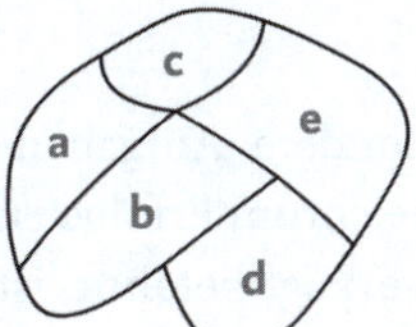

Titel: ______________________________

Lösung:

a ☐ b ☐ c ☐ d ☐ e ☐

58

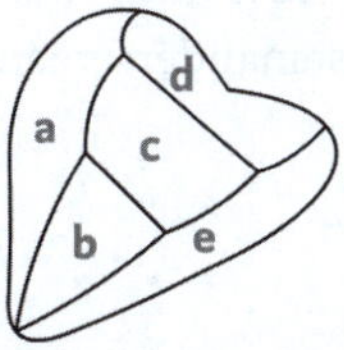

Titel: ______________________________

Lösung:

a ☐ b ☐ c ☐ d ☐ e ☐

59

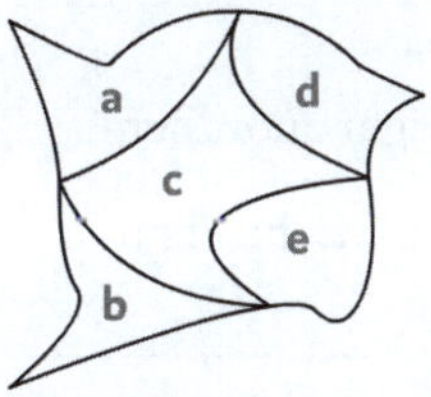

Titel: ______________________________

Lösung:

a ☐ b ☐ c ☐ d ☐ e ☐

60

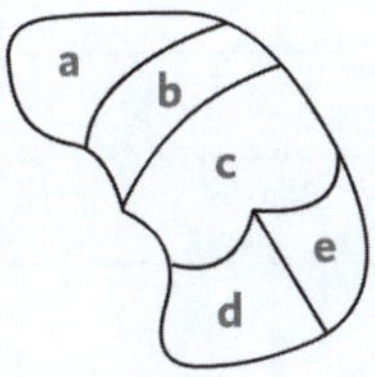

Titel: ______________________________

Lösung:

a ☐ b ☐ c ☐ d ☐ e ☐

61

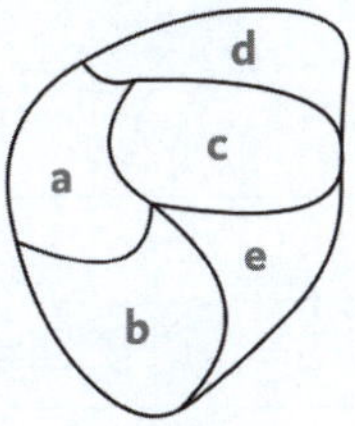

Titel: ______________________________

Lösung:

a ☐ b ☐ c ☐ d ☐ e ☐

Verbesserungsstrategie

Der Untertest „Figuren lernen“ eröffnet durch seine besondere Aufgabenstellung viele Möglichkeiten, durch Kreativität und Einfallsreichtum Erfolge zu erzielen. Im TMS, welcher ansonsten logisches Denken bevorzugt belohnt, ist dies eine willkommene Abwechslung.

Durch die Bearbeitungsstrategie, die Sie in diesem Kapitel gelernt haben, sind Sie in der Lage, wesentlich bessere Ergebnisse zu erzielen. Doch dies setzt voraus, dass Sie sich auch mit den Ergebnissen der Übung auseinandersetzen und über Ihre Bearbeitungsstrategie reflektieren.

Aus welchem Bereich kamen die meisten Ihrer Titel?

- ☐ Tiere
- ☐ Gesichter/Körperteile
- ☐ geometrische Figuren
- ☐ Lebensmittel
- ☐ unbelebte Natur
- ☐ ____________________

Welche dieser Titel konnten Sie danach auch wieder Ihrer Figur zuordnen?

- ☐ Tiere
- ☐ Gesichter/Körperteile
- ☐ geometrische Figuren
- ☐ Lebensmittel
- ☐ unbelebte Natur
- ☐ ____________________

Mit welchen Emotionen konnten Sie Ihre Bilder oft verbinden?

____

____

____

Platz für weitere Notizen:

____

____

____

____

____

____

Anhang: Notfall-Liste

Eine weitere Strategie, um in diesem Untertest einen Vorteil zu haben, ist es, die schon mehrfach erwähnte Notfall-Liste anzulegen. Die hier aufgeführten Begriffe können genutzt werden, sollten Sie während des TMS einen Blackout bekommen, oder keine Einfälle mehr haben, was die Figuren darstellen könnten.

Wählen Sie nun eigene Objekte aus, welche eine weiße Grundfarbe besitzen, und ein weiteres Element, das sich farblich davon abhebt. Diese sind nicht mehr so spezifisch wie spontane Einfälle, können aber im beschriebenen Notfall den einen oder anderen Punkt retten. Es ist vorteilhaft, diese Liste selbst zu erstellen, da sie Ihnen auf diese Weise mehr entspricht.

Weißes Objekt	Schwarzes Element	Mögliche Emotionen/Verknüpfungen
Zahn	Loch	Unwohlsein, Schmerz
Briefumschlag	Briefmarke	Neugier, Freude
Eiweiß	Eigelb	Appetit, Aggression
Höhle/Berg	Eingang/Tür	Neugierde oder Angst/Gefahr

Fakten lernen

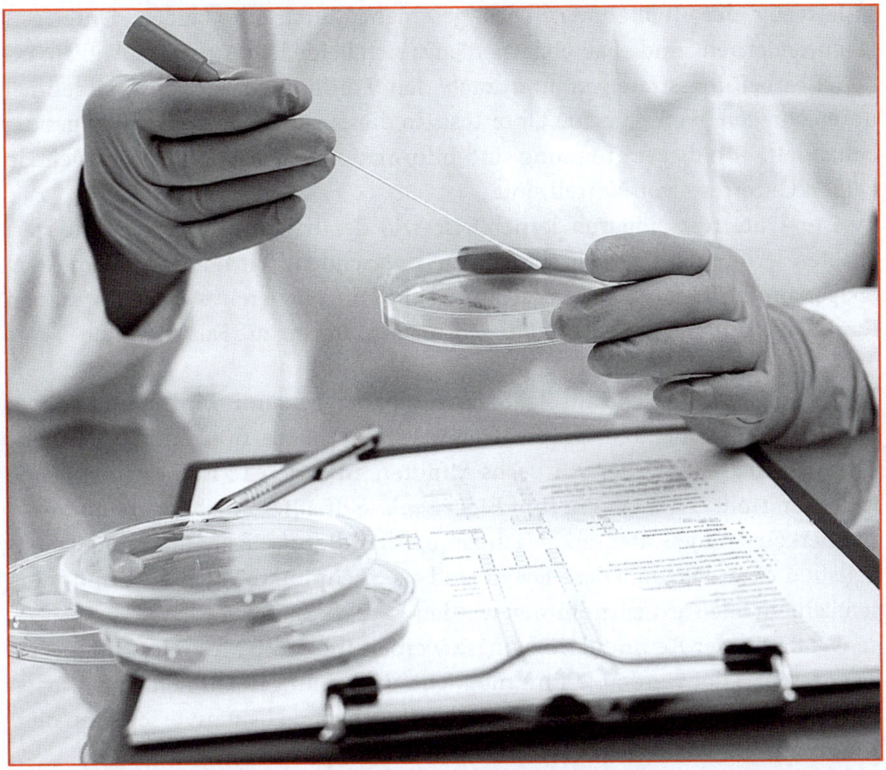

Aufbau und Trainierbarkeit

Eine weitere Fähigkeit, welche im TMS geprüft werden soll, ist die Gedächtnisleistung der Teilnehmer. Dies geschieht durch die beiden Untertests „Figuren lernen“ und „Fakten lernen“. Da sich beide Untertests im Aufbau, bei den Bearbeitungsstrategien und auch den Forderungen an die Teilnehmer unterscheiden, werden beide Untertests in diesem Buch getrennt voneinander behandelt. Von dieser Trennung sind Informationen ausgenommen, welche in beiden Untertests von Vorteil sind.

Der Untertest „Figuren lernen“ ist wie der damit verknüpfte Untertest „Fakten lernen“ in zwei Phasen aufgeteilt. Nachdem wir uns bereits mit dem erstgenannten Untertest beschäftigt haben, konzentrieren wir uns in diesem Kapitel nur auf den Aufbau und die Lösungsstrategien zu „Fakten lernen“.

Die erste Phase, welche im TMS Einprägphase genannt wird, startet direkt nach dem Test „Figuren lernen“ im Anschluss an die 60-minütige Mittagspause. Sie hat eine Dauer von sechs Minuten, in denen 15 Fallbeschreibungen zu lernen sind. Diese sind in fünf Blöcke mit je drei Beschreibungen unterteilt. Zu merken sind je Datensatz: Nachname, Alter, Beruf, Eigenschaft und Krankheitsbild einer Person. Diese Daten sind als Stichpunkte aufgeführt und müssen keinem Fließtext entnommen werden.

Während der Reproduktionsphase werden Ihnen 20 Multiple-Choice-Fragen gestellt. Hier werden je fünf mögliche Verbindungen aus den Datensätzen abgefragt. Ihre Aufgabe ist es, unter den angegebenen Lösungsvorschlägen denjenigen zu wählen, welcher einen korrekten Bezug zur Frage darstellt.

Ein weiterer wichtiger Punkt ist, dass die Einprägphase von der Reproduktionsphase durch den Untertest „Textverständnis“ und die Reproduktionsphase „Figuren lernen“ mit einer Gesamtdauer von ca. 70 Minuten getrennt ist.

Die Trainierbarkeit des Untertests „Fakten lernen“ ist wie bei seinem Pendant „Figuren lernen“ sehr hoch. Durch das Erlernen spezifischer Bearbeitungsstrategien ist es möglich, die große Menge an Informationen zuverlässig und schnell ins Langzeitgedächtnis zu bringen. Diese Strategien brauchen Übung und Wiederholung, um sie effektiv anwenden zu können. Nehmen Sie sich daher ausreichend Vorbereitungszeit. Zusätzliche Punkte sind in kaum einem anderen Testteil so leicht erarbeitet wie in „Figuren und Fakten lernen“.

Erwähnenswert ist zudem, dass es bei „Fakten lernen“ keine Einstreuaufgaben gibt. Jede richtig beantwortete Aufgabe entspricht einem Punkt, was einer Gesamtpunktzahl von 20 Punkten in diesem Untertest entspricht.

Sollten Sie dieses Kapitel vor dem Kapitel „Figuren lernen“ begonnen haben, so lesen Sie bitte jetzt den Einschub „Exkurs: Unser Gedächtnis“. Dies ist notwendig, da die folgende Bearbeitungsstrategie darauf aufbaut.

Analyse der möglichen Fehler

Um erklären zu können, was die häufigsten vermeidbaren Fehler in diesem Untertest sind, ist es notwendig, sich anzusehen, wie der Untertest „Fakten lernen“ im TMS aufgebaut ist.

Wie zuvor bereits erwähnt, werden während der Einprägphase Datensätze vorgegeben, die Informationen über insgesamt 15 Personen beinhalten. Diese sind in fünf Blöcke zu je drei Personen unterteilt. In den vergangenen Jahren ergab sich diese grobe Einteilung immer aufgrund der gemeinsamen Altersstruktur und einer ähnlichen Namenskategorie dreier Personen.

Da einmal gesehen in diesem Fall besser ist als vielfach gehört, folgt nun ein Ausschnitt aus einem möglichen TMS. Um die Übersichtlichkeit zu wahren, werden nur zwei von fünf Datensatzblöcken und zwei Fragen dargestellt:

Beispiel

Schweizer	ca. 22 Jahre, Koch, übergewichtig – Diabetes
Spanierin	ca. 22 Jahre, Landwirtin, mürrisch – Verkehrsunfall
Amerikaner	ca. 22 Jahre, Gewichtheber, sensibel – Depression
Goethe	ca. 30 Jahre, Dichter, arbeitslos – Bauchschuss
Schiller	ca. 30 Jahre, Pianistin, egozentrisch – Unterarmbruch
Lessing	ca. 30 Jahre, Künstler, extrovertiert – Migräne

Während der Einprägphase

60 Minuten Unterbrechung durch den Untertest „Textverständnis“

1 Frau Schiller leidet an …
- a Migräne.
- b Diabetes.
- c Hypochondrie.
- d Unterarmbruch.
- e Haarausfall.

2 Arbeitslos ist …
- a die Landwirtin.
- b der Künstler.
- c der Dichter.
- d der Busfahrer.
- e der Polizist.

Während der Reproduktionsphase

Aus dem gezeigten Aufbau des Untertests wird ersichtlich, wie viele Daten auswendig zu lernen sind. Insgesamt handelt es sich um 15 Personen mit der Angabe von Alter, Beruf, Persönlichkeitseigenschaft und Krankheitsbild. So ergeben sich 75 Informationseinheiten und ihre Verknüpfung untereinander, für die zum Lernen sechs Minuten zur Verfügung stehen. Sie haben somit durchschnittlich recht kurze 24 Sekunden pro Informationszeile.

Ein häufiger Fehler ist es, die verschiedenen Datensätze zu überfliegen, die Informationen nicht zu elaborieren oder zu codieren und damit wichtige Zeit ungenutzt verstreichen zu lassen. Weil die meisten TMS-Teilnehmer einer solchen Aufgabe zum ersten Mal begegnen, werden sie aber genau dies tun. Die Orientierung muss davor stattfinden. Nutzen Sie also bitte die Zeit der Instruktionsphase, um sich mental auf die Aufgabe einzustellen, und legen Sie sich jetzt im Rahmen der Vorbereitung ihre entsprechenden Lernstrategien genau zurecht.

Wie bereits beim Untertest „Figuren lernen“ erwähnt, ist einer der Hauptfehler der, dass man die ca. 70 Minuten zwischen der Einprägphase und der Reproduktionsphase unterschätzt. Deshalb genügt es nicht, die Informationen im Arbeitsgedächtnis zu behalten, sondern die Datensätze müssen in das Langzeitgedächtnis integriert werden. Eine Bearbeitungsstrategie, die sich auf das Arbeitsgedächtnis stützt, kann nur fehlschlagen, da diese Informationen nur über einen Zeitrahmen von maximal 20 Minuten gespeichert werden können und zusätzlich durch Informationen aus dem Textverständnis überlagert werden.

Die Namen der Beispielpersonen in diesem Untertest kommen meistens aus einem gemeinsamen Feld. Wie Sie in dem oben gezeigten Ausschnitt sehen können, sind die Namen der ersten drei Personen an Länder angelehnt, wohingegen die anderen drei Personen Namen bekannter Künstler tragen. Arbeitet man an dieser Stelle ohne System, so führen diese Namen oftmals zu Verwechslungen und Ähnlichkeitshemmungen. Dies kommt daher, dass unser Gehirn Schwierigkeiten dabei hat, verschiedene Informationen zu speichern respektive abzurufen, wenn sich diese in phonetischer oder äußerer Form ähneln. Gleiches passiert allerdings auch, wenn die Informationen bereits davor verknüpft wurden. So ist Frau Schiller aus unserem Beispiel eine Pianistin, wohingegen Friedrich Schiller ein Dichter war. Durch diese bewusst gewählte Anlehnung an den berühmten Namen ist die Wahrscheinlichkeit einer Verwechslung erhöht, insbesondere, wenn die Frage erst eine Stunde nach dem Lernen gestellt wird.

Einige Fragen zu den Datensätzen beziehen sich auf das Geschlecht der Person. Da dieses nicht direkt angegeben ist, sondern mit dem Beruf der Person kombiniert wurde, ist es eine Information, der wenig Beachtung geschenkt wird. Es ist also notwendig, dass Sie sich diese Information beim Lernen bewusst verinnerlichen. Dies ist von den Testentwicklern durchaus beabsichtigt. Über die vergangenen Jahre wurden immer mehrere Fragen formuliert, welche durch das Geschlecht einer Person zu beantworten waren. Bitte unterschätzen Sie deswegen nicht den Wert dieser Information.

Der mit Abstand größte Fehler ist jedoch die unzureichende Vorbereitung auf diesen Untertest. Nehmen Sie sich Zeit für die Übungen und verinnerlichen Sie die hier angesprochene Bearbeitungsstrategie. Eine Verbesserung der Gedächtnisleistung durch optimierte Bearbeitungsvorgänge ist zwar möglich, wird jedoch nur durch Wiederholung erreicht.

Bearbeitungsstrategie

Unser Ziel im Untertest „Fakten lernen" ist es, alle 15 Datensätze möglichst vollständig und ohne Verwechslungen zu behalten. Um dies zu erreichen, brauchen wir eine Strategie, die besagte Informationen und ihre Zusammenhänge in unser Langzeitgedächtnis integriert.

Sollten Sie bis zu diesem Zeitpunkt noch nicht den Abschnitt „Exkurs: Unser Gedächtnis" gelesen haben, so holen Sie dies bitte jetzt nach. Wir werden uns in dieser Bearbeitungsstrategie auf die dort erwähnten Fakten beziehen.

Die Informationen, welche uns im Untertest „Fakten lernen" gegeben werden, sind voneinander unabhängig. So könnten die Krankheitsbilder beliebig getauscht werden, was ebenso auf das Alter der Personen, ihren Beruf, das Geschlecht oder ihre Charaktereigenschaften zutrifft. Um zusammenhängende, aber austauschbare Einzelinformationen zu lernen, müssen wir Verknüpfungen schaffen und sie idealerweise in bereits vorhandenes Wissen einbetten. Je besser diese assoziativen Verknüpfungen funktionieren, umso eher kann über diese Kette von Informationen auch wieder auf ein einzelnes Glied zugegriffen werden.

Unsere Bearbeitungsstrategie muss also folgende Punkte berücksichtigen:

- Redundante Information innerhalb eines Datenblocks reduzieren
- Assoziationsketten bilden, um Informationen aneinander zu binden
- Assoziationsketten voneinander unterscheidbar halten
- Ähnlichkeitshemmung verhindern/Verwechslungsgefahr reduzieren

Um zu verstehen, wie die hier gewählte Methode funktioniert, ist es hilfreich, sich vorzustellen, auf welche Art unser Langzeitgedächtnis (LZG) am besten Informationen aufnimmt, denn dies können wir anders als beim Arbeitsgedächtnis nicht so ohne weiteres direkt willentlich steuern.

Im Alltag behalten wir teilweise nur einmal erlebte komplexe Situationen mit einer hohen Informationsdichte, beispielsweise einen spannenden Kinofilm, unseren letzten Geburtstag oder Ähnliches. Das heißt, wir alle besitzen die Fähigkeit, auch eine noch viel größere Informationsmenge als in diesem Untertest gefordert zu behalten, wir müssen nur lernen, einen Weg zu finden, über den unser Langzeitgedächtnis die Informationen abspeichert.

Und darum benutzen wir genau die Mechanismen, die dafür sorgen, dass wir uns an Details eines spannenden Films auch nach Tagen noch erinnern können.

Was zeichnet diese Situationen aus? – Sie sind emotionsgeladen. Spannung, Freude, Angst, Humor, all dies signalisiert unserem LZG: Hierbei handelt es sich um wichtige Informationen. Zusätzlich zeigt ein Film bewegte Szenen; nicht einzelne trockene Begriffe, sondern aneinandergereihte Bilder mit vielen Assoziationspunkten, die wie bei einer Geburtstagsfeier auch nicht nur visuelle Reize bieten, sondern auch noch andere Sinnesmodalitäten ansprechen. Dies machen wir uns nun in diesem Untertest zunutze – wir erwecken Frau Schiller und Herrn Goethe zum Leben!

Hierfür legen wir uns einen ganz konkreten Algorithmus und einige Bausteine zurecht, um in der Kürze der Zeit aus unbelebten, austauschbaren Informationen lebendige und einmalige bewegte Bilder zu schaffen.

Einer dieser Bausteine bedient sich einiger Informationen, die bereits fest in unserem Gedächtnis verankert sind und die wir als Verknüpfungspunkte für die neuen Informationen benutzen können. Hierfür hat es sich bewährt, die Bilder von Räumen in unserem Haus/unserer Wohnung oder einen Weg, den wir häufig gehen und den wir uns bei geschlossenen Augen recht konkret vorstellen können, zu verwenden.

Dieses Prinzip, auch bekannt unter dem Namen *Loci-Methode*, ist eine Lernmethode. Sie ist durch ihre Effizienz unter Gedächtnissportlern berühmt.

Grundsätzlich geht es darum, an einen realen oder fiktiven, aber uns gut bekannten detailreichen Ort zu denken, um die zu merkenden Informationen hier einzubetten. Bewährt haben sich dabei Räume wie der Schulweg, das Schulgebäude, die eigene Wohnung, aber auch fiktive Orte. Wichtig ist, dass es fünf einzelne „Räume“ gibt, die idealerweise eine Reihenfolge haben, sodass man dadurch gleich die aufsteigenden fünf Altersgruppen codieren kann.

Beispiel

Haus: Die einzelnen Räume sind Bestandteile eines Hauses (Wohnzimmer, Küche, Musikraum, Poolbereich, Garten, Hausdach, ...)

Straße: Die einzelnen Räume sind Häuser einer Straße mit jeweils eigener Hausnummer (Kirche, Theater, Rathaus, Krankenhaus, Park, Friedhof, Schule, ...)

Natur: Die einzelnen Räume sind Gebiete der Natur mit unterschiedlichem Alter (See, Wald, Stadt, Ruine, Luft, Straße, Berge, ...)

Betrachten wir uns hierzu nochmals die verschiedenen Daten, welche wir in diesem Untertest lernen müssen:

- Nachname der Person
- Alter
- Geschlecht
- Beruf
- Charaktereigenschaft
- Krankheitsbild

Doch die Annahme, dass wir von jeder dieser Informationen 15 haben, ist nicht ganz korrekt. Einige Informationen können wir zusammenfassen und zu einer gemeinsamen Geschichte oder Szene verbinden. Die letzten Jahre war dies immer das Alter der Personen. Zudem waren die Nachnamen der Personen oft aus einem ähnlichen Feld entnommen.

Im ersten Schritt der hier gewählten Bearbeitungsstrategie müssen wir nun einen Ort schaffen, in welchen wir die übrigen Informationen einbetten. Um hierbei Informationen bereits zu reduzieren, können wir das Alter der Personen im Raum codieren.

Der zweite Schritt besteht darin, aus den restlichen Informationen ein möglichst bewegtes Bild zu schaffen, welches wir in diesem Raum platzieren. Hierdurch entsteht ein räumlicher Zusammenhang, welcher von unserem Gedächtnis viel einfacher aufgenommen werden kann.

Um zu verstehen, wie die Loci-Methode genau funktioniert, wenden wir sie auf unser obiges Beispiel an.

Beispiel

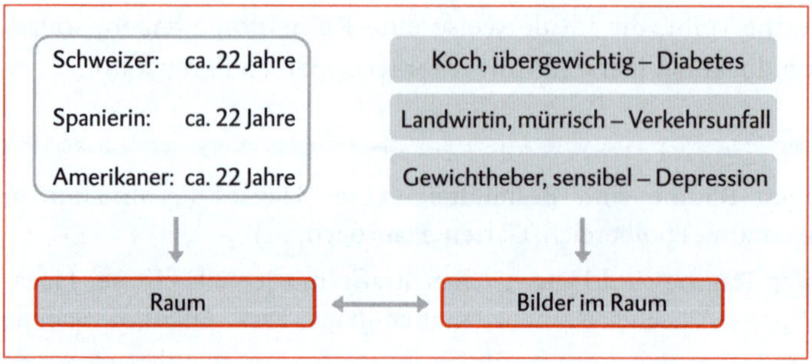

Da die Nachnamen unserer Personen des ersten Datenblocks alle Anlehnungen an Länder sind, ist es eine gute Idee, den Raum hiernach zu gestalten. Ein erster Einfall hierfür könnte ein Kongressraum sein, da hier Personen verschiedener Nationalitäten sitzen. Das Alter von 22 Jahren könnte z. B. durch die Anzahl der Sitze oder durch das überraschend junge Alter der Diplomaten codiert werden.
Jetzt fügen wir drei Bilder in diesen Raum ein, welche sich aus den übrigen Informationen zusammensetzen. In diesem Fall wäre dies zum Beispiel:

- Ein übergewichtiger Koch, der traurig in seinem Käsefondue (Schweiz) rührt, weil er mittlerweile durch seinen Diabetes nicht mehr so viel essen kann.
- Eine Landwirtin, die sich mürrisch mit Paella (Spanien) füttern lässt, weil aufgrund eines Verkehrsunfalls beide Arme eingegipst sind.
- Ein amerikanischer Gewichtheber am Rednerpult versucht ganz sensibel einen Vortrag über Depression zu halten.

Selbstverständlich sind dies nur Beispiele. Wichtig ist nur, dass im Kopf ein lebendiges Bild von einem Raum entsteht und möglichst alle Informationen verwechselungsfrei codiert sind. Hierbei sind der Vorstellungskraft keine moralischen Grenzen gesetzt. Lassen Sie sich in Ihren Gedanken nicht beschränken und lassen Sie Ihrer Kreativität freien Lauf. Als Grundregel zählt hierbei: Je spontaner ein Gedanke ist, umso besser wird er mit bereits vorhandenem Wissen verknüpft.

Zudem ist es sehr vorteilhaft, die Charaktereigenschaften der Personen so zu nutzen, dass das Bild ein Gefühl erzeugt. Dieses wird dafür sorgen, dass die Informationen aufgrund ihres emotionalen Gewichts besser im Langzeitgedächtnis integriert werden können.

Zusammenfassung

Wir bearbeiten den Untertest „Fakten lernen" also nach folgendem Muster:

- **Erschaffung eines Raums** — 8 Sekunden maximal

  Wir betrachten einen der insgesamt fünf Datenblöcke und schaffen uns einen Raum nach folgenden Kriterien:

  - Gemeinsamkeit der Namen ergibt die Ausgestaltung des Raums.
  - Gemeinsames Alter der Personen ergibt eine Eigenschaft des Raums oder der Personen.

  Die gewählte Eigenschaft sollte wenn möglich nahe an der Funktion des Raums sein und keine Grenzen der Logik sprengen, außer sie wird durch ihre Absurdität bereits wieder so amüsant, dass sie sich gut merken lässt. Im Zweifelsfall dem ersten spontanen Gedanken folgen.

- **Entwicklung von drei Bildern** — je 15 Sekunden maximal

  Lesen Sie die Informationen zu den einzelnen Personen und entwickeln Sie aus diesen je ein eigenes Bild, welches Sie im Raum positionieren. Lassen Sie die Bilder auch bei geschlossenen Augen in Ihrem Kopf entstehen. Visualisieren Sie das Bild, bis Sie eine feste Vorstellung davon haben, wie es in Ihrem Raum mit den drei Personen aussieht. Interagieren die Personen miteinander, belebt das die Szene.

- **Wiederholung** — 5 Sekunden maximal

  Nachdem Sie einen Raum mit drei Bildern erschaffen haben, wiederholen Sie diesen und alle anderen Räume, die Sie bis zu diesem Zeitpunkt erstellt haben. Es mag zwar Zeit kosten, doch bereitet es Sie auf den abschließenden Schritt vor und festigt das bereits Gelernte nochmals in Ihrem Kopf.

- **Vernetzung der Räume** — Wenn möglich: immer nach Wiederholung

  Je nach welcher Methode Sie arbeiten, haben Sie nach der Wiederholung immer die Möglichkeit, Ihre Räume miteinander zu vernetzen. Halten Sie sich hier an ein einheitliches Muster und erweitern Sie es um die neu geschaffenen Orte.

Bearbeitungsstrategie im Überblick

Erschaffung eines Raums
Namen als Kriterium für den Ort,
Alter als Eigenschaft des Ortes

↓

Entwicklung der Bilder
Ein Bild pro Person erschaffen,
Bild im Raum positionieren

↓

Wiederholung
Neu geschaffenen Raum wiederholen,
vorhandene Räume wiederholen

↓

Vernetzung der Räume

Variante 1: „Das Haus"
Die einzelnen Räume sind Bestandteile eines Hauses (Wohnzimmer, Küche, Musikraum, Poolbereich, Garten, Hausdach, ...).

Variante 2: „Die Straße"
Die einzelnen Räume sind Häuser einer Straße mit jeweils eigener Hausnummer (Kirche, Theater, Rathaus, Krankenhaus, Park, Friedhof, Schule, ...).

Variante 3: „Die Natur"
Die einzelnen Räume sind Gebiete der Natur mit unterschiedlichem Alter (See, Wald, Stadt, Ruine, Luft, Straße, Berge, ...).

Visualisieren Sie die bereits geschaffenen Räume in ihrem geschlossenen Zusammenhang. Auf diese Weise können Sie sich später an alle Räume erinnern. Je besser Sie die Informationen vernetzen, umso einfacher wird es Ihnen fallen, die einzelnen Datensätze zu reproduzieren. Die aufgeführten Methoden sind hierfür nur Beispiele.

Übungsaufgaben

Im Untertest „Fakten lernen“ haben Sie sechs Minuten Zeit, um 15 Datensätze zu lernen. Diese bestehen jeweils aus dem Nachnamen einer Person, ihrem Alter, dem Beruf, einer Charaktereigenschaft und dem Krankheitsbild. Es stehen also pro Zeile durchschnittlich 24 Sekunden zur Verfügung. Um einen Zeitrahmen für das Vernetzen der Informationsblöcke einzuplanen, sollten 20 Sekunden angestrebt werden.

Die Einprägphase von „Fakten lernen“ beginnt direkt nach der für „Figuren lernen“. Da beide direkt im Anschluss an die Mittagspause stattfinden, ist es sinnvoll, sich vor der Übung auszuruhen. Dies sorgt für eine prüfungsnähere Simulation. Die Reproduktionsphase, bei welcher Ihr Wissen über die Fakten geprüft wird, findet im Anschluss an den Untertest „Textverständnis“ erst 60 Minuten später statt.

Planen Sie deswegen für die Bearbeitung dieser Übung eine weitere Aufgabe ein, welche eine Stunde in Anspruch nimmt. Andernfalls können Sie die Effizienz der Bearbeitungsstrategie nicht überprüfen.

Während der Einprägphase darf kein Stift oder anderes Hilfsmittel verwendet werden. Es können weder Notizen noch Skizzen oder andere Hilfen aus der Phase mitgenommen werden.

Es folgen nun fünf Datensätze mit je drei Informationszeilen, welche Sie immer nach gleichem Muster bearbeiten:

1 Entwickeln Sie einen Raum für den Datenblock, an welchem Sie gerade arbeiten.
   - Die Namen geben die Art des Raumes an.
   - Das Alter gibt die Eigenschaft des Raumes an.
2 Leiten Sie aus den drei Informationszeilen jeweils ein Bild ab.
3 Betten Sie die drei Bilder in Ihren fiktiven Raum ein.
4 Wiederholen Sie die bereits entstandenen Räume und eingebetteten Bilder.
5 Optional: Verknüpfen Sie die Räume untereinander.

- **Anzahl der Aufgaben:** 15
- **Zeit pro Aufgabe:** 24 s
- **Gesamtzeit der Übung:** 6 min

Kaspar:	ca. 20 Jahre, Rapper, überheblich – gebrochene Nase
Trauriger:	ca. 20 Jahre, Lehrling, unpünktlich – Schlafstörung
Lustig:	ca. 20 Jahre, Moderator, manisch – Stimmbandentzündung
Wegner:	ca. 30 Jahre, Ärztin, arbeitslos – Depression
Strasser:	ca. 30 Jahre, Bankier, egoistisch – Bluthochdruck
Gassler:	ca. 30 Jahre, Gärtner, aufgeregt – Schnittwunde
Fischer:	ca. 45 Jahre, Kapitän, rastlos – Wasser in der Lunge
Angler:	ca. 45 Jahre, Elektriker, labil – Nervenschädigung
Ruderer:	ca. 45 Jahre, Reisebegleiterin, überwiesen – Malaria
Gräbner:	ca. 50 Jahre, Baggerfahrerin, ledig – Schwindel
Gruber:	ca. 50 Jahre, Totengräber, taub – Kopfverletzung
Löchner:	ca. 50 Jahre, Dachdecker, reizbar – Sonnenbrand
Härtel:	ca. 75 Jahre, Architekt, pensioniert – Prostatakrebs
Weichberger:	ca. 75 Jahre, Hausfrau, 4 Enkel – Oberschenkelhalsbruch
Festinger:	ca. 75 Jahre, Bauunternehmer, verwitwet – Herzinfarkt

Bevor Sie auf der nächsten Seite Ihre Gedächtnisleistung prüfen, müssen Sie eine 60-minütige Übung machen, welche Sie kognitiv fordert. Besonders vorteilhaft wäre es, eine ähnliche Anstrengung wie im Test „Textverständnis" einzubauen. Alternativen sind Kreuzworträtsel oder weitere Übungsaufgaben aus den Fachbereichen Deutsch, Englisch oder einer anderen Sprache.

Arbeiten Sie **danach** an dieser Stelle weiter.

Im Folgenden beginnt der Reproduktionsteil für den Untertest „Fakten lernen". Im TMS kommt dieser nach dem Untertest „Textverständnis" und hat eine Dauer von sieben Minuten.

Es folgen nun 20 Aufgaben, welche Sie immer nach dem gleichem System lösen:

1 Überfliegen Sie die Fragen kurz.

2 Notieren Sie den jeweiligen Raum, in welchem sich die Person befindet.

3 Kreuzen Sie den korrekten Zusammenhang an.

- **Anzahl der Aufgaben:** 20
- **Zeit pro Aufgabe:** 15 s
- **Gesamtzeit der Übung:** 5 min

62 Frau Gräbner leidet an …

a Schlafstörung.
b Depression.
c Schwindel.
d Bluthochdruck.
e Sonnenbrand.

Raum: ______________________

Lösung:
a ☐ b ☐ c ☐ d ☐ e ☐

63 Die 45-jährige Patientin ist von Beruf …

a Ärztin.
b Reisebegleiterin.
c Baggerfahrerin.
d Architektin.
e Hausfrau.

Raum: ______________________

Lösung:
a ☐ b ☐ c ☐ d ☐ e ☐

64 Der Rapper hat …

a eine gebrochene Nase.
b Malaria.
c Wasser in der Lunge.
d Prostatakrebs.
e einen Herzinfarkt.

Raum: ______________________

Lösung:
a ☐ b ☐ c ☐ d ☐ e ☐

65 An einer Nervenschädigung erkrankt ist der …

a Kapitän.
b Bankier.
c Bauunternehmer.
d Lehrling.
e Elektriker.

Raum: ______________________

Lösung:
a ☐ b ☐ c ☐ d ☐ e ☐

66 Frau Wegner ist …

a ca. 20-jährig.
b ca. 30-jährig.
c ca. 40-jährig.
d ca. 45-jährig.
e ca. 50-jährig.

Raum: ______________________

Lösung:
a ☐ b ☐ c ☐ d ☐ e ☐

67 Der Totengräber heißt …

a Gruber.
b Angler.
c Kaspar.
d Härtel.
e Strasser.

Raum: ______________________

Lösung:
a ☐ b ☐ c ☐ d ☐ e ☐

68 Der Moderator ist …

a unpünktlich.
b aufgeregt.
c manisch.
d reizbar.
e verwitwet.

Raum: ______________________

Lösung:
a ☐ b ☐ c ☐ d ☐ e ☐

69 Überwiesen ist …

a Frau Ruderer.
b Herr Angler.
c Herr Gruber.
d Herr Härtel.
e Herr Trauriger.

Raum: ______________________

Lösung:
a ☐ b ☐ c ☐ d ☐ e ☐

70 Frau Weichberger ist von Beruf …

a Bauunternehmerin.
b Ärztin.
c Reisebegleiterin.
d Baggerfahrerin.
e Hausfrau.

Raum: ______________________

Lösung:
a ☐ b ☐ c ☐ d ☐ e ☐

71 Der Dachdecker leidet an …

a Bluthochdruck.
b Depression.
c Oberschenkelhalsbruch.
d Herzinfarkt.
e Sonnenbrand.

Raum: ______________________

Lösung:
a ☐ b ☐ c ☐ d ☐ e ☐

72 Vier Enkel hat …

- **a** der Bauunternehmer.
- **b** der Gärtner.
- **c** die Baggerfahrerin.
- **d** der Kapitän.
- **e** die Hausfrau.

Raum: ______________________

Lösung:
a ☐ b ☐ c ☐ d ☐ e ☐

73 ca. 75-jährig ist …

- **a** der Elektriker.
- **b** der Dachdecker.
- **c** der Architekt.
- **d** die Reisebegleiterin.
- **e** der Totengräber.

Raum: ______________________

Lösung:
a ☐ b ☐ c ☐ d ☐ e ☐

74 Der Mann mit Bluthochdruck ist …

- **a** ca. 22-jährig.
- **b** ca. 30-jährig.
- **c** ca. 40-jährig.
- **d** ca. 50-jährig.
- **e** ca. 65-jährig.

Raum: ______________________

Lösung:
a ☐ b ☐ c ☐ d ☐ e ☐

75 Herr Gruber ist …

- **a** taub.
- **b** labil.
- **c** manisch.
- **d** reizbar.
- **e** egoistisch.

Raum: ______________________

Lösung:
a ☐ b ☐ c ☐ d ☐ e ☐

76 Der Patient mit der Stimmbandentzündung heißt …

- **a** Herr Trauriger.
- **b** Herr Lustig.
- **c** Herr Gassler.
- **d** Herr Härtel.
- **e** Frau Weichberger.

Raum: ______________________

Lösung:
a ☐ b ☐ c ☐ d ☐ e ☐

77 Die ca. 50-jährige Baggerfahrerin ist …

- a rastlos.
- b verwitwet.
- c ledig.
- d überheblich.
- e labil.

Raum:

____

Lösung:

a ☐ b ☐ c ☐ d ☐ e ☐

78 Der Kapitän heißt …

- a Herr Fischer.
- b Herr Angler.
- c Herr Härtel.
- d Herr Lustig.
- e Herr Gassler.

Raum:

____

Lösung:

a ☐ b ☐ c ☐ d ☐ e ☐

79 Frau Wegner ist …

- a manisch.
- b arbeitslos.
- c überwiesen.
- d pensioniert.
- e labil.

Raum:

____

Lösung:

a ☐ b ☐ c ☐ d ☐ e ☐

80 Herr Strasser ist …

- a ca. 20-jährig.
- b ca. 30-jährig.
- c ca. 45-jährig.
- d ca. 50-jährig.
- e ca. 75-jährig.

Raum:

____

Lösung:

a ☐ b ☐ c ☐ d ☐ e ☐

Verbesserungsstrategie

Im Untertest „Fakten lernen“ kann durch das Anwenden der Bearbeitungsstrategie und Übung ein überdurchschnittliches Ergebnis erreicht werden. Doch hierfür ist es notwendig, die Lösung der Aufgaben zu reflektieren.

Aus welchem Bereich kamen die meisten Ihrer Räume?

- ☐ Natur
- ☐ Stadt
- ☐ Innenräume (z. B. Küche)
- ☐ Arbeitsplätze
- ☐ Events
- ☐ ____________________

Welche Merkmale habe ich bis jetzt noch nicht verwendet?

- ☐ weniger als 4
- ☐ 5 bis 8
- ☐ 9 bis 12
- ☐ 13 bis 16
- ☐ 17 oder 18

Welche Bilder konnten Sie nicht reproduzieren? Woran könnte das liegen?

Platz für weitere Notizen:

Nehmen Sie sich dieses Mal so viel Zeit, wie Sie möchten. Ihre Aufgabe ist es, für die bereits beantworteten Fragen eine Gesamtübersicht zu erstellen. Diese sollte alle fünf Räume enthalten, ebenso wie die Bilder, welche darin eingebettet wurden. Achten Sie bitte darauf, die Räume auch untereinander zu verknüpfen.

Raum 1: ______________

Bild 1: ______________

Bild 2: ______________

Bild 3: ______________

Raum 2: ______________

Bild 1: ______________

Bild 2: ______________

Bild 3: ______________

Raum 3: ______________

Bild 1: ______________

Bild 2: ______________

Bild 3: ______________

Raum 4: ______________

Bild 1: ______________

Bild 2: ______________

Bild 3: ______________

Raum 5: ______________

Bild 1: ______________

Bild 2: ______________

Bild 3: ______________

Textverständnis

Aufbau und Trainierbarkeit

„Textverständnis" ist der Untertest zwischen der Einpräg- und der Reproduktionsphase der beiden Untertests „Figuren lernen" und „Fakten lernen" zur Merkfähigkeit. Im TMS erwarten Sie hier vier Aufgabentexte, zu welchen jeweils sechs Fragen gestellt werden. Diese sind nach aufsteigender, statistisch ermittelter Schwierigkeit sortiert. Für die Beantwortung der Fragen ist ein Zeitrahmen von insgesamt 60 Minuten vorgesehen. Dies entspricht durchschnittlich 15 Minuten pro Text.

Auch in „Textverständnis" gibt es wieder eine Einstreuaufgabe – d. h. einen Aufgabentext mit sechs Fragen dazu –, welche man in der Testsituation nicht von den anderen unterscheiden kann. Bei der Auswertung werden Sie bei dieser keine Punkte auf korrekt angekreuzte Antworten erhalten. Aus diesem Grund sind in diesem Untertest statt 24 nur maximal 18 Punkte möglich.

Ebenso wie im bereits behandelten Untertest „Medizinisch-naturwissenschaftliches Grundverständnis" soll hier Ihre Fähigkeit geprüft werden, mit Texten zu arbeiten. Doch sind die Texte hier wesentlich länger und behandeln komplexere Zusammenhänge. Dies macht eine angepasste Bearbeitungsstrategie notwendig.

Die Trainierbarkeit dieses Untertests ist im Vergleich zu den anderen Untertests eher niedrig. Dies liegt vor allem daran, dass die Vielfalt der Themen so hoch ist, dass eine spezifische Vorbereitung nicht möglich ist. Dennoch können durch das Verwenden einer angepassten Bearbeitungsstrategie der Fokus und die Bearbeitungszeit verbessert werden. Gleiches gilt an dieser Stelle auch für das Wissen über den Testaufbau. Da Sie sich nicht erst im TMS mit diesen Informationen auseinandersetzen müssen, werden Sie zu dieser Zeit mehr Ressourcen für die Lösungsfindung besitzen.

Es muss an dieser Stelle angemerkt werden, dass die Trainierbarkeit über einen längeren Zeitraum hinweg anders eingestuft werden kann. Durch das Arbeiten mit Fachtexten aus den Bereichen der Medizin und der Naturwissenschaften sind Sie in der Lage, sich grundlegendes Hintergrundwissen anzueignen. Dies würde Ihnen bei der Orientierung in den Texten helfen, da Sie mehr Assoziationen zu bereits bekannten Begriffen erzeugen können.

Analyse der möglichen Fehler

Der am häufigsten zu beobachtende Fehler ist, dass viele TMS-Teilnehmer ohne feste Struktur an die Bearbeitung der Aufgaben gehen. Dies resultiert in verschiedenen Folgefehlern.

Nicht wenige Personen wechseln während der Beantwortung der Fragen den Text. Bitte machen Sie dies nur, wenn Sie vorhaben, die restlichen Fragen des eben gelesenen Textes nicht mehr zu beantworten. Unser Kopf arbeitet nach dem Prinzip, dass wir Objekte immer vervollständigen wollen. Diesen Effekt kennen Sie sicherlich aus dem alltäglichen Leben. Doch eben genau nach diesem Prinzip werden Kapazitäten unseres Verstandes durch noch nicht bearbeitete Fragen belegt. Wenn Sie sich also für eine Aufgabe entscheiden, so bearbeiten Sie hier bitte alle vorliegenden Antwortmöglichkeiten, bevor Sie einen neuen Text beginnen.

Ein weiterer Fehler ist, dass Texte nur überflogen werden. Wir alle haben in der Schule gelernt, wie wir Texte querlesen können, um uns Zeit zu sparen. Doch bei vielen dieser Texte funktioniert dies nicht, da wir im Gegensatz zu „Medizinisch-naturwissenschaftliches Grundverständnis" auch in der Lage sein müssen, Fragen über Zusammenhänge im Text zu klären. Hierbei reicht es selten, nur nach einzelnen Fachausdrücken zu filtern.

Durch die oft unterschätzte Menge an Informationen sind viele TMS-Teilnehmer einfach überfordert. Ihnen fehlen die Möglichkeiten, durch einfache Skizzen Zusammenhänge darzustellen. Stattdessen wird oft alles, was wichtig sein könnte, farbig hervorgehoben. Bitte beachten Sie an dieser Stelle, dass die Verwendung von Farbe im Allgemeinen eine gute Idee ist und hier auch Verwendung finden wird. Doch das Markieren jedes Fachbegriffes und vermeintlich wichtiger Informationen hilft Ihnen nicht, die Übersicht zu steigern.

Bearbeitungsstrategie

Um zu wissen, wie Sie die vorliegenden Aufgaben besonders effizient bearbeiten können, müssen Sie als Erstes verstehen, dass es drei grundlegende Typen von Texten gibt:

- Deklarative Texte
- Definitorische Texte
- Regelkreistexte

Betrachten Sie deswegen diese im Einzelnen und halten die wichtigsten Eigenschaften fest.

Ein deklarativer Text beschreibt einen Ablauf oder eine Reihenfolge von Prozessen. Hierbei müssen Sie zum Beispiel verstehen, durch welche Stationen ein biochemischer Prozess zustande kommt.

Ein Beispiel hierfür wäre ein Text über die Aufnahme von Eisen, welche durch die Schleimhaut unseres Dünndarms stattfindet. Hier würden nun die einzelnen Prozesse erklärt werden, durch welche das Eisen aus seinen Verbindungen in der Nahrung gelöst wird und am Ende als Eisenion über den Blutweg abtransportiert wird. Es macht Sinn, die hier gezeigten Zusammenhänge als deklarativen Text zu betrachten, da dieser Prozess nur in eine Richtung ablaufen kann.

Werden in der vorliegenden Aufgabe hingegen eher einzelne Begriffe oder Kategorien erläutert, so sprechen wir von einem definitorischen Text. Ihr Fokus sollte hier darauf liegen, dass Sie am Ende gefragte Eigenschaften dem jeweiligen Organ oder Zeitpunkt zuweisen können.

Nehmen wir hier als Beispiel einen Text über das Krankheitsbild des Hydrozephalus, welcher eine krankhafte Erweiterung der Flüssigkeitsräume des Gehirns beschreibt. Hier gibt es verschiedene Krankheitstypen mit Gemeinsamkeiten und Unterschieden bei Entstehung, Symptomen und Therapien. In diesem Fall handelt es sich nicht um eine gemeinsame zeitliche oder örtliche Abfolge, sondern um eine Zuordnung von Informationen und Eigenschaften.

Der letzte Grundtyp beschreibt die Regelkreistexte. In diesen werden meistens biochemische Prozesse des Körpers erklärt und wie sich diese gegenseitig beeinflussen. Bei dieser Textsorte ist es besonders wichtig, ein Verständnis für genannte Wechselwirkungen zu entwickeln, da diese oft im Fokus der Fragen stehen.

Stellen Sie sich vor, dass ein vorliegender Text das Thema „Blutzuckerregulation im Blut" behandeln würde. Auf der einen Seite wird Ihnen Insulin vorgestellt, als Möglichkeit, die Blutzuckerkonzentration zu senken, auf der anderen Seite erklärt der Text das Hormon Glucagon, welches bei Bedarf diese wieder erhöhen kann. Weil diese beiden Enzyme also als Gegenspieler fungieren, müssen sie durch verschiedene Prozesse reguliert werden. Als Regelkreis bezeichnen wir dann die Tatsache, dass die Prozesse in unserem Körper keine einfachen Ergebnisse sind, sondern selbst auch als Auslöser für weitere Reaktionen fungieren.

Prägen Sie sich die folgende Zusammenfassung ein.

Deklarative Texte
- Prozessablauf in nur eine Richtung
- Einzelne Stationen mit Aufgaben
- Meistens ein festes Ergebnis des Prozesses

Definitorische Texte
- Erklärungen zu verschiedenen Teilbereichen eines Prozesses
- Feste Verknüpfung mit spezifischer Funktion
- Oftmals ohne Zusammenhang untereinander

Regelkreistexte
- Wechselwirkungen von Prozessen untereinander
- Prozesse sind oft nicht zeitgleich möglich
- Ergebnis ist zeitgleich auch wieder Auslöser

Oftmals wird bereits durch den ersten Absatz des Textes deutlich, unter welchen Texttyp die vorliegende Aufgabe fällt. Dies ist für uns ein wichtiger Punkt, da sich die Bearbeitungsstrategien für die einzelnen Kategorien unterscheiden. Das Lesen der zu bearbeitenden Fragen hilft uns in diesem Zusammenhang leider nicht. Aus diesem Grund ist das einmalige und sorgfältige Durchgehen des Textes der erste Schritt unserer Bearbeitungsstrategie. Hierbei haben Sie zwei Aufgaben:

Zum einen müssen Sie in der Lage sein, den Texttyp zu benennen. Nutzen Sie zu diesem Zweck die oben aufgelisteten Eigenschaften der einzelnen Kategorien.

Zum anderen müssen Sie bereits hier essenziell wichtige Informationen markieren, um den Text visuell zu strukturieren. Achten Sie bei diesem Schritt auf folgende Punkte:

- Werte und Vergleiche (z. B. 35 %, 115 $\frac{mg}{\ell}$, 7 aus 12 Patienten, …)
- Zusammenhänge (z. B. „begünstigt das Wachstum“, „verhindert so“, …)
- Fachbegriffe mit Definition (z. B. „des Neurotransmitters GABA, welcher …“)
- Sinnabschnitte definieren

Nutzen Sie für das Hervorheben von Zahlenwerten und Vergleichen eine gut erkennbare Farbe. Es ist wichtig, dass Sie sich hier auf einzelne Daten beschränken. Je mehr Sie in der gleichen Farbe anstreichen, umso weniger Übersicht gewinnen Sie. Reduktion ist Trumpf.

Um Zusammenhänge gut darzustellen, reicht es vollkommen, Symbole zu verwenden, die die Richtung angeben, da sich in der Medizin selten die Wirkung eines Medikamentes genau quantifizieren lässt und sie sich zwischen verschiedenen Individuen zum Teil stark unterscheiden kann. So können Prozesse, welche sich gegenseitig begünstigen, mit einem „+“ verbunden werden. Sollten genannte Prozesse einander verhindern, fügen Sie ein „–“ hinzu. Auch kleine Pfeile sind eine gute Möglichkeit, um die Wechselwirkungen zu zeigen. Achten Sie nur bitte darauf, dass die von Ihnen gewählten Symbole nicht miteinander verwechselt werden können.

Um Fachbegriffe hervorzuheben, verwenden Sie entweder Farben oder handschriftliche Ergänzungen am Rand. Sollten Sie sich für Letzteres entscheiden, so nutzen Sie immer Abkürzungen. Diese dürfen selbst gewählt sein, müssen sich aber voneinander unterscheiden lassen. Sind zusätzliche Definitionen für die Fachbegriffe angegeben, so markieren Sie diese bitte in gleicher Farbe mit.

Fügen Sie einen kleinen deutlichen Strich zur Trennung ein, wann immer sich ein Sinnabschnitt definieren lässt. Dies ist immer dann der Fall, wenn der Text einen neuen Prozess, ein weiteres Enzym oder Symptom beschreibt.

Am Ende des Textes sollten Sie nun eine feste Vorstellung davon haben, wo Sie welche Informationen über das beschriebene Thema finden können.

Unser weiteres Vorgehen hängt jetzt vom gefundenen Texttyp ab.

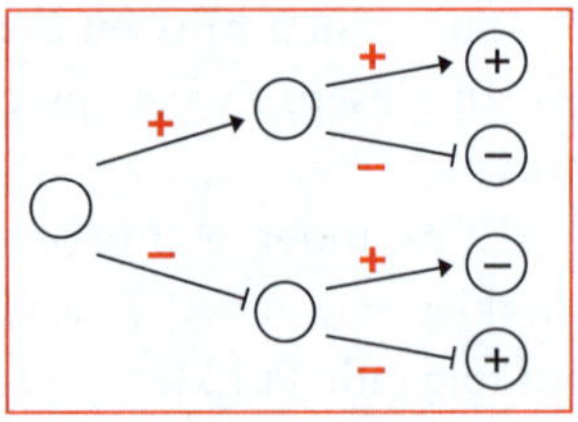

Bei deklarativen Texten und Regelkreistexten hat es sich gezeigt, dass eine Skizze von großem Vorteil ist. Hierdurch können die beschriebenen Prozesse und Wechselwirkungen besonders gut dargestellt werden. Verwenden Sie für diesen Zweck die bereits markierten Fachbegriffe und eingetragenen Zusammenhänge. Reduzieren Sie sich dabei selbst auf die Abkürzungen und Symbole. Dieser Schritt ist mit Abstand der wichtigste für eine erfolgreiche Beantwortung der Fragen. Denn eine gut erstellte Skizze zeigt hier nicht nur die einzelnen Wechselwirkungen zwischen zwei Prozessen, sondern lässt auch weiterführende Verknüpfungen zu. Diese sind oft zentrales Element der Fragen.

Achten Sie bei der Erstellung einer Skizze immer auf folgende Punkte:

1. Alle Fachbegriffe werden wiedererkennbar abgekürzt.
2. Verbindungen zwischen Prozessen erhalten je nach Wirkung ein entsprechendes Symbol.
3. Sollte es sich um eine Wechselwirkung handeln, so fügen Sie am besten einen Hin- und Rückpfeil ein.
4. Lassen Sie um die Skizze Platz für Ergänzungen.
5. Fokussieren Sie sich nur auf das Nötigste.

Bei definitorischen Texten ist es besonders sinnvoll, sich eine kurze Auflistung der zu unterscheidenden Begriffe zu erstellen. Dies geschieht am einfachsten über die Ergänzung von Abkürzungen am Rand des Textes. Für viele TMS-Teilnehmer ist es jedoch hilfreicher, sich die einzelnen Abkürzungen noch einmal zu notieren und einander gegenüberzustellen. Auf diese Weise sind Sie später in der Lage, die Aussagen einfacher zu überprüfen. Nutzen Sie die Zeit vor dem TMS, um beide Möglichkeiten ausgiebig zu testen.

Bevor Sie sich den einzelnen Aussagen widmen, müssen Sie sich unmissverständlich klarmachen, ob Sie nach richtigen oder falschen Antwortmöglichkeiten suchen sollen. Verwenden Sie hierfür zwei deutlich voneinander unterscheidbare Farben und verwenden Sie diese immer für den jeweiligen Fall. Dies wird noch einmal betont, da diese Unachtsamkeit zu den größten Fehlerquellen des Untertests gehört.

Zuletzt gibt es noch ein paar Dinge, welche Sie bei den zu bearbeitenden Fragen beachten sollten. Fachbegriffe in den Aussagen werden in der gleichen Farbe hervorgehoben, mit welcher sie bereits im Text markiert wurden. Durch diese Maßnahme ist es wesentlich einfacher, Verbindungen herzustellen.

Bitte beachten Sie, dass die beschriebenen Prozesse biologischer Natur sind. Aus diesem Grund gibt es bestimmte Schlüsselwörter, welche meistens zu einer falschen Aussage führen. Dies ist immer dann der Fall, wenn eine Aussage keine Ausnahmen mehr zulässt. Die Komplexität des menschlichen Körpers ist so hoch, dass es sehr wenige Fälle gibt, die nur eine einzige Option zulassen.

- Eher falsche Aussage bei Schlüsselwörtern wie: „immer", „nie", „jedes Mal", …
- Eher richtige Aussage bei Schlüsselwörtern wie: „tendenziell", „in diesem Fall", „meistens", …

Zusammenfassung

Der Untertest „Textverständnis" sollte nach folgendem Muster bearbeitet werden:

- **Auswahl einer Aufgabe** — 10 Sekunden maximal

  Sollten Sie sich zuerst einen Überblick über die vier Texte verschaffen wollen, so ist es ratsam, die jeweils erste Frage zu betrachten. Meistens haben Sie hierdurch eine Möglichkeit, sich bereits ein Bild von der Thematik des Textes zu machen. Achten Sie nur bitte darauf, diesen Schritt sehr kurz zu halten.

- **Erstlesen des Textes** — 240 Sekunden maximal

  Lesen Sie nun den gewählten Text aufmerksam durch und markieren Sie dabei Zahlenwerte, Vergleiche, Fachbegriffe, Definitionen, Zusammenhänge und Sinnabschnitte nach dem oben beschriebenen Vorgehen.

- **Bestimmung des Texttyps** — 30 Sekunden maximal

  Verwenden Sie die gewonnenen Informationen, um den Texttyp zu bestimmen. Achten Sie hierbei auf die jeweiligen Eigenschaften der einzelnen Variationen.

  - Deklarativ: Gerichteter Prozess mit Start- und Endpunkt
  - Definitorisch: Einzelbegriffe und Definitionen, Abgrenzungen voneinander
  - Regelkreis: Wechselwirkungen einzelner Prozesse aufeinander und untereinander

- **Erstellung einer Skizze oder einer Auflistung** — 180 Sekunden maximal

  Sollte es sich um einen deklarativen Text oder einen Regelkreis handeln, so erstellen Sie nun bitte eine Skizze. Diese sollte den beschriebenen Prozess respektive die vorhandenen Wechselwirkungen darstellen. Achten Sie bitte darauf, sich auf erkennbare Abkürzungen und Symbole zu beschränken. Schreiben Sie keine ausführlichen Erklärungen oder ganze Sätze. Sie müssen sich auf die notwendigen Informationen beschränken. Im Falle eines definitorischen Textes schreiben Sie bitte alle zu unterscheidenden Begriffe heraus (mit Abkürzungen), um eine spätere Unterscheidung zu vereinfachen. Achten Sie auch hier bitte darauf, sich kurz zu fassen. Sollte es zwischen den einzelnen Begriffen nennenswerte Zusammenhänge geben, so fügen Sie diese mit hinzu.

- **Beachten der Fragestellung** — 5 Sekunden maximal

  Achten Sie darauf, ob nach richtigen oder falschen Aussagen gesucht wird. Heben Sie das entsprechende Schlüsselwort in einer eigenen Farbe deutlich hervor.

- **Arbeiten mit den Aussagen** — 10 Sekunden je Aussage

  In diesem Schritt heben Sie noch Fachbegriffe, Werte oder angesprochene Beziehungen farblich aus den Aussagen hervor, um diese dann im Text zu überprüfen. Nutzen Sie dazu dieselben Farben, welche Sie bereits für die Textmarkierungen verwendet haben. Achten Sie hier besonders auf verwendete Schlüsselwörter, welche eine Aussage wahrscheinlicher respektive unwahrscheinlicher machen.

Bearbeitungsstrategie im Überblick

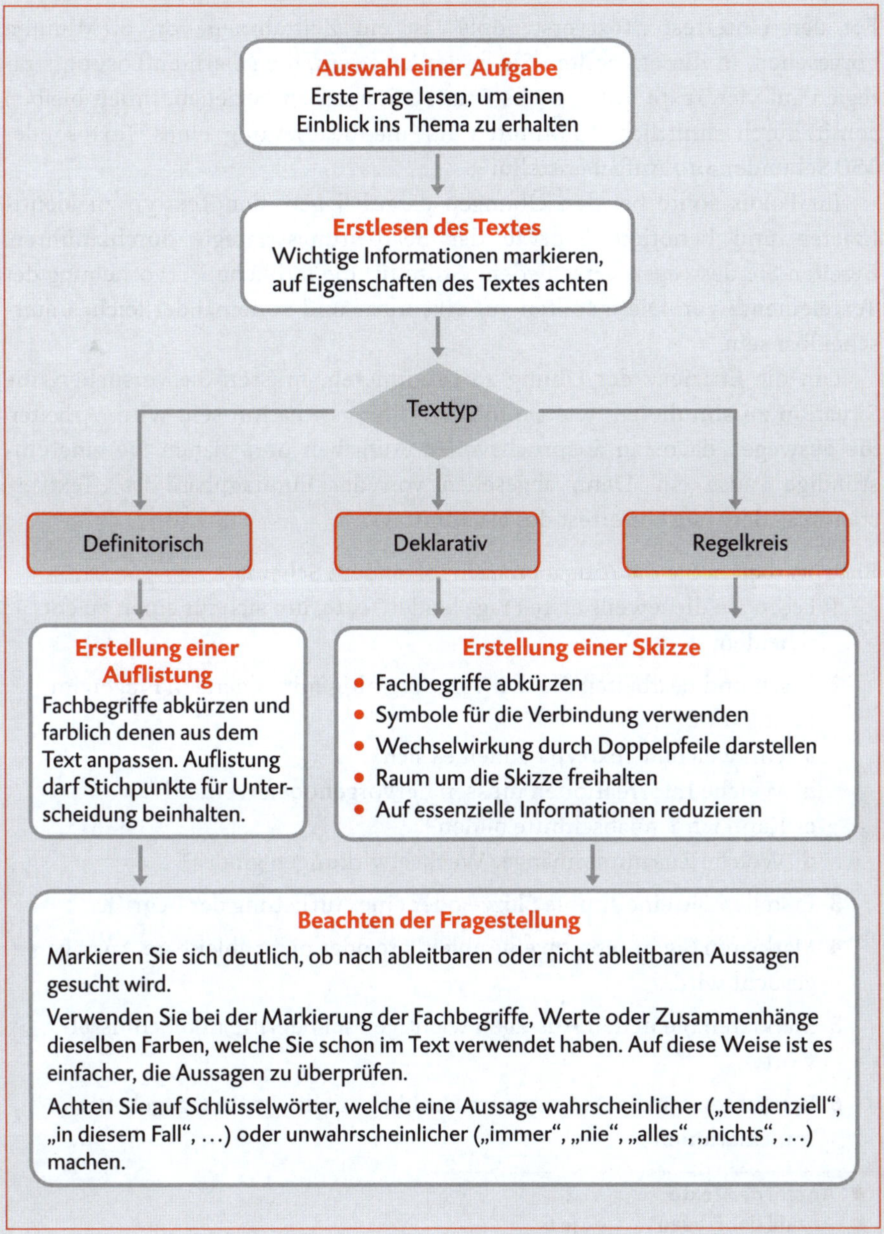

Übungsaufgaben

Für den Untertest „Textverständnis" ist ein Zeitrahmen von 60 Minuten vorgesehen. In diesem sollten Sie in der Lage sein, die gelernten Lösungsstrategien auf vier Texte mit je sechs Fragestellungen zu beziehen. Ihnen bleiben somit durchschnittlich 15 Minuten für die Bearbeitung eines Textes oder 150 Sekunden pro Aufgabenstellung.

Ihr Fokus sollte bei den Übungen darauf liegen, den Texttyp zu identifizieren und benötigte Schritte der Bearbeitungsstrategie durchzuführen. Bereiten Sie deswegen verschiedene Stifte für die farbliche Hervorhebung der Textelemente vor. Diese sollten gut erkennbar und voneinander leicht unterscheidbar sein.

Um die Effizienz der Übung zu maximieren, müssen Sie versuchen, die Situation zu simulieren, wie sie in der Prüfungssituation sein wird. Arbeiten Sie deswegen davor an anspruchsvollen Aufgaben und planen Sie eine einstündige Pause ein. Denn abgesehen von der Einprägphase ist „Textverständnis" der erste Untertest des Nachmittags.

Bitte bearbeiten Sie die Aufgaben nach folgendem Schema:

1. Lesen Sie die jeweils erste Frage beider Texte, um sich für einen zu entscheiden.
2. Lesen und bearbeiten Sie den Text sorgfältig mit folgenden Fragen im Hinterkopf:
   - a Um welchen Texttyp handelt es sich?
   - b Welche Informationen müssen hervorgehoben werden?
   - c Kann ich Sinnabschnitte bilden?
   - d Welche Zusammenhänge/Wechselwirkungen gibt es?
3. Erstellen Sie eine simple Skizze oder eine Auflistung der Begriffe.
4. Markieren Sie immer, ob eine ableitbare oder nicht ableitbare Aussage gesucht wird.
5. Markieren Sie in den Aussagen wichtige Fachbegriffe und Schlüsselwörter.
6. Betrachten Sie die Aussagen im Hinblick auf die im Text gegebenen Informationen.

- **Anzahl der Texte:** 2
- **Anzahl der Fragen:** je 6
- **Zeit pro Frage:** 150 s
- **Gesamtzeit der Übung:** 30 min

Text 1: Apoptose

Als Apoptose bezeichnet man den programmierten Tod einer Zelle. Dieser ist essenziell für die Entwicklung von Organen, da so die Zellzahl und die Größe von Geweben kontrolliert werden und für die Elimination von entarteten Zellen gesorgt wird. Es handelt sich um einen geregelten Prozess, der von dem Gleichgewicht zwischen Faktoren, die die Apoptose fördern, und denjenigen, die die Apoptose verhindern, abhängt. Am Ablauf und der Regulation der Apoptose sind verschiedene Gruppen von Proteinen beteiligt. Die Caspasen sind die Hauptmediatoren der Apoptose, sie besitzen ein Cystein-Molekül im aktiven Zentrum und schneiden spezifisch andere Proteine hinter Aspartatresten. In allen menschlichen Zellen befinden sich im Zellplasma inaktive Vorstufen der Caspasen, die Procaspasen heißen. Im Zuge der Aktivierung werden in einem ersten Schritt zwei Procaspasen in ihre kleine und große Untereinheit gespalten und dann wird durch Zusammenlagerung von je zwei großen und kleinen Untereinheiten eine aktive Caspase gebildet. Die Effektor-Caspasen (Caspasen 3, 6 und 7), diejenigen, die direkt zum Zelltod führen, sind die gemeinsame Endstrecke der unterschiedlichen Signalwege der Apoptose.

Der extrinsische Signalweg ist rezeptorvermittelt und erfolgt durch Bindung von Molekülen (Liganden) an die sogenannten Todesrezeptoren an der Zellmembran, wie TNFR1, Fas und TRAIL-Rezeptoren. Zytotoxische T-Lymphozyten exprimieren in ihrer Membran den Fas-Liganden; wenn dieser Fas-Ligand an Fas-Moleküle der Zielzellen bindet, verbinden sich die Fas-Moleküle zu einem Trimer (3 Moleküle) und werden somit aktiviert. Dadurch binden sie bestimmte Adaptermoleküle (DISC – death-inducing signalling complex), die wiederum Procaspase 8 binden. Durch die Bindung wird Caspase 8 freigesetzt und es kommt in einer Folge zur Aktivierung der Caspasen 3, 6 und 7.

Außerdem gibt es den intrinsischen Weg, bei dem durch intrazelluläre Signale wie z. B. DNA-Schäden die Apoptose durch Überwiegen von proapoptotischen Faktoren ausgelöst wird. Hierbei spielen die Mitochondrien eine große Rolle – bei Schädigung ihrer Membran werden verschiedene Moleküle freigesetzt, die zur Apoptose führen. Allgemein wird die Membran der Mitochondrien durch ein Gleichgewicht zwischen Protein Bcl-2 und Proteinen wie Bax, Bak oder Bid erhalten. Das Protein Bcl-2 verhindert in der Membran der Mitochondrien, dass dort Bax- oder Bak-Moleküle in Kontakt mit gleichen Molekülen kommen und sich gegenseitig aktivieren. Bei Stresssignalen in der Zelle kommt es zu einer Aktivierung von Bid oder Vermehrung von Bax, wo-

durch Löcher in der Mitochondrienmembran gebildet werden. Dadurch wird vor allem Cytochrom C in das Zellplasma freigesetzt und aktiviert Apaf-1 (Apoptotic Protease activating Factor 1), welches Procaspase 9 aktiviert. Caspase 9 aktiviert dann die Effektorcaspasen, kann jedoch (wie auch Caspasen 3 und 6) direkt durch die Inhibitors of Apoptosis Proteins inhibiert werden.
Die Effektor-Caspasen wirken, indem sie lebenswichtige Proteine des Zytoskeletts zerstören, wodurch DNA aus dem Zellkern freigesetzt und abgebaut wird. Im Verlauf der Apoptose kommt es zur Schrumpfung der Zelle, dem Abbau der Mitochondrien und damit zur Freisetzung von Cytochrom C sowie zur Fragmentierung der Zelle in kleine membranumhüllte Stücke (Apoptosekörper).

Das zelluläre Protein p53 spielt eine zentrale Rolle bei der Expression von Genen, die an der Regulierung der Apoptose und der DNA-Reparatur beteiligt sind. Beim Eintreffen von DNA-schädigenden Reizen wird das p53-Protein durch das Enzym ATM-Kinase phosphoryliert, wodurch sich die p53-Konformation verändert und es in seine aktive Form gelangt. Das p53-Protein ist in der Lage, den Zellzyklus zu unterbrechen, wodurch die Zelle mehr Zeit hat, die DNA-Schäden zu reparieren. Ist die Reparatur erfolgt, sinkt der Spiegel des p53 wieder; wenn nicht, akkumuliert p53 weiterhin und führt bei einem hohen Spiegel zur Aktivierung von Genen der Bcl2-Familie, vor allem von Bax.

Um welchen Texttyp handelt es sich hier?

☐ Definitorischer Text ☐ Deklarativer Text ☐ Regelkreis

Platz für eine Skizze respektive Auflistung der Informationen:

81 Welche der folgenden Aussagen sind aus dem Text ableitbar?

Aussage I: In allen menschlichen Zellen befinden sich aktivierte Caspasen.
Aussage II: Die Apoptose kann ohne jegliche Signale von außen ausgelöst werden.
Aussage III: Die Caspasen 8 und 9 haben in den beiden verschiedenen Signalwegen die gleiche Funktion.

- **a** Nur Aussage III ist ableitbar.
- **b** Nur Aussagen I und III sind ableitbar.
- **c** Alle Aussagen sind ableitbar.
- **d** Nur Aussagen II und III sind ableitbar.
- **e** Nur Aussage I ist ableitbar.

82 Aufgrund einer genetischen Erkrankung wird das Protein Bcl-2 überproduziert. Welche Folgen sind in diesem Fall zu erwarten?

Aussage I: Eine Verstärkung des intrinsischen Signalwegs in den Körperzellen.

Aussage II: Eine erhöhte Konzentration an Cytochrom C im Zellplasma.

Aussage III: Eine starke Aktivierung von Procaspase 9 zu Caspase 9.

- **a** Folgen I und II sind zu erwarten.
- **b** Alle genannten Folgen sind zu erwarten.
- **c** Nur Folge III ist zu erwarten.
- **d** Nur Folge I ist zu erwarten.
- **e** Keine der genannten Folgen ist zu erwarten.

83 Welche der folgenden Aussagen zum extrinsischen System sind aus dem Text ableitbar?

Aussage I: Die Effektorcaspasen werden durch Procaspase 8 aktiviert.

Aussage II: Die Bindung von defekten T-Zellen ohne Liganden in ihrer Membran führt auch zur Aktivierung des extrinsischen Signalwegs.

Aussage III: Zur Auslösung des extrinsischen Systems muss erst ein Fas-Molekül an einen Todesrezeptor binden, bevor sich der DISC bilden kann.

- **a** Alle oben genannten Aussagen sind ableitbar.
- **b** Aussagen I und III sind ableitbar.
- **c** Aussagen I und II sind ableitbar.
- **d** Nur Aussage III ist ableitbar.
- **e** Nur Aussagen II und III sind ableitbar.

84 Welche der folgenden Aussagen treffen zu?

Aussage I: Alle Effektorcaspasen enthalten Aspartat.

Aussage II: Aktivierte Caspasen in den Zellen bestehen aus vier Untereinheiten.

Aussage III: Alle Caspasen sind Proteine.

- **a** Aussagen II und III treffen zu.
- **b** Nur Aussage III trifft zu.
- **c** Aussagen I und II treffen zu.

d Alle Aussagen treffen zu.

e Aussagen I und III treffen zu.

85 Welche der folgenden Aussagen zum Protein p53 sind aus dem Text ableitbar?

Aussage I: Eine konstante Erhöhung von p53 in der Zelle führt im Verlauf zur Erhöhung von Caspase 9.

Aussage II: Durch das Eintreffen von zellschädigenden Reizen wie UV-Strahlung oder chemischen Giften wird p53 direkt aktiviert.

Aussage III: Ein erhöhter Spiegel von p53 in einer Zelle deutet stets auf einen folgenden Zelltod hin.

a Aussagen I und III sind ableitbar.

b Aussagen II und III sind ableitbar.

c Alle Aussagen sind ableitbar.

d Nur Aussage I ist ableitbar.

e Nur Aussage II ist ableitbar.

86 Wenn das Gleichgewicht der pro- und antiapoptotischen Faktoren nicht mehr gewährleistet ist, wird entweder das Zellwachstum bzw. die Zellteilung gefördert oder es kommt zum Zelluntergang. Welche der folgenden Aussagen sind dazu richtig?

Aussage I: Kommt es aufgrund eines genetischen Defekts zu einer niedrigen Konzentration an Bax- und Bak-Molekülen, dann würde dies eher zu einer Zellvermehrung führen und könnte somit zur Tumorentstehung beitragen.

Aussage II: Durch einen verminderten Einbau an Todesrezeptoren in die Zellmembran würde es eher zur Apoptose kommen.

Aussage III: Durch eine Mutation im Gen von p53, die zu einer Überproduktion führt, ist es wahrscheinlich, dass es zu unkontrolliertem Zellwachstum kommt.

a Keine der genannten Aussagen ist richtig.

b Nur Aussage III ist richtig.

c Nur Aussage I ist richtig.

d Nur Aussage II ist richtig.

e Nur Aussagen I und II sind richtig.

Text 2: Hypophyse

Die Hypophyse ist eine Hormondrüse, der eine zentrale, übergeordnete Rolle bei der Regulation des Hormonhaushalts im Körper zukommt.

Die Hypophyse ist mit dem Hypothalamus über den Hypophysenstiel verbunden und wird in Hypophysenvorderlappen (HVL oder Adenohypophyse), Hypophysenhinterlappen (HHL oder Neurohypophyse) und Hypophysenzwischenlappen (HZL) eingeteilt. Während die Adenohypophyse aus einer Ausstülpung des Rachendaches hervorgeht und sich an die Neurohypophyse anlagert, ist die Neurohypophyse eine Ausstülpung des Zwischenhirns. Dieser Unterschied ist in dünnen Gewebsschnitten zu erkennen, denn während in der Adenohypophyse verschiedene in Ballen angeordnete hormonproduzierende Drüsenzellen vorkommen, dominieren in der Neurohypophyse vor allem Nervenzellfortsätze, sogenannte Axone, deren Zellkörper im Hypothalamus liegen. Somit vermag die Adenohypophyse Hormone unter Kontrolle des Hypothalamus selbst zu bilden. Die Neurohypophyse ist hingegen als Speicher- und Ausschüttungsorgan für die im Hypothalamus gebildeten Hormone zuständig.

In der Adenohypophyse werden Hormone unterschieden, die entweder direkt auf ihre Zielorgane einwirken (nicht-glandotrope Hormone) oder die auf die Hormonproduktion nachgelagerter endokriner (hormonproduzierender) Drüsen wirken (glandotrope Hormone). Direkt auf ihre Zielorgane wirken das Wachstumshormon STH sowie Prolactin. Bei den glandotropen Hormonen werden die auf die hormonproduzierenden Geschlechtsorgane (Gonaden) wirkenden gonadotropen Hormone FSH und LH sowie die nicht-gonadotropen Hormone, nämlich das die Nebennierenrinde stimulierende ACTH und das die Schilddrüse stimulierende TSH unterschieden. Die Hormonproduktion der Hypophyse wird mittels Liberinen und Statinen (aktivierende und hemmende Stoffe) durch den Hypothalamus geregelt.

Bei den Hormonen, die im Hypophysenhinterlappen gespeichert und ausgeschüttet werden, handelt es sich um das Oxytocin sowie das ADH. Das ADH wird im Nucleus supraopticus, das Oxytocin im Nucleus paraventricularis gebildet, die beide zum Hypothalamus gehören.

Tumore der Adenohypophyse nennt man Hypophysenadenome. Sie verursachen häufig eine übermäßige Hormonbildung. Eine Überproduktion von ACTH führt zu einer erhöhten Produktion von Cortisol und damit zu dem Krankheitsbild eines zentralen Morbus Cushing mit Symptomen wie beispielsweise Mondgesicht und Knochenbrüchigkeit. Ein Überschuss von STH führt typischerweise zu einer Zunahme der Größe von Händen und Füßen (Akromegalie), wenn das Längenwachstum abgeschlossen ist. Bei Kindern ist das Längenwachstum nicht abgeschlossen. Ein Überschuss führt hier zusätzlich zu Gigantismus. Der größte Mensch überhaupt ist durch diese Krankheit 2,46m groß geworden. STH wird durch Somatoliberin und Somatostatin aus dem Hypothalamus reguliert.

Bei ADH-Mangel kommt es zu einem starken Wasserverlust, dem Diabetes insipidus centralis. Durch Funktionsminderung der V2-Rezeptoren an der Niere (durch Mutation oder Zerstörung), an welcher ADH wirkt, entstehen die gleichen Symptome, jedoch spricht man dann vom Diabetes insipidus renalis. Der bei diesen Krankheitsbildern auftretende Wasserverlust beträgt bis zu 20 Liter pro Tag. Das daraus resultierende Durstgefühl wird durch Trinken äquivalenter Flüssigkeitsmengen gestillt. Beim Syndrom der inadäquaten ADH-Sekretion kommt es zur verminderten Wasserausscheidung. Dieses Syndrom kann sich unter anderem bei Lungenkrebs einstellen (Paraneoplastisches Syndrom), bei dem entartete Zellen Hormone, in diesem Fall ADH, produzieren.

Um welchen Texttyp handelt es sich hier?

☐ Definitorischer Text ☐ Deklarativer Text ☐ Regelkreis

Platz für eine Skizze respektive Auflistung der Informationen:

87 Welche der folgenden Aussagen ist dem Text zufolge richtig?

a Hypophysenvorderlappen und Hypophysenzwischenlappen sind durch den Hypophysenhinterlappen getrennt.

b Die Rathke-Tasche ist eine Ausstülpung des Mundbodens und bildet die Neurohypophyse.

c Die Neurohypophyse besteht nur aus Zellfortsätzen des Hypothalamus.

d Die Hormonauschüttung der Adeno- und der Neurohypophyse steht unter dem Einfluss des Hypothalamus.

e Im Hypothalamus werden Hormone gebildet, welche die Ausschüttung weiterer Hormone aus der Neurohypophyse regulieren.

88 Welche der folgenden Aussagen ist dem Text zufolge richtig?

Aussage I: LH und FSH sind glandotrope und gonadotrope Hormone.
Aussage II: Prolactin und Somatotropin sind glandotrope, nicht-gonadotrope Hormone.
Aussage III: ACTH und TSH sind glandotrope, nicht-gonadotrope Hormone.

- **a** Nur Aussage I ist richtig.
- **b** Nur Aussage II ist richtig.
- **c** Nur Aussage III ist richtig.
- **d** Aussagen I und III sind richtig.
- **e** Aussagen II und III sind richtig.

89 Welche der folgenden Aussagen ist dem Text zufolge richtig?

- **a** Die Hormone des Hypophysenvorderlappens werden im Hypothalamus produziert.
- **b** Hypophysenadenome produzieren immer Hormone.
- **c** Ein Somatotropin-Überschuss führt zu Akromegalie und Gigantismus.
- **d** Ein ACTH-Überschuss führt unter anderem zu rundem Mondgesicht, Stammfettsucht, Gewichtszunahme und Osteoporose.
- **e** Somatostatin hemmt die Freisetzung von Somatotropin, Somatoliberin wirkt gegenteilig.

90 Überprüfen Sie die folgenden Aussagen einschließlich ihrer Verknüpfung auf Richtigkeit.

Aussage I: Wird der Nucleus supraopticus geschädigt, werden die V2-Rezeptoren nicht mehr durch ADH stimuliert,

obwohl

Aussage II: bei geschädigtem Nucleus supraopticus das paraneoplastische Syndrom eintritt und ADH produziert.

- **a** Aussage I ist richtig, Aussage II ist richtig, die Verknüpfung ist richtig.
- **b** Aussage I ist richtig, Aussage II ist richtig, die Verknüpfung ist falsch.
- **c** Aussage I ist richtig, Aussage II ist falsch.
- **d** Aussage I ist falsch, Aussage II ist richtig.
- **e** Aussage I ist falsch, Aussage II ist falsch.

91 Welche der folgenden Antworten ist/sind dem Text zufolge falsch?

Aussage I: Menschen mit Akromegalie können maximal 2,46 m groß werden.

Aussage II: Mutieren V2-Rezeptoren an der Niere, sodass ADH nicht mehr wirken kann, braucht der Erkrankte nicht mehr so viel zu trinken.

Aussage III: Leidet ein Patient an Lungenkrebs, so kann er keinesfalls an ADH-Mangel leiden.

a Nur Antwort I ist falsch.

b Nur Antwort II ist falsch.

c Nur Antwort III ist falsch.

d Alle Antworten sind falsch.

e Keine der Antworten ist falsch.

92 Welche der folgenden Antworten ist dem Text zufolge richtig?

a Die Schilddrüse untersteht dem Einfluss der Neurohypophyse.

b Die Niere untersteht der Kontrolle der Adenohypophyse.

c Das Nebennierenmark untersteht der Kontrolle der Adenohypophyse.

d Die Geschlechtsorgane unterliegen dem Einfluss der Adenohypophyse.

e Somatotropin wirkt auf eine weitere Hormondrüse.

Verbesserungsstrategie

Das kritische Betrachten von Texten und von den darin enthaltenen Informationen ist eine grundlegende Fähigkeit für ein erfolgreiches Studium. Erst ab dem Moment, ab dem wir in der Lage sind, auch über aufgenommene Informationen nachzudenken, gewinnen wir den Freiraum, unseren Horizont zu erweitern. Es ist nicht nur sinnvoll, diese Befähigung im TMS zu prüfen, es ist notwendig.

Nehmen Sie sich bitte deswegen die Zeit, die bearbeiteten Aufgaben zu reflektieren. Je gründlicher Sie die einzelnen Fragen hier auf sich wirken lassen, umso höher ist der dadurch erzielte Lerneffekt.

Konnten Sie eine Skizze/Auflistung erstellen, welche Ihnen bei der Überprüfung der Aussagen geholfen hat?

☐ ja, sie hat geholfen ☐ ja, aber sie hat nicht geholfen ☐ nein

Hat Ihnen das Hervorheben von Signalwörtern bei der Überprüfung der Aussagen geholfen?

☐ sehr geholfen ☐ etwas geholfen

☐ wenig geholfen ☐ nicht geholfen

Welche Schwierigkeiten hatten Sie bei der Umsetzung der Strategie auf die Aufgaben?

Platz für weitere Notizen:

Diagramme und Tabellen

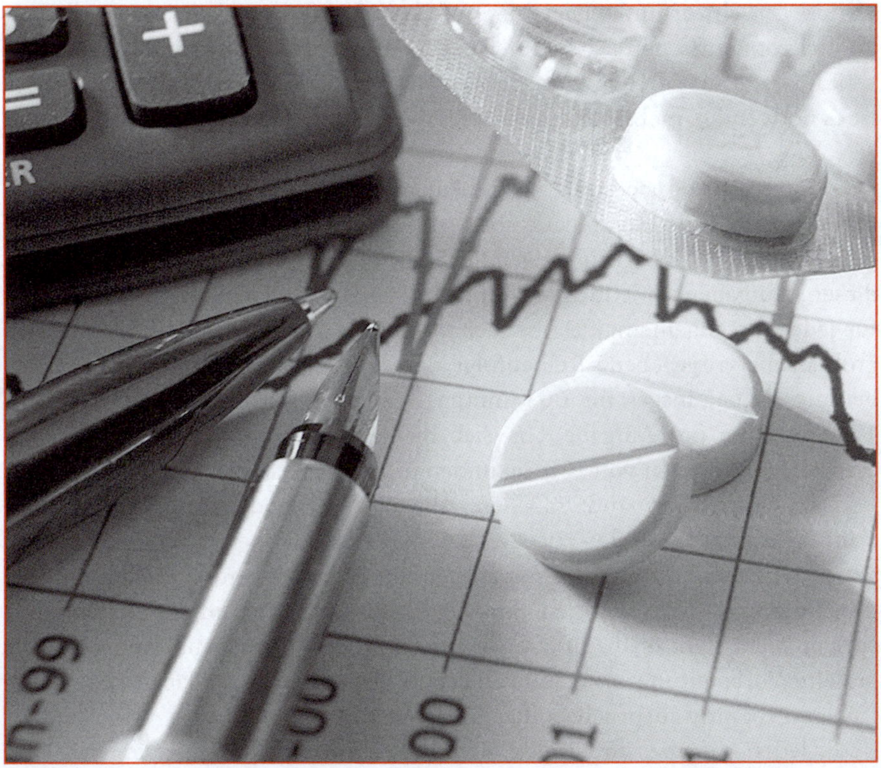

Aufbau und Trainierbarkeit

Mit „Diagramme und Tabellen“ behandeln wir nun den letzten Untertest des TMS. Der Schwerpunkt liegt hier auf analytischem Denken und dem Auswerten von grafischen Darstellungen. Da diese sehr vielfältig sein können und weit über die aus der Schule bekannten Diagramme und Tabellen hinausgehen, ist es notwendig, mehr Zeit für dieses Kapitel einzuplanen.

Der Untertest selbst besteht aus 24 Aufgaben, von welchen 20 gewertet und unbestimmte 4 als Einstreuaufgaben gestellt werden. Es wird im TMS darauf geachtet, die Aufgaben in steigender Schwierigkeit zu sortieren. Da dies bei diesem Aufgabentyp jedoch wieder recht subjektiv ist, kann diese Regel nicht für jeden als allgemeingültig betrachtet werden. Dennoch ist es ratsam, sich grob an die vorgegebene Reihenfolge der Aufgaben zu halten. Für die Bearbeitung stehen insgesamt 60 Minuten Zeit zur Verfügung. Dies entspricht 150 Sekunden pro Aufgabe. Um sich hier einen Puffer zu erarbeiten, sollte eine Bearbeitungszeit von 130 Sekunden pro Aufgabe angestrebt werden.

Da „Diagramme und Tabellen“ die abschließende Aufgabenreihe der Prüfung darstellt, werden Sie zu diesem Zeitpunkt bereits einige Stunden gearbeitet haben. Bitte vergegenwärtigen Sie sich das, wenn Sie sich den Aufgaben dieses Kapitels widmen. Eine Bearbeitung in ausgeruhtem Zustand entspricht nicht den Testbedingungen und würde entsprechend wenig für die gezielte Vorbereitung bringen. Versuchen Sie also, die Aufgaben nach einer längeren kognitiv anspruchsvollen Arbeit einzuplanen.

In jeder Aufgabe wird Ihnen eine grafische Darstellung präsentiert. Dies kann in Form einer Tabelle oder auch eines Diagramms geschehen, welche durch einen kurzen Begleittext genauer erläutert werden. Je nach Format müssen Sie nun bestimmen, welche der fünf gegebenen Antwortmöglichkeiten sich ableiten respektive nicht ableiten lassen. Ähnlich wie im bereits behandelten Untertest „Medizinisch-naturwissenschaftliches Grundverständnis“ sind auch hier Kombinationen aus verschiedenen Aussagen möglich.

Die Trainierbarkeit des Untertests ist langfristig relativ hoch. Hier muss angemerkt werden, dass es nicht möglich ist, alle Variationen verschiedener Darstellungsarten im Voraus kennenzulernen. Dennoch kann durch das Vermeiden typischer Fehler und die richtige Herangehensweise an die Aufgabe ein überdurchschnittliches Ergebnis erreicht werden. Jedoch muss an dieser Stelle erwähnt werden, dass eine langfristig geplante Vorbereitung auf „Diagramme und Tabellen“ auch das Arbeiten mit weiterem Fachmaterial erfordert.

Da die Darstellungsformen wissenschaftlicher Daten so vielfältig gestaltet sein können, ist es an Ihnen, einen Blick über den Tellerrand zu wagen. Denn je mehr Sie schon gesehen haben, umso weniger wird Sie überraschen können.

Analyse der möglichen Fehler

Um die Fehler zu verstehen, welche oftmals gemacht werden, müssen wir uns noch einmal anschauen, wie die Aufgaben in diesem Untertest aufgebaut sind. Im Gegensatz zu den quantitativen und formalen Problemen, bei denen wir anhand der Angaben eine Lösung berechnen sollen, ist es unsere Aufgabe bei den Diagrammen und Tabellen, zu kontrollieren, ob die Aussage aus der Angabe und dem Diagramm ableitbar ist. Es ist Ihre Aufgabe, sich bei jeder Aussage zu fragen: „Kann ich das aus den Angaben und der Grafik herauslesen?“ und niemals: „Ist das richtig/falsch?“. Wer nicht die richtige Frage stellt, findet nicht die richtige Antwort.

Der erste Fehler, der in diesem Zusammenhang gemacht wird, ist, Informationen zu sehen, wo es keine gibt. Haben wir vor uns beispielsweise ein Balkendiagramm mit Informationen zu festen Messzeitpunkten, so kennen wir nur die Werte zu diesen Punkten. Eine Aussage über den Verlauf zwischen diesen Punkten können wir nicht sicher aus der Grafik entnehmen. Die Interpolation eines Zwischenwerts ist nicht zwingend möglich. Bitte lesen Sie diesen Absatz noch einmal und verinnerlichen Sie sich diese Information. Denn dies ist erfahrungsgemäß der Umstand, durch welchen die meisten Punkte in dem Untertest verloren gehen.

Einige Teilnehmer des TMS haben Schwierigkeiten, Tabellen und Diagramme richtig zu lesen. Machen Sie sich bitte bewusst, dass Ihr angestrebtes Studium im Fachbereich Medizin eine Wissenschaft ist. Dabei sind die grafische Auswertung und die Darstellung von Informationen die besten Möglichkeiten, Wissen mitzuteilen. Sich mit dieser Materie auseinanderzusetzen, sie anzuwenden und kritisch zu hinterfragen, ist eine Notwendigkeit. Einen wichtigen Schritt dazu haben Sie bereits unternommen, indem Sie beschlossen haben, auch auf diesen Untertest zu lernen.

Oft wirkt die Vielfalt der verschiedenen Diagramme und Tabellen einschüchternd oder verwirrend auf die einzelnen Teilnehmer. Der Grund hierfür ist das fehlende Wissen und die fehlende Erfahrung über die möglichen Darstellungsformen.

Lassen Sie sich nicht durch unbekannte Abbildungen verunsichern. Denn jede Aufgabe, die Ihnen schwer fällt, wird auch dem Durchschnitt der anwesenden Teilnehmer Probleme bereiten. Bewahren Sie sich Ihre Konzentration und bearbeiten Sie die vorliegende Aufgabe nach der hier aufgeführten Strategie.

Wie zuvor bereits angeführt, ist die richtige Vorbereitung auf den Untertest ein Garant für Erfolg in der Prüfung. Doch dies geschieht nicht nur durch das Ansammeln von Wissen, sondern auch über das Umsetzen unter prüfungsnahen Bedingungen. Es hat nicht den gewünschten Trainingseffekt, die Bearbeitung der Aufgaben nach einer wohltuenden Pause anzugehen. Sicherlich werden Sie in den Übungen gute Ergebnisse erzielen, doch sind diese unter Zeitdruck und nach Stunden vorangegangener Anstrengung nicht replizierbar. Wollen Sie also eine tatsächliche und Vorteile verschaffende Vorbereitung, so nutzen Sie Ihre Zeit effizient.

Unterschätzen Sie nicht, wie schwer es Ihnen fallen wird, sich während des letzten Untertests noch zu konzentrieren. Ein Vergleich kann die Herausforderung veranschaulichen: Beim Bouldern (Klettern ohne Seil) kann man am Anfang viel mit Kraft arbeiten. Doch diese ist nach zwei Stunden erschöpft und so muss man auf eine fast automatisierte Technik zurückgreifen. Im TMS verhält es sich ähnlich. Viele Aufgaben konnten Sie auf dem Weg durch die Prüfung durch Raffinesse, Kreativität und hohe Konzentration lösen. Doch werden Ihnen diese Ressourcen nicht konstant während der Prüfung zur Verfügung stehen. Aus diesem Grund müssen Sie den letzten Teil eher mechanisch und routiniert angehen. Dies gilt selbstverständlich auch für die anstehenden Übungen.

Bearbeitungsstrategie

Um im Untertest „Diagramme und Tabellen“ Erfolg zu haben, müssen Sie nach einem festen Muster vorgehen, welches auf einen Großteil der möglichen Darstellungsweisen anwendbar ist. Um hier einen besseren Überblick zu erhalten, konzentrieren wir uns zunächst auf den Zusammenhang zwischen Diagrammen und Tabellen.

Im Untertest „Quantitative und formale Probleme“ wurde bereits darauf verwiesen, dass Mathematik als Geisteswissenschaft nah mit Sprachen verwandt ist. Dieses Denken hilft uns zu verstehen, dass wir Informationen in der Mathematik immer durch verschiedene Darstellungen visualisieren können.

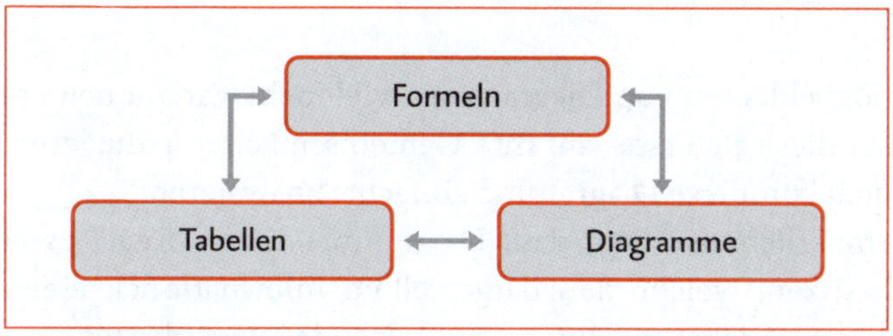

In jeder der gewählten Darstellungsformen werden die gleichen Informationen gezeigt. Dennoch liegt der Fokus auf anderen Details. Wollen wir die Zusammenhänge zwischen Variablen besonders gut sichtbar machen, so verwenden wir eine Formel. Tabellen haben den Vorteil, dass einzelne Punkte besonders genau angegeben werden können. Auch Vergleiche sind hier besser möglich. Bei einem Diagramm ist oftmals die Menge an sichtbaren oder genau ablesbaren Informationen vermindert, es bietet dafür aber eine gute Möglichkeit, Verläufe zu zeigen.

Selbstverständlich werden wir uns an dieser Stelle nicht weiter mit den Details über Formeln beschäftigen, doch bringt uns der Vergleich mit diesen eine bessere Abgrenzung von den Qualitäten der beiden anderen Darstellungsformen. Betrachten wir deswegen als Erstes, worin diese Qualitäten bestehen.

Tabellen

Darstellung: Einzelne Werte zu festen Messzeitpunkten
Aufbau: Spalten und Zeilen
Informationen: Daten aus Tabellen können relativ oder absolut angegeben sein.

- Sie geben meistens keine Informationen über die Entwicklung zwischen den Werten.
- Die Informationen müssen möglicherweise mit einem Grundwert verglichen werden, um Ergebnisse zu erhalten.

Diagramme

Darstellung: Einzelne Werte zu festen Messzeitpunkten
Aufbau: Säulen-/Balken-/Kreisdiagramme, 3-Achsen-Diagramme, Kurvendiagramme, …
Informationen: Daten aus Tabellen können relativ oder absolut angegeben sein.

- Zusammenhänge zwischen Variablen können sichtbar gemacht werden.
- Werte können relativ und absolut angegeben werden.
- Nur wenige Informationen sind eindeutig ablesbar.

Diagramme

Da die Darstellungsmöglichkeiten von Diagrammen viel mehr Variationen ermöglichen, werden wir diese als Erstes auf ihre Gemeinsamkeiten reduzieren. Danach können wir auch komplexe Diagramme einfacher analysieren.

Zunächst soll verinnerlicht werden, dass Diagramme in der Regel zwei oder mehr Achsen besitzen, welche den dargestellten Informationen einen Wert zuweisen. Wir konzentrieren uns hierbei auf folgende Eigenschaften:

- Anzahl der Achsen (2 Dimensionen, 3 Dimensionen)
- Beschriftung der Achsen (Einheiten, Zuweisungen, Zusammenhänge)
- Wert der Achsenabschnitte (lineare Abschnitte, logarithmische Abschnitte)
- Art der Werte (absolute Werte, relative Werte)
- Unterbrechungen in der Achse (fehlende Werte, Änderung der Abschnitte)
- Verlauf der Achse (einzelne Messungen, analoge Angaben)
- Besonderheiten (hervorgehobene Werte, Normabweichungen)

Wie Sie sehen können, haben wir bereits an dieser Stelle eine Vielzahl an Informationen, welche wir abarbeiten müssen. Doch sind diese für ein erfolgversprechendes Ergebnis unerlässlich. Betrachten wir die aufgeführten Eigenschaften an einem Beispiel:

Beispiel

In der aufgeführten Darstellung geht es um die Wirksamkeit von verschiedenen Medikamenten in Abhängigkeit zur verabreichten Menge. Doch da Sie im letzten Untertest nur noch wenig Konzentration zur Verfügung haben werden, betrachten Sie nun die angesprochenen Eigenschaften mechanisch der Reihe nach:

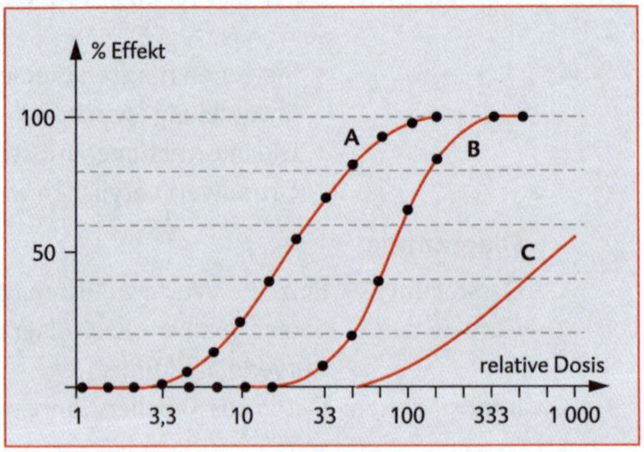

1. Es gibt zwei Achsen. Somit ist anzunehmen, dass sich die vertikal aufgetragene Einheit in Abhängigkeit zur horizontal aufgetragenen Einheit befindet.
2. Auf der x-Achse finden Sie eine Angabe über die relative Dosis des Medikaments (unabhängige Einheit). Die y-Achse beschreibt den prozentualen Effekt des Medikaments auf den Organismus (abhängige Einheit).
3. Die Werte der relativen Dosis sind logarithmisch aufgetragen. Dies bedeutet, dass die späteren Achsenabschnitte einen höheren Differenzwert besitzen als die früher eingetragenen Werte. Grafisch haben sie immer den gleichen Abstand zueinander. Die prozentualen Angaben über die Wirksamkeit des Medikaments sind linear angegeben. Der Abstand von 0 zu 50 % ist damit genauso groß wie von 50 % zu 100 %.
4. Die Angaben beider Achsen sind relativer Natur und beziehen sich damit auf ihre respektiven Grundwerte. Diese müssen im Zweifelsfall der Angabe entnommen werden. Bitte achten Sie darauf, dass Prozentangaben immer relativ sind.

   Bemerkung: Im Gegensatz hierzu würde ein absoluter Wert eine feste Aussage mit Einheit darstellen, z. B. 15,3 Gramm. Dies ist hier aber nicht der Fall.
5. Keine der Achsen ist zu einem Zeitpunkt unterbrochen. Sie sind damit als stetig zu betrachten.
6. Die einzigen Angaben, welche wir dem Diagramm entnehmen können, sind zu festen Messzeitpunkten (der x-Achse) eingetragen. Für die y-Achse haben wir keine festen Werte. Es können somit nur Vergleiche angestellt werden oder etwaige Aussagen bestätigt werden.
7. Die einzigen hervorgehobenen Werte der x-Achse sind die Werte 1; 3,3; 10; 100; 333 und 1 000. Die restlichen Werte können annähernd durch Schätzungen angegeben werden. Dies ist jedoch vor allem auf der x-Achse problematisch, da es sich hier um logarithmisch aufgetragene Werte handelt.

Die hier angegebenen Informationen sind spezifisch für das vorliegende Diagramm und werden sich entsprechend für jede weitere Aufgabe ändern. Dies muss auch passieren, da dort andere Informationen dargestellt werden. Die zu beantwortenden Fragen werden aber identisch sein.

Viele der verschenkten Punkte des Untertests lassen sich auf missverstandene Achsen zurückführen. Nehmen Sie sich deswegen bitte die notwendige Zeit, um den hier dargestellten Algorithmus durchzuarbeiten. Um diesen zu vertiefen, bietet es sich an, auch Diagramme aus externen Quellen zu analysieren. Nutzen Sie hierzu beispielsweise Unterlagen aus ihrer Schulzeit, öffentlich zugängliche Daten des statistischen Bundesamts oder auch Übungsmaterial von Medbreaker.

Achten Sie aber immer darauf, dass es Ihr Ziel ist, einen Automatismus zu entwickeln. Sollten Sie sich dabei ertappen, dass Sie die nächste Frage nicht kennen, so heben Sie auch diese Information deutlich hervor. Nur so werden Sie am Ende in der Lage sein, auch im Ernstfall zeit- und nutzeneffizient zu arbeiten.

Nachdem wir die Achsen betrachtet haben, wenden wir uns den darauf angegebenen Werten zu. Da diese sich selbstverständlich in Abhängigkeit zu den bereits bestimmten Eigenschaften verhalten müssen, werden wir unsere Kenntnisse mit einfließen lassen. Um dies wirkungsvoll zu ermöglichen, ist eine Fokussierung auf folgende Punkte sinnvoll:

- Typ des Diagramms (Säulen-, Balken-, Kreis-, Kurvendiagramm)
- Art der Werte (relative Werte, absolute Werte)
- Ablesbarkeit (feste Werte, Vergleiche)
- Stetigkeit (fehlende Werte, Unterbrechungen)
- Besonderheiten (hervorgehobene Werte, Normabweichungen)

Wie bereits beim vorangegangenen Schritt werden die hier aufgeführten Eigenschaften zu den Werten des Diagramms als fester Algorithmus gesehen.

Beispiel

Bei dem oben aufgeführten Beispiel bedeutet dies:

1. Das vorliegende Diagramm ist ein Kurvendiagramm. Erkennbar ist dies durch den durchgehenden Graphen, welcher den Zusammenhang zwischen beiden Werten anzeigt.
2. Die Werte stehen zueinander in einem relativen Verhältnis. Sie werden gemessen an ihrer prozentualen Wirkung und relativen Dosis zueinander.
3. Wir sind nur in der Lage, zu bestimmten x-Werten Punkte abzulesen. An diesen haben wir meistens auch nur eine Information über die relative Dosis, aber nicht über den genauen Prozentsatz der Wirkung. Hier kann nur eine Schätzung angegeben werden.
4. Obgleich die Graphen durchgehend gezeichnet sind, haben wir aufgrund der logarithmischen Skala und der fehlenden Angaben der x- sowie y-Achse keine Möglichkeit, Zwischenwerte abzulesen. Es darf aufgrund des Verlaufs die visualisierte Tendenz angenommen werden, doch können wir höchstens etwaige Werte bestätigen.
5. Es gibt in dieser Darstellung keine besonders hervorgehobenen Werte. Je nach Fragestellung müssen wir uns auf verschiedene Bereiche des Diagramms konzentrieren.

Für das Sammeln der notwendigen Informationen sollten Sie in keinem Fall mehr als 30 Sekunden benötigen. Dabei handelt es sich um eine sehr gering bemessene Arbeitszeit. Bedenken Sie aber, dass Sie immer mit denselben zwölf Fragen arbeiten. Diese müssen Sie nicht erst von der Angabe ablesen. Es handelt sich um ein festes replizierbares Vorgehen.

Dies sind die zwei Schritte, nach welchen ein Diagramm eingehend betrachtet wird. Lernen und verinnerlichen Sie die einzelnen Fragen. Dies wird Ihnen zum Zeitpunkt des Untertests helfen, wenn die Konzentration nachlässt.

Da Sie während des TMS kein Lineal zur Verfügung haben, sollten Sie sich andere Hilfsmittel sichern. Es hat sich gezeigt, dass die Verwendung des Antwortbogens eine gute Option ist, um gerade Linien für Vergleiche zu ziehen. Legen Sie hierzu einen Rand des Bogens quer über das Diagramm. Gleiches können Sie auch zum Nachmessen von Abständen tun. Überlegen Sie sich im Vorfeld, welche Optionen Sie haben, und testen Sie diese in den Übungen.

Im Folgenden konzentrieren wir uns auf verschiedene Arten von Diagrammen, die Ihnen mit hoher Wahrscheinlichkeit im TMS begegnen werden. Gehen Sie bei der Betrachtung dieser Darstellungen die oben genannten Fragen durch und versuchen Sie hierbei möglichst viele der Punkte aus dem Gedächtnis zu rezitieren. Notieren Sie sich zusätzlich die Fragen, an welche Sie sich nicht erinnern konnten.

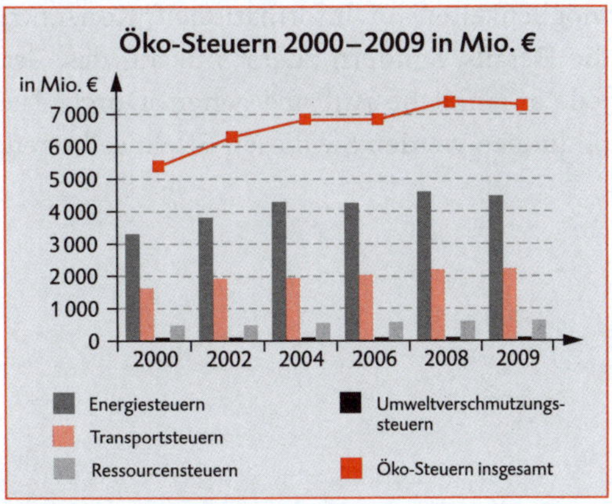

Balken-, Säulen- oder Streifendiagramme können Ihnen in zweidimensionaler sowie dreidimensionaler Perspektive begegnen. Sie werden meistens verwendet, um Vergleiche zwischen festen Messzeitpunkten zu ermöglichen. In manchen Fällen ist es sogar möglich, eine Entwicklung abzulesen. Oftmals ist es jedoch aufgrund von fehlender Stetigkeit der Werte nicht möglich. Im vorliegenden Fall wäre es beispielsweise nicht möglich, eine Aussage zu unterstützen, die eine stete Erhöhung der Energiekosten vom Jahr 2000 bis zum Jahr 2004 annimmt. Dies kann nicht aus dem Diagramm entnommen werden, da hierfür die Werte von 2001 und 2003 fehlen.

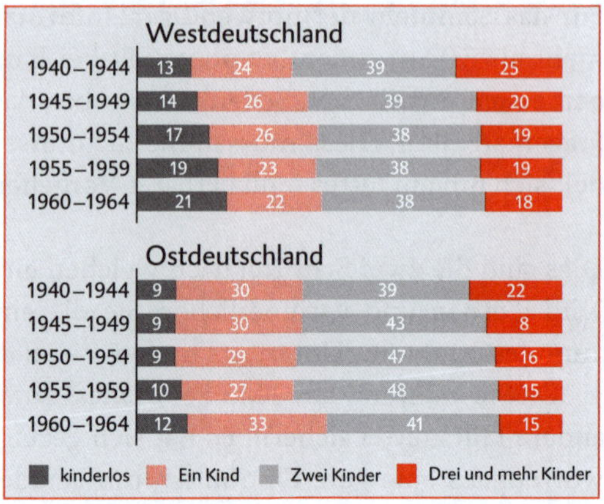

Informationen in besagten Diagrammen können in relativer sowie absoluter Form angegeben werden. Hierbei wird die unabhängige, also selbstbestimmte Variable auf der x-Achse angegeben. Dies sind oftmals die Messzeitpunkte, die untersuchten Personengruppen, Parteien oder andere absolute Größen. Auf der y-Achse wird die Variable abgetragen, welche sich in Abhängigkeit zur Abszisse x verändert hat.

Selbstverständlich gibt es auch Abweichungen und Variationen dieser Regel. In diesem Streifendiagramm wurde die unabhängige Variable auf die y-Achse aufgetragen, wohingegen wir auf der x-Achse die abhängige Variable finden können.

Halten Sie sich bitte an dieser Stelle noch einmal vor Augen, dass es aufgrund der Vielfalt an Möglichkeiten absolut notwendig ist, mit einem festen Vorgehen zu arbeiten. Denn am Ende sind alle Diagramme nur Darstellungsmöglichkeiten für Informationen. Konzentrieren Sie sich deswegen nicht auf die Details, sondern zuerst nur auf das Gesamtbild. So können Sie ruhig an jede erdenkliche Aufgabe gehen. Durch das Bearbeiten von zusätzlichen Abbildungen werden Sie diesen Effekt selbstredend noch weiter steigern können.

Eine weitere Darstellungsform sind die **Kreisdiagramme**.

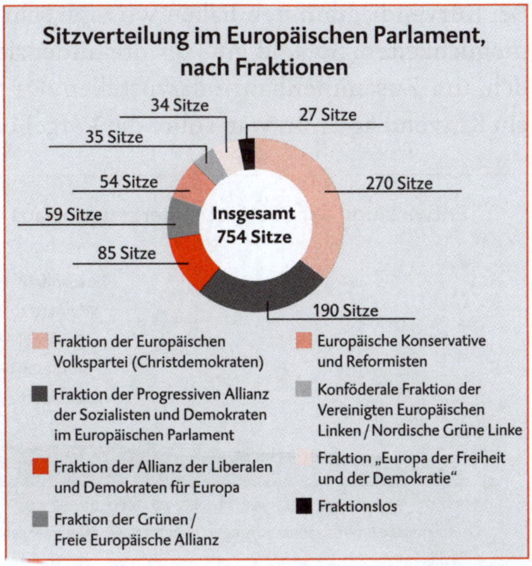

An dieser Stelle sei zuerst hervorgehoben, dass die Darstellungen im TMS alle in schwarz, weiß und Graustufen gehalten sind. Ein Diagramm wie das nebenstehende ist dennoch durchaus denkbar, allerdings ähneln sich die Flächen, weil die Graustufen weniger Kontrast haben.
Um hier eine Orientierung zu haben, müssen Sie Folgendes wissen: In einem Kreisdiagramm werden alle Anteile der Größe nach sortiert und gegen den Uhrzeigersinn aufgetragen. Auch in der Legende finden wir diese Reihenfolge, allerdings von oben nach unten. Somit können Sie sich immer schnell und sicher orientieren. Eine weitere Option ist es, selbst Farben zu verwenden. Nutzen Sie die Möglichkeit, einzelne Werte farblich hervorzuheben. Dies gilt selbstverständlich auch in anderen Darstellungen.

Meistens wird diese Form des Diagramms verwendet, um Vergleiche zwischen momentanen Werten sichtbar zu machen. Es handelt sich hierbei nicht um eine Entwicklung über Zeit, sondern um eine eindimensionale Darstellung. Bei den Werten selbst kann es sich, wie in diesem Fall, um absolute Angaben handeln, doch auch relative sind durchaus üblich. Sollte zu den absoluten Werten auch eine Basis gegeben sein, auf welche sich diese beziehen, so sind mit einer Berechnung auch Aussagen über relative Werte zu überprüfen. Markieren Sie sich deswegen in diesem Fall immer vorhandene Grundwerte. Diese können auch in der Angabe enthalten sein.

Grundsätzlich handelt es sich bei den Kreisdiagrammen um eher einfache Abbildungen. Aus diesem Grund bietet es sich an, bei Zeitmangel eine Bearbeitung dieser anzustreben. Dies ist selbstverständlich nur eine verallgemeinerte Tendenz. Sollte Ihnen eine andere Diagrammform noch besser liegen, so wählen Sie natürlich diese.

Zuletzt gibt es noch die **Kurvendiagramme**.
Bei Kurvendiagrammen haben wir eine sehr große Variation der Gestaltungsmöglichkeiten. So sind ein- bis dreidimensionale Darstellungen durchaus üblich, um Zusammenhänge darzustellen. Da auch unser erstgewähltes Beispiel ein Kurvendiagramm war, sollte die Vorgehensweise bekannt sein.

Entwicklung der Bruttostromerzeugung aus erneuerbaren Energien [in TWh]

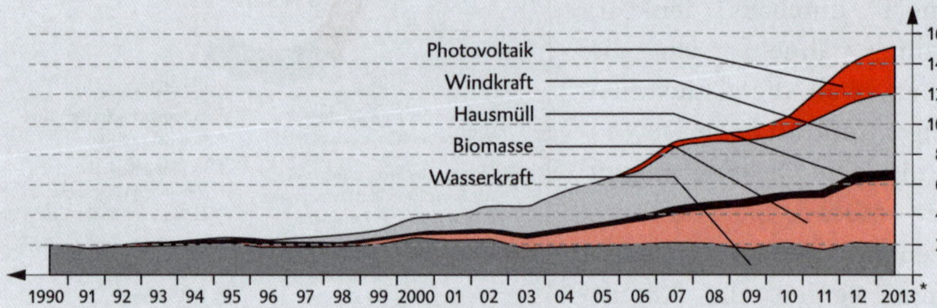

Geothermische Bruttostromerzeugung aufgrund geringer Strommengen nicht dargestellt.
* vorläufig

In den ersten beiden Schritten unserer Bearbeitungsstrategie beantworten wir unsere Fragen über die Achsen und Werte des Diagramms. Nutzen Sie Farben, um wichtige Informationen hervorzuheben. Besonders in diesen Abbildungen ist es sinnvoll, dies auch mit den Verläufen der Graphen zu tun. Oft ist es in wissenschaftlichen Abbildungen üblich, nicht nur zwei, sondern drei Achsen in einem gemeinsamen Diagramm zu verwenden. Investieren Sie deswegen die Zeit, um sich einen Überblick zu verschaffen.

Die dargestellten Informationen können relativer oder absoluter Natur sein. Sollte ein Basiswert angegeben sein, so markieren Sie diesen deutlich. Sollten sich Aussagen zu den Diagrammen nur mathematisch bewerkstelligen lassen, so gibt es oft einen vorteilhaften Weg der Berechnung. Die Ersteller des TMS sind sich darüber im Klaren, dass Sie zum Zeitpunkt des Untertests „Diagramme und Tabellen" bereits einen Großteil Ihrer Ressourcen aufgebraucht haben. Wiederholen Sie für diesen Fall nochmals das Kapitel über vorteilhaftes Rechnen im TMS.

In nebenstehendem Kurvendiagramm werden zwei verschiedene x-Achsen verwendet. Diese ergeben jeweils auf die y-Achse bezogen einen eigenen Zusammenhang. Da diese Darstellungsform für viele TMS-Teilnehmer ungewohnt ist, wird viel Zeit damit verschwendet, sich zu orientieren, ohne die gewonnenen Informationen festzuhalten.

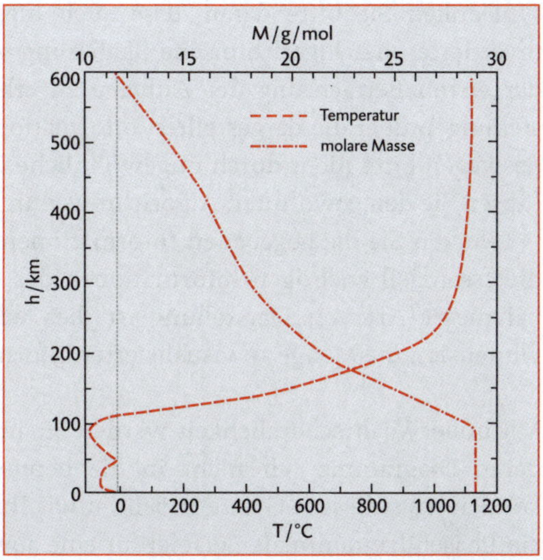

Halten Sie aus diesem Grund zu jedem Zeitpunkt einen farbigen Stift in der Hand, um eigene Markierungen hinzuzufügen. In unserem Fall ist es vorteilhaft, jeder Achse und dem ihr zugewiesenen Graphen die gleiche Farbe zuzuweisen. Bitte machen Sie nicht den Fehler, handschriftliche Ergänzungen hinzuzufügen. Diese benötigen zu viel Zeit und Platz. Der beschränkende Faktor bei der Bearbeitung der Aufgaben ist immer das Zeitfenster des Untertests. Deswegen müssen Sie sich im Vorfeld fragen, wie Sie in möglichst kurzer Zeit die wesentlichen Informationen filtern können. Farben und Symbole sind hierbei immer die Lösung.

Oftmals ist es bei der Bearbeitung von dreidimensionalen Diagrammen nicht mehr möglich, feste Werte abzulesen. Der Nutzen dieser Darstellung ist, dass man die Abhängigkeiten verschiedener Variablen untereinander visualisieren kann. Deshalb ist es hier besonders wichtig, sich in erster Linie mit den zu überprüfenden Aussagen auseinanderzusetzen. In diesem Fall sind aussagekräftige Werte meistens direkt im Diagramm ergänzt.

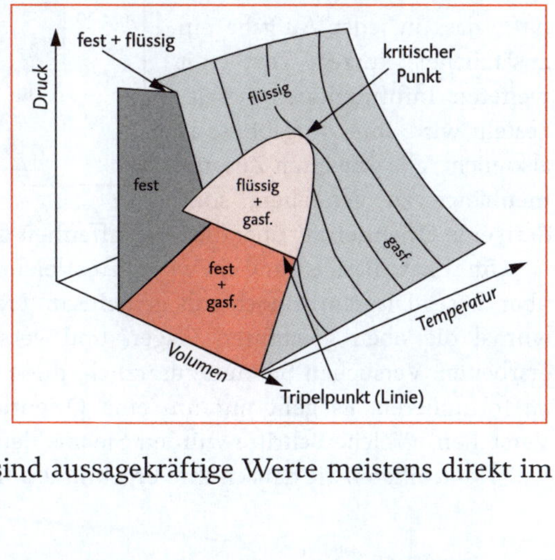

Denken Sie bitte daran, dass auch hier alle Achsen über eine lineare, invertierte oder logarithmische Skalierung verfügen können. Dies bereits bei der ersten Betrachtung der Aufgabe zu erkennen, ist wichtig, um Fehlvorstellungen über die dargestellten Informationen zu vermeiden. Lassen Sie sich deswegen bitte nicht durch ungewöhnliche Diagramme abschrecken, sondern führen Sie den gewohnten Algorithmus durch.

Nutzen Sie die gegebenen Informationen der Angabe, um ihren Fokus auf die essenziell wichtigen Informationen des Diagramms zu lenken. Vor allem bei dieser Art von Darstellung ist dies wichtig, da mit jeder zusätzlichen Dimension die Menge an visualisierter Information exponentiell steigt.

Mit hoher Wahrscheinlichkeit werden Sie im TMS auch Aufgaben bearbeiten, deren Diagramme wir nicht in die bereits behandelten Typen einordnen können. Aus diesem Grund möchten wir Ihnen auf der folgenden Seite noch ein Phasendiagramm als Beispiel für eine abweichende Darstellung zeigen, die Sie trotzdem nach dem bekannten Muster betrachten können.

Beispiel

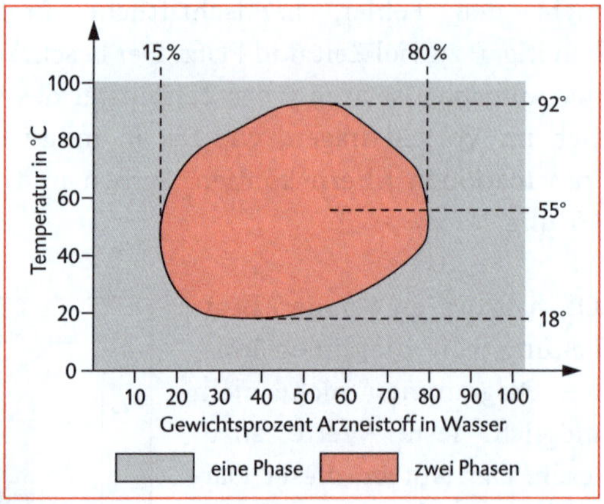

Auch ohne Vorwissen sollten Sie bereits in der Lage sein, Informationen aus dem Phasendiagramm abzulesen. Hierzu betrachten wir im ersten Schritt wieder die Achsen, im darauf folgenden Schritt die dargestellten Werte. Beachten Sie bitte, dass in jeder Aufgabe ein zusätzlicher kurzer Text mit weiteren Informationen bereitgestellt wird. Ihre Aufgabe ist es also nicht, alle gezeigten Zusammenhänge zu verstehen, sondern eine Orientierung über die Beschaffenheit der Achsen und Werte zu erhalten.

Um Ihnen diese Übung ein wenig zu erleichtern, werden wir die Informationen über dieses Diagramm nochmals gemeinsam erarbeiten. Betrachten Sie dazu noch einmal die oben genannten Fragen und versuchen Sie eigene Antworten zu erarbeiten. Versuchen Sie nun zusätzlich, diese möglichst kurz und aussagekräftig zu formulieren. Es geht nur um eine Orientierung und weniger um logisches Verstehen. Welche Schritte würden Sie aus den gegebenen Informationen ergreifen? Kontrollieren Sie danach Ihre Ergebnisse anhand der folgenden Auflösung.

Informationen über die Achsen:

1. Zweidimensionales Diagramm
2. x-Achse: Gewichtsprozent von $\frac{\text{Arzneistoff}}{\text{Wasser}}$
   y-Achse: Temperatur in °C
3. Beide Achsen linear
4. x-Achse: relative Werte
   y-Achse: lineare Werte
5. Keine Unterbrechungen oder Änderungen der Werte
6. Beide Achsen analog
7. Keine Besonderheiten

Informationen über die Werte:

1. Phasendiagramm (Wenn unbekannt: Punkt 1 überspringen)
2. Mischung aus relativen und absoluten Werten
3. Einzelne feste Werte, sonst Schätzungen
4. Keine Unterbrechungen in den Werten
5. 15 % und 80 %, 18 °C und 92 °C als Begrenzungen

Resultierende Schritte:

- Achse für Temperatur in gleicher Farbe wie die Werte 18 °C und 92 °C markieren
- Achse für Gewichtsprozent in gleicher Farbe wie die Werte 15 % und 80 % markieren
- Lösungsbogen als Lineal bereitlegen, um Werte abzuschätzen

Durch das Hervorheben der Werte und das visuelle Verbinden mit der dazugehörigen Achse sind Sie in der Lage, das Diagramm stark vereinfacht zu betrachten. Ansonsten würde die Ähnlichkeit zwischen dem Prozentzeichen und der Einheit Grad Celsius ein ständiges Springen Ihrer Betrachtung erzwingen. Eben durch genau solche Schritte wird ihr Handeln effizienter und das zu erwartende Ergebnis gesteigert.

Tabellen

Die zweite Darstellungsform des Untertests sind die bereits angesprochenen Tabellen. Hier gibt es bei Weitem nicht so viele Variationsmöglichkeiten, was unsere Bearbeitungsstrategie einfacher macht.

Jeder von Ihnen hat in der Schulzeit bereits ausgiebig mit verschiedenen Tabellen gearbeitet. Aus diesem Grund ist der Aufbau einer solchen nicht der Schwerpunkt des Kapitels. Vielmehr sollten Sie lernen, aus der Menge an Informationen die wichtigen zu filtern. Um dies effektiv zu tun, sollten Sie die Aussagen als Erstes analysieren.

Hierbei ist entscheidend, dass Sie gleiche Informationen aus den Angaben mit der gleichen Farbe markieren. Auf diese Weise können Sie bei der späteren Bearbeitung mehrere Aussagen zeitgleich überprüfen. Richten Sie deswegen Ihren Fokus besonders auf Fachausdrücke und Signalwörter. Weil das Arbeiten mit diesen nicht exklusiv auf Tabellen beschränkt ist, werden diese später übergreifend behandelt.

Bei der ersten Betrachtung einer Tabelle konzentrieren wir uns auf folgende Punkte:

- Aufbau der Tabelle (Anzahl der Spalten und Zeilen)
- Spalten-/Zeilenbeschriftung (Einheiten, Zuweisungen, Zusammenhänge)
- Art der Werte (absolute Werte, relative Werte)
- Besonderheiten (hervorgehobene Werte, Normabweichungen)

Wie Sie sehen können, sind bei der Bearbeitung einer Tabelle insgesamt weniger Fragen zu stellen. Oftmals ist es eher die Menge an gegebener Information, welche die Herausforderung darstellt.

Beispiel

Milchart	Eiweiß	Fett	Milchzucker	Salze	Energiegehalt
menschliche Muttermilch	1,2 g	4,0 g	7,0 g	0,25 g	294 kJ
Vollmilch	3,5 g	3,5 g	4,5 g	0,75 g	273 kJ
Magermilch	3,3 g	0,5 g	4,5 g	0,75 g	160 kJ
Buttermilch	3,0 g	0,5 g	3,0 g	0,55 g	110 kJ

Ohne Vorwissen über die Fragestellung müssen Sie in der Lage sein, eine knappe Übersicht über die dargestellten Informationen zu erhalten. In diesem Beispiel geht es um den Vergleich der Inhaltsstoffe verschiedener Milcharten. Durch Anwenden der vier Schritte hierauf ergeben sich folgende Informationen:

1. 5 Spalten mit jeweils 4 Zeilen
2. Horizontal: Inhaltsstoffe und Energiegehalt
   Vertikal: Milcharten
3. Alle Werte sind absolute Angaben.
4. keine Normabweichungen (Gewichtsangaben durchgehend in Gramm, Energiegehalt in kJ)

Durch die Beantwortung dieser vier Punkte sind wir in der Lage, uns viel schneller in der Tabelle zu orientieren und Aussagen zu überprüfen. Selbstverständlich wird dies bei einer größeren Anzahl von Zeilen und Spalten zunehmend schwieriger, doch versuchen Sie hier nicht auf die Anzahl, sondern den Sinninhalt zu schließen. Auf diese Weise reduzieren Sie die Informationen und geben sich selbst eine gute Möglichkeit zur Orientierung.

Eine weitere sinnvolle Technik, um Informationen visuell zu reduzieren, ist das partielle Verdecken der Tabelle durch den Antwortbogen. Tun Sie dies vor allem dann, wenn Sie dazu neigen, den anvisierten Datensatz aus den Augen zu verlieren.

Im Rahmen des folgenden Beispiels werden die gleichen vier Schritte noch einmal auf eine größere Tabelle angewendet. Versuchen Sie zuerst, eine eigene Lösung zu generieren, und betrachten Sie erst im Anschluss die vorgeschlagene Lösung. Überlegen Sie zudem, welche Schritte zur vereinfachten Darstellung genutzt werden können.

Beispiel

	Geöffnete Beherbergungsbetriebe [1]	Veränderung gegenüber Vorjahr	Angebotene Schlafgelegenheiten [1]	Veränderung gegenüber Vorjahr	Durchschnittliche Auslastung der angebotenen Schlafgelegenheiten
	Anzahl	%	Anzahl	%	% [2]
Insgesamt	**52 473**	*- 1,3*	**3 563 788**	*0,1*	*34,8*
	nach Ländern				
Baden-Württemberg	6 892	*- 0,5*	396 590	*0,2*	*36,2*
Bayern	12 492	*- 2,0*	698 793	*- 0,7*	*34,9*
Berlin	799	*0,6*	136 154	*5,0*	*55,0*
Brandenburg	1 659	*0,2*	126 326	*1,2*	*29,7*
Bremen	118	*2,6*	13 350	*4,6*	*42,4*
Hamburg	339	*2,7*	54 524	*1,9*	*58,8*
Hessen	3 534	*- 0,4*	250 010	*0,3*	*35,8*
Mecklenburg-Vorpommern	3 016	*- 0,8*	290 239	*0,0*	*30,7*
Niedersachsen	5 535	*- 4,6*	386 383	*- 0,5*	*31,2*
Nordrhein-Westfalen	5 331	*- 0,2*	365 711	*- 0,1*	*35,4*
Rheinland-Pfalz	3 666	*- 0,5*	238 713	*- 0,6*	*27,1*
Saarland	279	*0,7*	23 322	*10,6*	*32,9*
Sachsen	2 134	*- 2,2*	148 207	*- 0,3*	*37,0*
Sachsen-Anhalt	1 093	*- 2,0*	72 075	*- 2,1*	*29,5*
Schleswig-Holstein	4 226	*- 1,1*	256 778	*0,2*	*32,7*
Thüringen	1 360	*0,2*	106 613	*1,2*	*34,3*
	nach Betriebsarten				
Hotels, Gasthöfe, Pensionen	34 003	*- 1,5*	1 758 230	*0,5*	*40,6*
Hotels (ohne Hotels garnis)	13 307	*- 0,5*	1 086 346	*0,7*	*42,9*
Hotels garnis	7 581	*- 1,2*	353 262	*2,3*	*44,1*
Gasthöfe	7 864	*- 3,4*	191 512	*- 2,8*	*26,9*
Pensionen	5 251	*- 1,9*	127 110	*- 1,7*	*32,0*
Ferienunterkünfte und ähnliche Beherbergungsstätten	13 883	*- 1,4*	685 809	*- 0,2*	*31,9*
Erholungs- und Ferienheime	1 781	*- 0,4*	131 775	*- 1,3*	*32,4*
Ferienzentren	113	*- 4,2*	68 830	*2,2*	*41,5*
Ferienhäuser und Ferienwohnungen	10 067	*- 1,8*	320 915	*- 1,0*	*28,3*
Jugendherbergen und Hütten	1 922	*0,2*	164 289	*1,4*	*34,7*
Campingplätze	2 818	*- 0,5*	882 996	*- 0,6*	*10,9*
Sonstige tourismusrelevante Unterkünfte	1 769	*1,5*	236 753	*1,3*	*67,1*
Vorsorge- und Rehabilitationskliniken	901	*0,8*	156 937	*0,4*	*81,7*
Schulungsheime	868	*2,4*	79 816	*3,0*	*37,5*

1 Stand: Juli.
2 Rechnerischer Wert (Übernachtungen/Bettentage) x 100.

Unter Betrachtung der vier Fragestellungen erhalten wir folgende Informationen:

1. 5 Spalten, 2 Gruppen mit vielen Zeilen (genaue Anzahl uninteressant, da zu groß)
2. Horizontal: Betriebe, Schlafplätze, Auslastung und deren Veränderungen
   Vertikal: Auflistung der Länder und Betriebsarten
3. Mischung aus absoluten und relativen Werten
4. Angegebene Basiswerte, Berechnung für letzte Spalte angegeben

Resultierende Schritte:

- Markieren der Basiswerte (in gleicher Farbe wie ihre Spaltenbenennung)
- Hervorheben der Berechnung (in gleicher Farbe wie die entsprechende Spalte)
- Bereitlegen des Lösungsbogens als Lineal

Vergessen Sie bitte nicht, dass die hier angebotene Bearbeitungsstrategie darauf abzielt, eine nahezu mechanische Betrachtung der Aufgaben zu ermöglichen. Ein tieferes Verständnis für die dargestellten Diagramme und Tabellen zu entwickeln, ist aufgrund der sehr knapp bemessenen Zeit sowie der vorangegangenen kognitiven Beanspruchung nicht immer möglich. Stellen Sie sich also später beim Reflektieren der Übungsaufgaben die Frage, durch welche Schritte Sie eine schnellere Lösungsfindung hätten erreichen können.

Für den letzten Schritt der Bearbeitungsstrategien gehen wir nun auf die zu überprüfenden Aussagen ein. Diese sind hier besonders wichtig, da sie Ansprüche an die TMS-Teilnehmer stellen, welche sie von den anderen Untertests abgrenzen. Wie zuvor bereits erklärt, prüft dieser Teilbereich des TMS vor allem, ob Daten objektiv betrachtet werden. Es geht an dieser Stelle nicht um die Interpretation von möglichen Aussagen, sondern ausschließlich um die Frage: „Kann ich diese Aussage wirklich aus den mir gegebenen Daten bestätigen respektive widerlegen?".

Bitte beachten Sie, dass vor den Aussagen immer aufgeführt ist, nach welchem Kriterium wir diese bearbeiten sollen. Dies hervorzuheben, ist essenziell wichtig und darf niemals vergessen werden. Verwenden Sie zwei verschiedene Farben, um die Suche nach ableitbaren Aussagen von den nicht ableitbaren visuell zu trennen.

Für die Bearbeitung einer Aussage sind folgende Punkte zentral:

- Art der Aussage (spezifische Aussage, allgemeine Aussage)
- Art der gesuchten Lösung (relative Werte, absolute Werte)
- Besonderheiten (Fachbegriffe, Signalwörter)

Es gibt zwei verschiedene Arten von Aussagen, mit welchen wir uns hier beschäftigen. Eine spezifische Aussage prüft mit Fokus auf einen einzelnen Wert. Aus diesem Grund müssen wir unsere Abbildung für genau diesen Fall überprüfen und versuchen, die Aussage zu bestätigen. Gelingt uns dies, so ist diese ableitbar. Eine allgemein gehaltene Aussage hingegen gibt eine Art Regel vor. Hier liegen unsere Bemühungen darin, eine Ausnahme zu finden. Können wir eine allgemeine Aussage auch nur an einer Stelle widerlegen, so ist sie nicht mehr haltbar. Andernfalls wird sie als richtig angenommen.

Markieren Sie sich, nach welchem Aspekt Sie die Tabelle betrachten werden. Dieser Punkt ist eng verbunden mit der Art der Aussage. Sie müssen in der Lage sein, diese auf das Wesentliche zu reduzieren. Konzentrieren Sie sich bei diesem Schritt auf alle relativen sowie absoluten Werte und heben Sie diese hervor.

Sollten Sie an dieser Stelle bemerken, dass die in der Tabelle gezeigten Werte relativ sind, wohingegen nach absoluten Werten gesucht wird, so konzentrieren Sie sich vorerst auf die anderen Aussagen. In einem solchen Fall muss nach einer Möglichkeit der Berechnung Ausschau gehalten werden. Da jedoch in der gleichen Zeit oftmals mehrere Lösungsmöglichkeiten bearbeitet werden können, ist das momentane Aussetzen der Aussage die bessere Option.

Abschließend suchen Sie sich noch Fachbegriffe sowie Signalwörter, durch welche Sie die Aussage direkt an die Tabelle oder das Diagramm binden können. Es ist wichtig, dass Sie darauf achten, dieselben Farben zu verwenden. Hierdurch reduzieren Sie die visuellen Informationen auf ein Minimum. Die Zeit, welche Sie hierbei investieren, holen Sie ohne Weiteres in der Bearbeitung wieder heraus.

Zusammenfassung

Gehen Sie also immer nach dem im Folgenden zusammengefassten Muster vor:

- **Auswahl einer Aufgabe** — 5 Sekunden maximal

Auch bei diesem Untertest sind die Aufgaben nach ansteigender Schwierigkeit sortiert. Da dies jedoch subjektiv anders empfunden werden kann, sollten Sie sich kurz einen Überblick über bis zu drei Abbildungen verschaffen. Hieraus wählen Sie das Diagramm oder die Tabelle aus, welches/welche Ihnen am ehesten zuspricht. Bitte versuchen Sie diesen Schritt möglichst kurz zu halten und entscheiden Sie sich spontan nach Ihrem Gefühl. Haben Sie mit einer Aufgabe angefangen, so wechseln Sie nach spätestens 10 Sekunden nicht mehr. Durch mehrfaches Umschwenken auf andere Aufgaben würden Sie sich nur selbst verwirren. Entscheiden Sie sich deswegen und konzentrieren Sie sich auf die vorliegende Aufgabe.

- **Markieren der gesuchten Bearbeitung** — 2 Sekunden maximal

Es gibt nur zwei Bearbeitungsformen in diesem Untertest. Entweder liegt unser Fokus auf richtigen Aussagen oder wir versuchen, falsche Lösungsmöglichkeiten zu finden. Aus diesem Grund müssen Sie deutlich markieren, wonach gesucht wird.

- **Bearbeitung der Aussagen** — je 5 Sekunden pro Aussage

In diesem Schritt konzentrieren Sie sich nun ausschließlich auf die zu überprüfenden Aussagen. Markieren Sie hier folgende Punkte:

- Art der Aussage (spezifische Aussage, allgemeine Aussage)
- Art der gesuchten Lösung (relative Werte, absolute Werte)
- Besonderheiten (Fachbegriffe, Signalwörter)

Beachten Sie dabei, dass Sie für identische Begriffe auch die gleichen Farben verwenden sollten. Durch dieses Vorgehen können Sie später mehrere Aussagen zeitgleich überprüfen.

- **Betrachtung der Abbildung** — 20 Sekunden maximal

Dieser Schritt ist mit der wichtigste. Sie müssen die Informationen, welche im Diagramm (oder in der Tabelle) dargestellt sind, visuell reduzieren. Verwenden Sie hierzu die folgenden Punkte, je nach Abbildung:

- Diagramm: Informationen über die Achsen, Informationen über die Werte
- Tabellen: Informationen über Spalten, Zeilen und Besonderheiten

Lernen Sie hierfür die oben aufgeführten Punkte auswendig und verinnerlichen Sie diese. Es ist absolut notwendig, einen festen Algorithmus zur Bearbeitung der Aufgabe zu besitzen. Dies macht den Unterschied zwischen einem durchschnittlichen und einem überdurchschnittlichen Ergebnis aus. Verwenden Sie zum Hervorheben der Informationen die richtigen Farben. Ihr Fokus sollte darauf liegen, einen einfachen Wechsel zwischen den Aussagen und der Abbildung zu ermöglichen. Verwenden Sie deswegen gleiche Farben für identische Fachbegriffe und Einheiten. Beachten Sie bitte, dass es manche TMS-Teilnehmer bevorzugen, die Reihenfolge von Schritt 3 und 4 zu vertauschen. Aus diesem Grund sollten Sie beide Möglichkeiten in Betracht ziehen und für sich ausprobieren.

■ Überprüfung der Aussagen

15 Sekunden pro Aussage

Orientieren Sie sich bei diesem Schritt daran, ob es sich um eine allgemeine oder eine spezifische Aussage handelt. Dies entscheidet darüber, worauf Sie Ihren Fokus legen müssen:

- Allgemeine Aussage: Versuchen Sie die Aussage durch eine Ausnahme zu widerlegen.
- Spezifische Aussage: Überprüfen Sie den angegebenen Wert in der Abbildung.

Sollten sich hierbei mehrere Aussagen auf die gleichen Bereiche der Abbildung beziehen, so können Sie diese zeitgleich überprüfen. Hier liegt auch die große Stärke dieser Bearbeitungsstrategie. Sie filtern Informationen und verbinden diese visuell, um sie danach zeiteffizient zu bearbeiten.

Bearbeitungsstrategie im Überblick

Übungsaufgaben

Bei diesem Untertest haben Sie für jede Aufgabe eine durchschnittliche Bearbeitungszeit von 150 Sekunden. Um zeiteffizient zu arbeiten, ist es notwendig, einen festen Algorithmus zu besitzen, nach welchem die vorliegenden Abbildungen und Aussagen bearbeitet werden.

Aus diesem Grund ist es ratsam, die Übungen zu diesem Kapitel erst einige Tage nach dem Verinnerlichen der zu beachtenden Punkte anzugehen. Nur so haben Sie die Möglichkeit, den vollen Nutzen auszuschöpfen und eine Rückmeldung bezüglich Ihrer Stärken und Schwächen zu bekommen.

Des Weiteren bedenken Sie bitte, dass es sich hier um den letzten Untertest des TMS handelt. In der Prüfungssituation werden Sie bereits einige Stunden gearbeitet haben, was physiologischen wie auch kognitiven Stress mit sich bringt. Bearbeiten Sie deswegen die folgenden Übungen nicht in einem ausgeruhten Zustand. So würden Sie sich selbst die Chance auf eine situationsangepasste Reflektion nehmen. Natürlich werden Sie nicht die Möglichkeit haben, einen mehrstündigen TMS vor der Übungsphase zu imitieren. Suchen Sie sich aber eine mindestens zweistündige Aufgabe, welche Sie kognitiv fordert. Beispielsweise könnten Sie Abituraufgaben aus dem Bereich der Naturwissenschaften bearbeiten. Stellen Sie sich davor einen Wecker und beginnen Sie danach ohne Pause mit der Übung des Untertests „Diagramme und Tabellen".

Es folgen nun sechs Aufgaben, die nach folgendem Schema zu lösen sind:

1. Beantworten Sie, ob eine ableitbare oder nicht ableitbare Aussage gesucht wird.
2. Betrachten Sie das Diagramm/die Tabelle nach dem gelernten Schema.
3. Heben Sie farblich die Zusammenhänge zwischen der Abbildung und den Aussagen hervor.
4. Nutzen Sie die Informationen der Darstellung, um die Aussagen zu bestätigen oder zu widerlegen.
5. Geben Sie zu jeder falschen bearbeiteten Aussage den Grund an, weswegen Sie diese ausgeschlossen haben.

Das Einüben eines solchen Algorithmus ist für das zeiteffiziente Lösen dieses Aufgabentyps ein sehr wertvolles Werkzeug.

- **Anzahl der Figuren:** 6
- **Zeit pro Aufgabe:** 150 s
- **Gesamtzeit der Übung:** 15 min

93 Die folgende Grafik zeigt die prozentualen Anteile von Männern und Frauen an den im Jahr 1974 wegen eines Magengeschwürs (Ulcus) stationär behandelten Patienten verschiedener Altersgruppen.

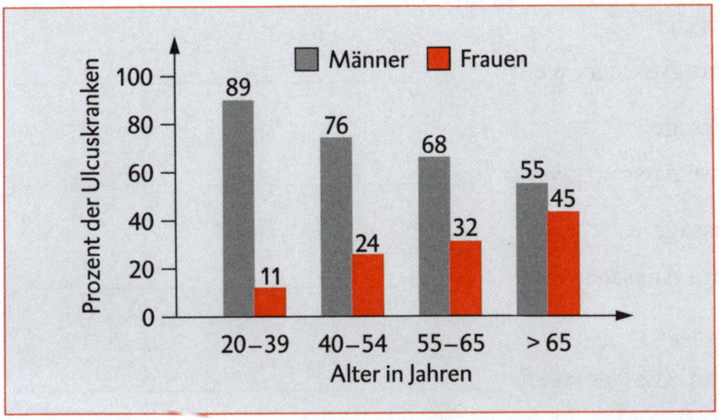

Welche der folgenden Aussagen lässt sich aus den dargestellten Informationen ableiten?

a In der Gruppe der 20- bis 39-jährigen wurden etwa achtmal so viele Männer wie Frauen stationär wegen eines Ulcusleidens behandelt.

b Während 11 Prozent der 20- bis 39-jährigen Frauen an Ulcus erkrankten, waren in der Gruppe der 40- bis 54-jährigen Frauen etwa doppelt so viele Ulcuserkrankungen festzustellen.

c Die absolute Zahl der wegen eines Ulcusleidens stationär behandelten Männer ist in der Gruppe der über 65 Jahre alten Patienten etwa fünfmal größer als bei 20- bis 39-jährigen Frauen.

d Der Anteil der Männer an den Ulcuspatienten wird mit zunehmendem Alter immer größer.

e 32 Prozent der stationär behandelten Frauen entstammen der Altersgruppe der 55- bis 65-jährigen.

Nach welcher Aussage wird gesucht?

☐ ableitbare Aussage ☐ nicht ableitbare Aussage

Welche Aussage ist die Lösung?

a ☐ gesuchte Aussage
☐ nicht gesuchte Aussage, weil: ______________________________

b ☐ gesuchte Aussage
☐ nicht gesuchte Aussage, weil: ______________________________

c ☐ gesuchte Aussage
☐ nicht gesuchte Aussage, weil: ______________________________

d ☐ gesuchte Aussage
☐ nicht gesuchte Aussage, weil: ______________________________

e ☐ gesuchte Aussage
☐ nicht gesuchte Aussage, weil: ______________________________

94 Das Diagramm stellt für einen ruhenden, unbekleideten Erwachsenen Körpertemperatur, Wärmebildung und Wärmeabgabe bzw. -aufnahme jeweils in Abhängigkeit von der Umgebungstemperatur dar.

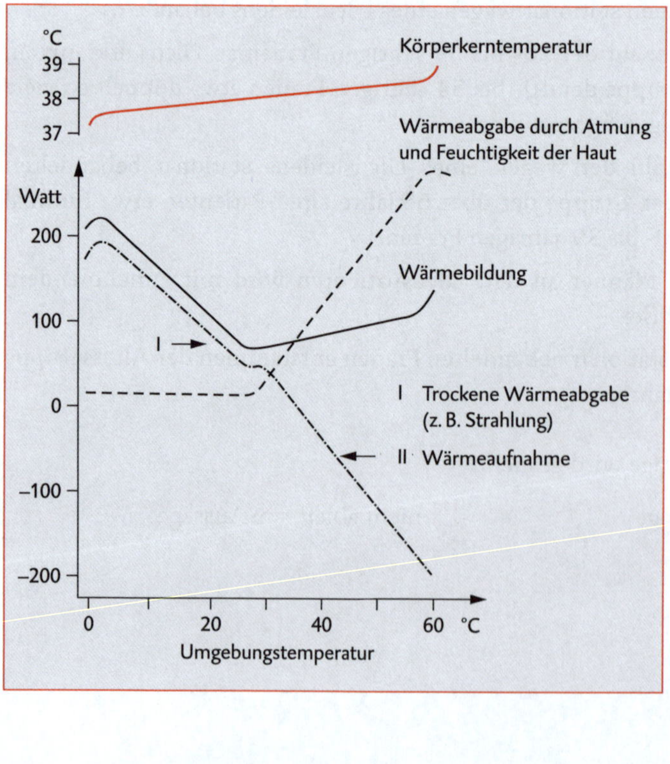

Welche der folgenden Aussagen lässt sich aus den dargestellten Informationen ableiten?

a Die Körperkerntemperatur ist unabhängig von der Umgebungstemperatur.

b Bei hohen Umgebungstemperaturen bildet der Körper keine eigene Wärme mehr.

c Umgebungstemperaturen von 25 °C bis 30 °C erfordern vom Körper die wenigsten wärmebildenden Maßnahmen.

d Die Wärmebildung des Körpers und die Körperkerntemperatur verhalten sich bei niedrigen Umgebungstemperaturen weitgehend proportional zueinander.

e Die Wärmeabgabe durch Strahlung gewinnt bei Temperaturen von mehr als 28 °C zunehmend an Bedeutung.

Nach welcher Aussage wird gesucht?

☐ ableitbare Aussage ☐ nicht ableitbare Aussage

Welche Aussage ist die Lösung?

a ☐ gesuchte Aussage
☐ nicht gesuchte Aussage, weil: ______________________________

b ☐ gesuchte Aussage
☐ nicht gesuchte Aussage, weil: ______________________________

c ☐ gesuchte Aussage
☐ nicht gesuchte Aussage, weil: ______________________________

d ☐ gesuchte Aussage
☐ nicht gesuchte Aussage, weil: ______________________________

e ☐ gesuchte Aussage
☐ nicht gesuchte Aussage, weil: ______________________________

95 Die umseitig gezeigte Tabelle gibt den Bildungsstand der österreichischen Bevölkerung zu verschiedenen Zeitpunkten an. Berücksichtigt wurden nur Menschen im Alter zwischen 24 und 65 Jahren, aufgeschlüsselt nach Geschlecht und Bildungsstufe.

Bildungsstand der Bevölkerung (25–64 Jahre) nach Geschlecht und Bildungsstufen in %									
Schultyp	2010**			2001**			1991**		
	insg.	m.	w.	insg.	m.	w.	insg.	m.	w.
Tertiärstufe*	15,4	14,5	16,3	10,3	10,5	10,5	6,9	7,8	6,0
Universität, Fachhochschule	12,0	12,8	11,2	7,5	8,8	6,2	5,3	6,9	3,7
Akademien	2,8	1,4	4,3	2,3	1,1	3,5	1,6	0,9	2,3
Sekundarstufe	68,4	73,8	63,0	63,4	70,3	56,4	59,0	67,0	50,9
Berufsbildende höhere Schulen	8,8	8,8	8,8	6,2	7,1	5,3	4,7	5,7	3,7
Allg.bildende höhere Schulen	5,8	5,3	6,2	4,7	4,6	4,9	4,7	4,6	4,8
Lehre	39,9	50,7	29,2	39,4	51,1	27,7	37,0	48,6	25,4
Berufsbildende mittlere Schule	13,8	8,9	18,7	13,1	7,5	18,6	12,5	8,1	17,0
Pflichtschule	16,2	11,7	20,7	26,2	19,3	33,1	34,2	25,3	43,1

Welche der folgenden Aussagen lässt sich aus den dargestellten Informationen ableiten?

a Im Jahr 2001 haben mehr Frauen als Männer die Sekundarstufe absolviert.

b Männer stellen in allen Zeitstufen einen höheren Anteil als Frauen, was das Absolvieren einer Lehre betrifft.

c Im gezeigten Diagramm hat der Anteil der Frauen, welche eine berufsbildende höhere Schule absolvierten, zu den einzelnen Zeitpunkten stets zugenommen.

d Während im Jahr 1991 noch rund jeder Dritte die Pflichtschule als höchsten Bildungsstand hatte, ist es 2010 nur noch jeder Vierte.

e Im Jahr 2010 besuchten immer noch weniger als eine Person von 50 als höchste Bildungsstufe eine Akademie.

Nach welcher Aussage wird gesucht?

☐ ableitbare Aussage ☐ nicht ableitbare Aussage

Welche Aussage ist die Lösung?

a ☐ gesuchte Aussage
☐ nicht gesuchte Aussage, weil: ______________________

b ☐ gesuchte Aussage
☐ nicht gesuchte Aussage, weil: ______________________

c ☐ gesuchte Aussage
☐ nicht gesuchte Aussage, weil: ______________________

d ☐ gesuchte Aussage
☐ nicht gesuchte Aussage, weil: ______________________

e ☐ gesuchte Aussage
☐ nicht gesuchte Aussage, weil: ______________________

96 Ein Kreisdiagramm gibt meistens relative Werte wieder, sodass über die absoluten Zahlen keine Aussagen gemacht werden können. Kennt man jedoch die Gesamtheit, können viele Informationen bestimmt und abgelesen werden. Im folgenden Diagramm werden relative Krebshäufigkeiten aufgezeigt, welche jedoch erst mit der Zahl der Gesamterkrankten in Verbindung gebracht werden müssen.

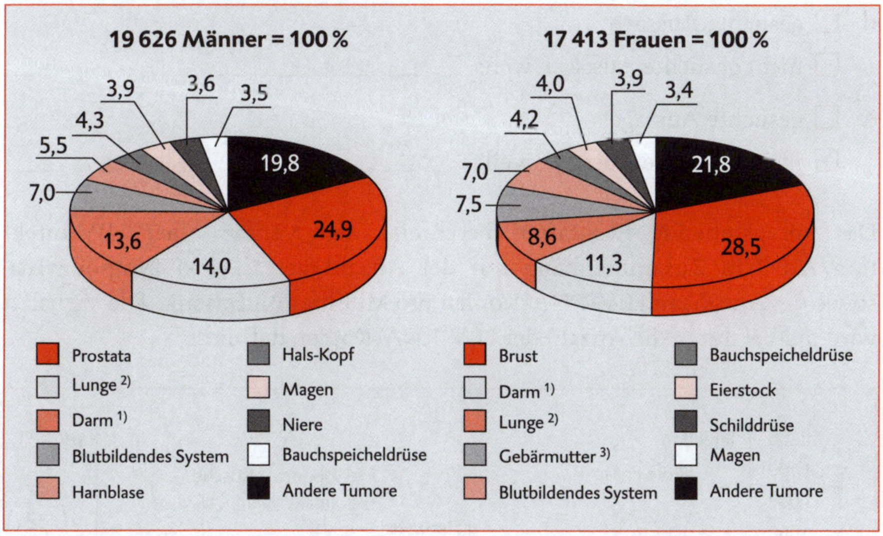

Welche der folgenden Aussagen lässt sich aus dem Diagramm ableiten?

a Bauchspeicheldrüsenkrebs kommt relativ gesehen bei Männern häufiger vor.

b Prostata- und Brustkrebs machen zusammen mehr als 50 % aller gezeigten Krebsarten aus.

c Es gibt mehr Fälle von Magenkrebs bei Männern als Schilddrüsenkrebs bei Frauen.

d Bei Männern gibt es mehr als 2 800 Fälle von Lungenkrebs.

e Krebs der Gebärmutter ist bei Frauen der dritthäufigste.

Nach welcher Aussage wird gesucht?

☐ ableitbare Aussage ☐ nicht ableitbare Aussage

Welche Aussage ist die Lösung?

a ☐ gesuchte Aussage
☐ nicht gesuchte Aussage, weil: ______________________________

b ☐ gesuchte Aussage
☐ nicht gesuchte Aussage, weil: ______________________________

c ☐ gesuchte Aussage
☐ nicht gesuchte Aussage, weil: ______________________________

d ☐ gesuchte Aussage
☐ nicht gesuchte Aussage, weil: ______________________________

e ☐ gesuchte Aussage
☐ nicht gesuchte Aussage, weil: ______________________________

97 Das untenstehende Diagramm beschreibt den Verlauf einer HIV-Infektion/AIDS in Zusammenhang mit der Anzahl der $CD4^+$-T-Lymphozyten, sowie der Anzahl an HIV-RNA-Kopien pro Milliliter Blutplasma. Die Viruslast wird hierbei durch die Anzahl der HIV-RNA-Kopien definiert.

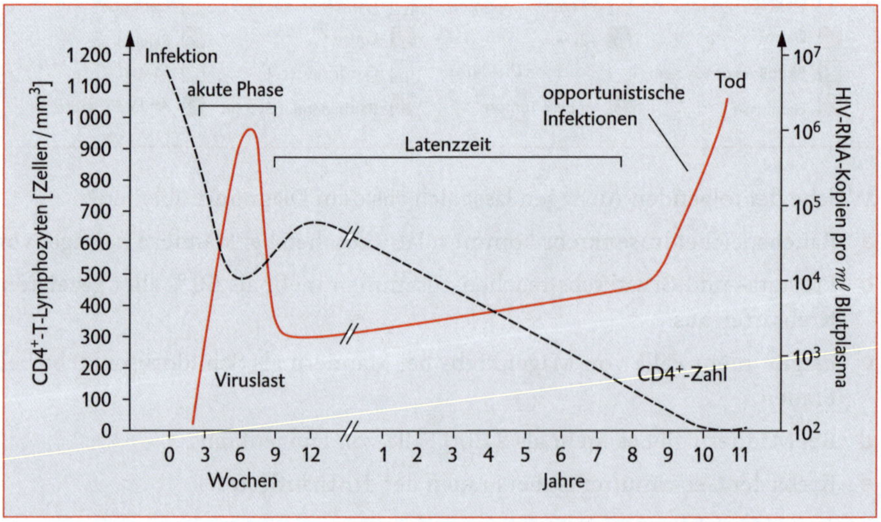

Welche der folgenden Aussagen lässt sich aus dem Diagramm ableiten?

a Die Viruslast ist um die 6. Woche am höchsten.

b Die Viruslast steigt vom 9. Jahr auf das 10. Jahr um etwa 100 % an.

c Im beobachteten Zeitraum liegt die Viruslast pro Milliliter erst ab dem 5. Jahr dauerhaft über der $CD4^{+}$-T-Lymphozyten-Zellzahl pro Milliliter.

d Zwischen der akuten Phase und der Latenzzeit nimmt die Viruslast um mehr als den Faktor 100 ab.

e Ab dem Zeitpunkt der Infektion nimmt die $CD4^{+}$-T-Lymphozyten-Zellzahl stetig ab.

Nach welcher Aussage wird gesucht?

☐ ableitbare Aussage ☐ nicht ableitbare Aussage

Welche Aussage ist die Lösung?

a ☐ gesuchte Aussage
☐ nicht gesuchte Aussage, weil: ____________________

b ☐ gesuchte Aussage
☐ nicht gesuchte Aussage, weil: ____________________

c ☐ gesuchte Aussage
☐ nicht gesuchte Aussage, weil: ____________________

d ☐ gesuchte Aussage
☐ nicht gesuchte Aussage, weil: ____________________

e ☐ gesuchte Aussage
☐ nicht gesuchte Aussage, weil: ____________________

98 Bei der Chromatographie werden polare Substanzen von einem Lösungsmittel durch ein Glasröhrchen transportiert. Bei hoher Polarität passiert der Transport schneller. Mittels Lichtabsorption wird dann gemessen, wie schnell die mittransportierten Substanzen gewandert sind. Verschiedene Substanzen haben eine für sich charakteristische Transportzeit (Retentionszeit auf der x-Achse), bei welcher sie einen Peak in der Intensität (y-Achse) aufweisen. Somit kann man messen, welche Substanzen in einer Probe sind, wobei die Menge des Stoffes nicht mit der Höhe des Peaks korrelieren muss.

Das unten stehende Diagramm einer Chromatographie zeigt eine unbekannte Probe XY. In der Tabelle daneben sind die charakteristischen Retentionszeiten verschiedener Substanzen angegeben.

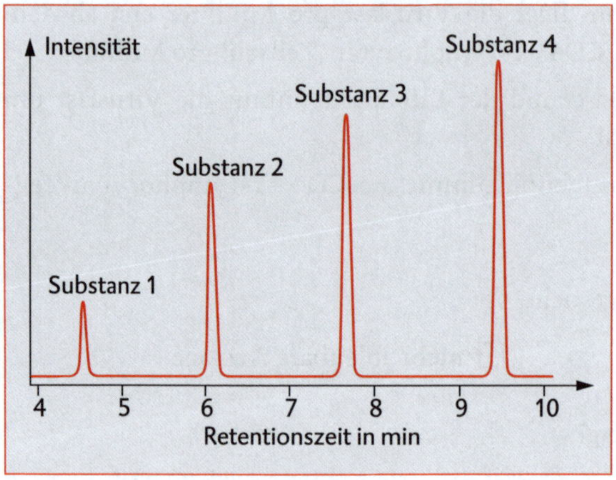

charakteristische Retentionszeiten
Substanz S: 4,5 min
Substanz H: 7,8 min
Substanz I: 5,1 min
Substanz E: 9,4 min
Substanz L: 6,1 min
Substanz D: 8,3 min

Welche der folgenden Aussagen lässt sich aus dem Diagramm ableiten?

a Es war am meisten von Substanz E in der Probe.

b Es war mit Sicherheit Substanz L in der Probe XY enthalten.

c Die Probe XY enthielt mit Sicherheit keine Substanz D.

d Substanz H weist eine höhere Polarität als Substanz I auf.

e Die Retentionszeit von S beträgt weniger als die Hälfte der Retentionszeit von Substanz D.

Nach welcher Aussage wird gesucht?

☐ ableitbare Aussage ☐ nicht ableitbare Aussage

Welche Aussage ist die Lösung?

a ☐ gesuchte Aussage
☐ nicht gesuchte Aussage, weil: ______________________

b ☐ gesuchte Aussage
☐ nicht gesuchte Aussage, weil: ______________________

c ☐ gesuchte Aussage

☐ nicht gesuchte Aussage, weil: ______________________

d ☐ gesuchte Aussage

☐ nicht gesuchte Aussage, weil: ______________________

e ☐ gesuchte Aussage

☐ nicht gesuchte Aussage, weil: ______________________

Verbesserungsstrategie

Verschiedene Variationen von Diagrammen und Tabellen bieten die besten Möglichkeiten, um eine große Menge an Informationen darzustellen. Aus diesem Grund sind sie ein Pfeiler moderner Wissenschaften und werden ständig weiterentwickelt. Durch die Bearbeitung der vorangegangenen Aufgaben haben Sie einen kleinen Einblick in die mögliche Vielfalt erhalten, welche Sie in Ihrem Studium erwartet.
Um Ihr Verständnis über die Anforderungen des Untertests zu vertiefen, sollten Sie die folgenden Fragen konzentriert reflektieren.

Wie haben Sie die folgenden Aspekte des Untertests empfunden?

Das Erkennen von relativen und absoluten Werten:

☐ sehr einfach ☐ eher einfach ☐ eher schwer ☐ sehr schwer

Den Umgang mit logarithmischen Achsen:

☐ sehr einfach ☐ eher einfach ☐ eher schwer ☐ sehr schwer

Das Berechnen von Werten aus Diagrammen und Tabellen:

☐ sehr einfach ☐ eher einfach ☐ eher schwer ☐ sehr schwer

Den Umgang mit speziellen Formulierungen in Aussagen:

☐ sehr einfach ☐ eher einfach ☐ eher schwer ☐ sehr schwer

Platz für weitere Notizen:

Lösungen

Muster zuordnen

1

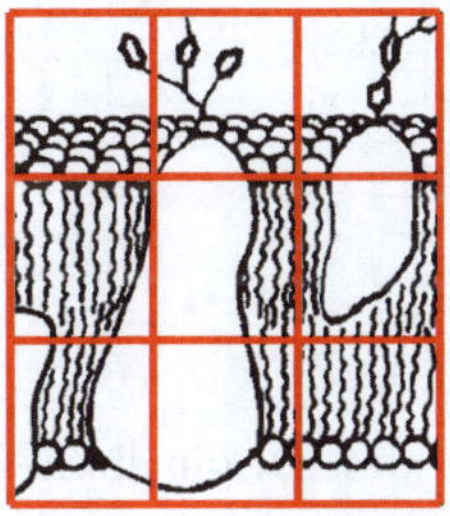

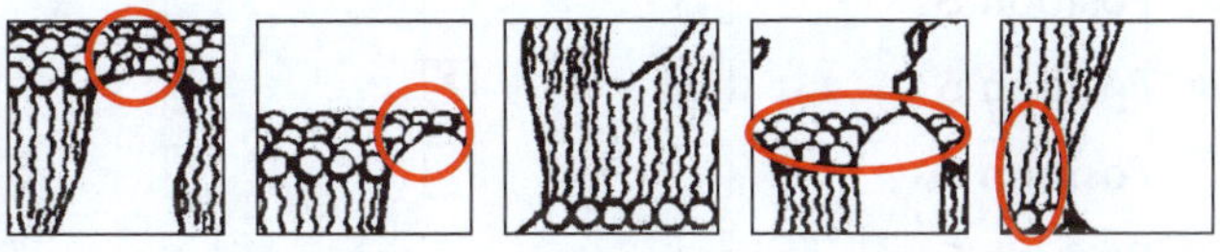

a b c d e

		hinzugefügt	entfernt	gedreht	verschoben	verändert
a	Position **2***	☐	☐	☐	☐	☒
b	Position **2**	☐	☒	☐	☐	☐
c	Position **9**	☐	☐	☐	☐	☐
d	Position **3**	☐	☒	☐	☐	☐
e	Position **7**	☐	☐	☐	☐	☒

In diesem Fall können durch den direkten Vergleich von a mit b gleich zwei Möglichkeiten auf einmal ausgeschlossen werden. Wenn wir Ausschnitte aus gleichen Bereichen haben, ist es oftmals von Vorteil, diese direkt miteinander zu vergleichen.

Bei Ausschnitt d hat man das Gefühl, dass dieser „zu hell" ist. Das kommt daher, dass Objekten fehlen. Besonders im direkten Vergleich mit den Ausschnitten a und b, die im benachbarten Bereich liegen, bemerkt man dies stark.

2

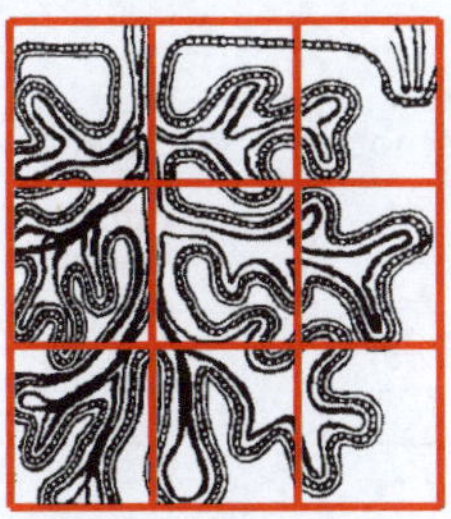

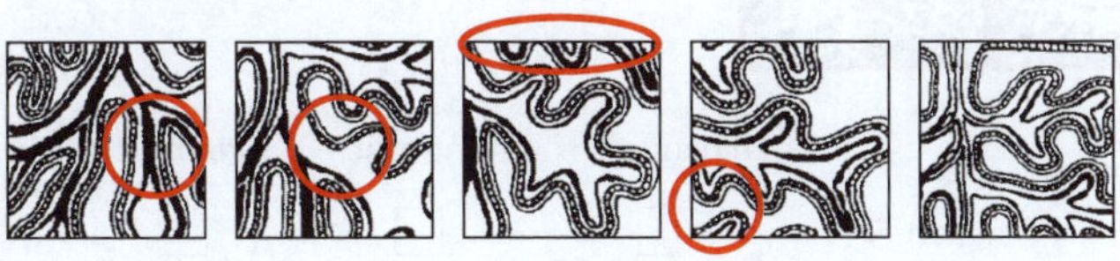

a b c d e

* Bedenken Sie, dass die Zuweisung zu den Positionen häufig nicht ganz eindeutig erfolgen kann, da die Ausschnitte a bis e den Kästchen 1 bis 9 ja nicht genau entsprechen müssen. Wenn Sie also dem Ausschnitt eine benachbarte Position zugewiesen (z. B. 2 statt 1 oder 6 statt 9) und trotzdem den Fehler richtig identifiziert haben, ist das kein Problem. Die Positionen stellen nur eine Hilfestellung dar und müssen nicht ganz eindeutig festgelegt werden.

		hinzugefügt	entfernt	gedreht	verschoben	verändert
a	Position **8**	☐	☐	☐	☐	☒
b	Position **5**	☐	☒	☐	☐	☐
c	Position **9**	☐	☐	☐	☐	☒
d	Position **6**	☐	☐	☐	☐	☒
e	Position **2**	☐	☐	☐	☐	☐

Da wir hier Ausschnitte aus verschiedenen Bereichen des Originalbildes haben, können wir leider wenig mit direkten Vergleichen arbeiten. Vorteile, die wir hier haben, sind, dass Bild a und c insgesamt „zu dunkel“ wirken. Selbst wenn wir im ersten Moment oft nicht sagen können, wodurch dieser Eindruck entsteht, so lässt sich mit hoher Wahrscheinlichkeit ein Fehler finden.

Bei Ausschnitt b entsteht das Gefühl, dass hier „zu viel Raum“ ist. Dies geschieht durch das Entfernen von Objekten, Linien oder das Verschieben ebensolcher.

Um Ausschnitt d ausschließen zu können, ist es notwendig, die „Ränder des Ausschnitts“ auf dem Original nachzufahren. So können zu schmale/breite Objekte aufgedeckt werden.

3

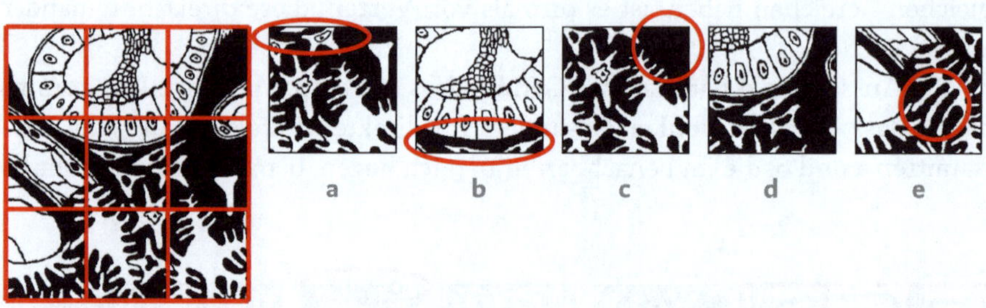

		hinzugefügt	entfernt	gedreht	verschoben	verändert
a	Position **5**	☐	☐	☐	☐	☒
b	Position **2**	☐	☒	☐	☐	☐
c	Position **9**	☐	☒	☐	☐	☐
d	Position **5**	☐	☐	☐	☐	☐
e	Position **8**	☐	☐	☐	☐	☒

Durch den direkten Vergleich von Ausschnitt a mit c können wir sofort sagen, dass einer der Ausschnitte falsch sein muss. Ebenso verhält es sich, wenn wir einen Vergleich der Ausschnitte b und d anstellen. Immer wenn wir Ausschnitte von vergleichbarer Position vorfinden, ist dies ein Vorteil, den wir nutzen sollten.

Bei dem Ausschnitt e können wir schnell merken, dass wir nirgends im Originalbild derart langgezogene Objekte mit Ausrichtung nach links haben.

4

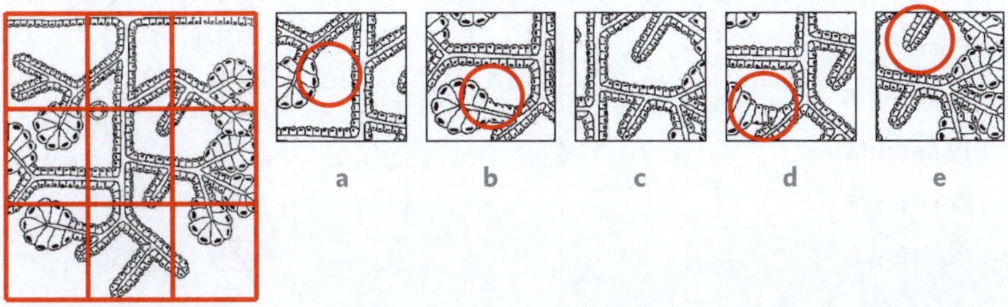

		hinzugefügt	entfernt	gedreht	verschoben	verändert
a	Position 5	☐	✗	☐	☐	☐
b	Position 7	☐	✗	☐	☐	☐
c	Position 5	☐	☐	☐	☐	☐
d	Position 8	☐	☐	☐	☐	✗
e	Position 6	☐	✗	☐	☐	☐

Wenn wir die Ausschnitte den jeweiligen Positionen im Originalbild zuweisen, sehen wir, dass wir die Ausschnitte b und d ebenso wie die Ausschnitte c und e direkt miteinander vergleichen können, da sie auf benachbarten Positionen liegen.

In diesem Bild ist es wenig sinnvoll, nach einem „zu hell“ oder „zu dunkel“ zu suchen. Was uns hier gut hilft, ist die einheitliche Struktur im Originalbild. Wir sehen eine immer wiederkehrende Einheit von Kanälen und Zellabschnitten. Alle Fehler in den Ausschnitten b, d und e sind Abweichungen von ebendiesem Muster.

Das fehlende Objekt im Ausschnitt a sollte sofort ins Auge springen, da es im Original alleine steht.

5

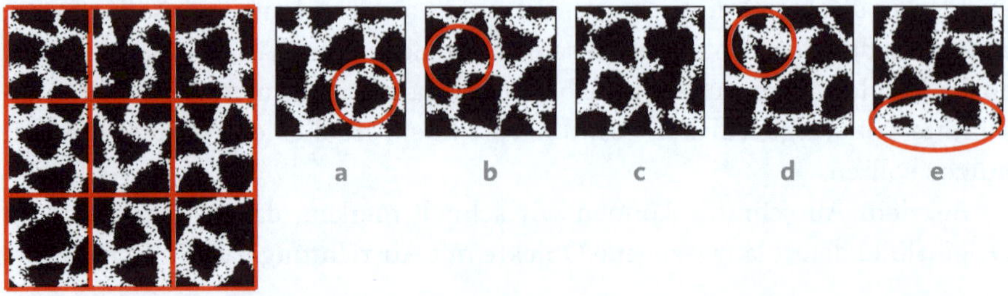

	hinzugefügt	entfernt	gedreht	verschoben	verändert
a Position 9	☐	☐	☒	☐	☐
b Position 5	☐	☐	☐	☒	☐
c Position 1	☐	☐	☐	☐	☐
d Position 5	☐	☐	☐	☒	☐
e Position 8	☐	☐	☐	☒	☐

Sollten wir wie in diesem Fall ein Bild mit einer recht unregelmäßigen Struktur vor uns haben, so ist es oft notwendig, einzelne Elemente zu einem Muster zusammenzufügen. Betrachten Sie also weniger die einzelnen Dreiecke als vielmehr die Konstellation, in welcher sie zueinander stehen.

Da Bildausschnitt b und d aus dem gleichen Bereich des Originalbildes stammen, können wir hier durch einen direkten Vergleich wieder zwei Bildausschnitte gleichzeitig ausschließen. Für e müssen wir uns daran erinnern, dass wir bei Bildausschnitten, welche am Rand des Originalbildes liegen, immer die Abgrenzungen überprüfen.

6

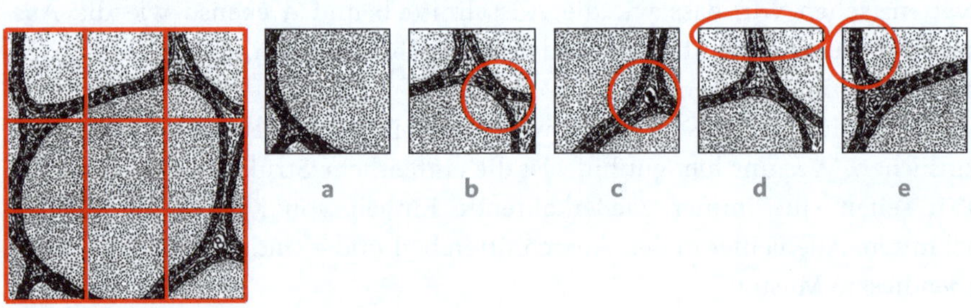

	hinzugefügt	entfernt	gedreht	verschoben	verändert
a Position 7	☐	☐	☐	☐	☐
b Position 3	☐	☐	☐	☐	☒
c Position 9	☐	☐	☐	☐	☒
d Position 3	☐	☐	☐	☒	☐
e Position 1	☐	☒	☐	☐	☐

Bei einem Originalbild wie diesem, in dem wir wenig einzelne Strukturen haben, ist es notwendig, besonders auf Abstände, Winkel und einzelne Linien zu achten. Denn jedes hinzugefügte wie entfernte Objekt würde sofort augenscheinlich werden.

Auch hier bietet es sich wieder besonders an, Bildausschnitt b und d direkt zu vergleichen. Insbesondere für Winkel oder verschobene Objekte ist ein solcher Vergleich mit die effektivste Methode.

Für den Bildausschnitt d überprüfen wir wieder direkt dessen Ränder mit denen des Originalbildes. Wohingegen Bildausschnitt c im Vergleich einfach „zu dunkel" wirkt.

7

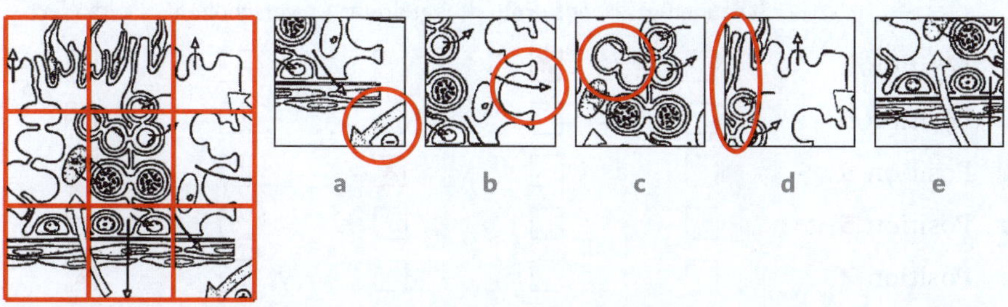

	hinzugefügt	entfernt	gedreht	verschoben	verändert
a Position 9	☐	☐	☐	☐	☒
b Position 6	☐	☐	☐	☐	☒
c Position 5	☐	☒	☐	☐	☐
d Position 3	☐	☐	☐	☐	☒
e Position 7	☐	☐	☐	☐	☐

In allen Bildern, welche mit Symbolen („Plus“, „Minus“) sowie gerichteten Pfeilen arbeiten, ist es notwendig, diese genau zu überprüfen. Oftmals werden wie in Bildausschnitt a Symbole ausgetauscht. Das macht diese Fehler oft schwer zu erkennen, wenn man nicht besonders darauf achtet.

Der veränderte Winkel von Bildausschnitt d ist besonders schwer zu erkennen, da viele die „Breite eines Objekts“ nicht in ihrem Algorithmus integrieren. Versuchen Sie deswegen aktiv, eine Verhältnismäßigkeit der Breite/Höhe/Position der Objekte untereinander zu erstellen. Auf diese Weise kann ein Vergleich wesentlich effizienter erreicht werden.

8

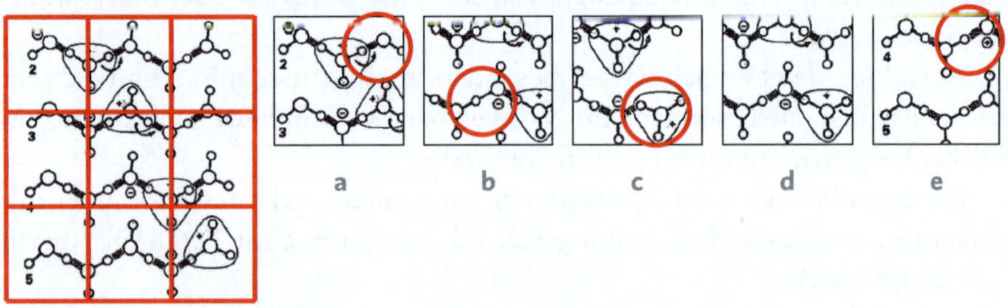

	hinzugefügt	entfernt	gedreht	verschoben	verändert
a Position 2	☐	☒	☐	☐	☐
b Position 5	☐	☐	☐	☐	☒
c Position 9	☐	☐	☒	☐	☐
d Position 5	☐	☐	☐	☐	☐
e Position 7	☐	☐	☐	☐	☒

In diesem Bild haben wir wiederkehrende Strukturen. Achten wir darauf, wie diese Strukturen untereinander verknüpft sind, so können wir sehr schnell Abweichungen von diesem Muster ausfindig machen.

Drei Beispiele hierfür sind die Bildausschnitte a, b und e. In diesen Fällen wurde jeweils das wiederkehrende Muster gebrochen und eine Unregelmäßigkeit erzeugt. Vergleichen Sie deswegen weniger einzelne Objekte als ihre Konstellation mit dem Originalbild.

Zudem bietet sich hier auch wieder ein direkter Vergleich der Bildausschnitte b und d an, da diese aus demselben Bereich des Originalbildes stammen.

Medizinisch-naturwissenschaftliches Grundverständnis

Auf den kommenden Seiten werden die Lösungen für die Übungsaufgaben des Untertests „Medizinisch-naturwissenschaftliches Grundverständnis" aufgeführt. Da die Aufgaben immer nach demselben Algorithmus bearbeitet werden, liegt der Fokus auf den einzelnen Aussagen.

Um den Lernerfolg zu maximieren, sollten Sie sich gerade die Aufgaben genau anschauen, welche Sie nicht richtig bearbeitet haben. Nur so können Sie erkennen, durch welche Feinheiten im TMS Fallen gestellt werden. Bedenken Sie, dass im TMS nahezu alle Teilnehmer ihre allgemeine Hochschulreife bereits besitzen. Um hier die Teilnehmer anhand ihrer Leistungsfähigkeit zu differenzieren, wird auf die verschiedensten Methoden zurückgegriffen. Wir versuchen, die gängigsten Varianten aufzugreifen und zu erklären.

9 Gesucht sind **ableitbare Aussagen**. **Antwortmöglichkeit e** ist richtig.

Aussage I: **korrekt**
Akute Infekte erhöhen die Temperatur und erschweren so die Unterscheidung zwischen der ersten und zweiten Zyklushälfte.

Aussage II: **korrekt**
Die Schilddrüsenhormone erhöhen zum Beispiel als Reaktion auf eine Infektion die Stoffwechselleistung und damit die Körpertemperatur. Gleiches passiert aber auch bei einer Überfunktion.

Aussage III: **inkorrekt**
Adrenalin und Cortison erhöhen zwar die Temperatur ähnlich dem Progesteron während der zweiten Zyklushälfte, aber der Kehrschluss, dass allein durch eine resultierende Temperaturerhöhung eine Fruchtbarkeit herbeigeführt werden kann, ist abwegig.

10 Gesucht sind **ableitbare Aussagen**. **Antwortmöglichkeit d** ist richtig.

Aussage I: **korrekt**
Bei Colitis ulcerosa ist die innere Darmschicht betroffen, bei Morbus Crohn sind alle Darmschichten betroffen. Die Aussage ist damit richtig.

Aussage II: **inkorrekt**
Bei Colitis ulcerosa findet sich typischerweise eine Entzündung im Dickdarm. Dennoch kann dieser Bereich auch durch Morbus Crohn betroffen sein. Es ist also nicht möglich, eine eindeutige Diagnose auf Basis dieser Information zu treffen.

Aussage III: **korrekt**
Die Beschreibung trifft auf Morbus Crohn zu. Dieses verursacht ein fünffach erhöhtes Krebsrisiko. Auch wenn dies niedriger als bei Colitis ulcerosa ist, so ist es dennoch erhöht.

11 Gesucht ist die **nicht ableitbare Aussage**. **Aussage I** ist als unzutreffend auszuwählen.

Aussage I: **inkorrekt**
Es ist zwar richtig, dass es zu einem rasch fortschreitenden Abbau kommt, doch ist der Anbau ungeordnet. Die Gefahr besteht bei dieser Aussage darin, das geänderte Adjektiv zu überlesen. Durch richtiges Lesen kann die Aufgabe bereits an dieser Stelle beantwortet werden.

Aussage II: **korrekt**
Bei dieser Aussage ist das Signalwort „kann" sehr wichtig. Durch das Eröffnen einer Möglichkeit kann eine Antwort viel eher als richtig angenommen werden. Würde stattdessen ein „Immer" behauptet werden, wäre diese Aussage nicht ableitbar.

Aussage III: **korrekt**
Auch in diesem Fall haben wir durch das Signalwort „vergleichsweise" eine gute Möglichkeit, die Aussage als richtig anzusehen. Die Informationen gehen aus dem Text hervor.

Aussage IV: **korrekt**
Weil der Nachweis der Aminosäuren im Blut direkt an Morbus Paget geknüpft wurde, ist diese Aussage als richtig anzusehen.

Aussage V: **korrekt**
Im vorliegenden Text erhalten wir Informationen darüber, dass das Krankheitsbild von Osteodystrophia deformans durchaus zu verdickter Knochenmasse führt, welche brüchiger ist. Somit ist es möglich, die gegebene Information dem Text zu entnehmen.

12 Gesucht sind hier die **nicht ableitbaren Aussagen**. **Antwortmöglichkeit d** ist richtig.

Aussage I: korrekt
Diese Aussage muss als ableitbar angesehen werden, da auf die im Text dargestellten Lymphome genau dieser Sachverhalt zutrifft. Bei diesen ist es trotz früher Metastasierung unter Umständen möglich, eine erfolgreichere Behandlung durchzuführen.

Aussage II: inkorrekt
20 % der Brusttumore haben bei einer Größe von 1 cm bereits metastasiert und 30 % aller Krebspatienten haben bei ihrer Erstdiagnose bereits Metastasen. Allerdings sind das zwei unabhängige Aussagen, eine schlussfolgernde Verknüpfung ist nicht zulässig.

Aussage III: inkorrekt
Im vorliegenden Fall kann die Aussage nicht aus dem Text abgeleitet werden. Dies liegt daran, dass die Aussage von lymphogenen Metastasen spricht, wohingegen der Text ausschließlich Lymphome behandelt. Somit haben wir keine Informationen über deren Metastasen.

13 Gesucht sind hier **ableitbare Aussagen**. **Aussage IV** ist als die einzig richtige auszuwählen.

Aussage I: inkorrekt
Durch den Text wird uns die Information gegeben, dass die atypische Ulcera häufiger mit dem Zollinger-Ellison-Syndrom auftritt. Zudem finden wir einen geklärten Zusammenhang zwischen der typischen Ulcera bei der Blutgruppe 0. Doch es wird nie erwähnt, dass wir bei dieser Blutgruppe auch das Zollinger-Ellison-Syndrom vermehrt beobachten können. Die Aussage kann somit nicht abgeleitet werden.

Aussage II: inkorrekt
Auch zu dieser Aussage finden wir keinen Beleg im Text. Somit ist die Information nicht auf Basis des Textes ableitbar.

Aussage III: inkorrekt
In diesem Fall muss aufgepasst werden: Der behauptete Zusammenhang wird im Text genau andersherum erwähnt. Oftmals wird bei Aussagen, welche sich auf Zahlenverhältnisse beziehen, nur auf die Faktoren geachtet wie „zweimal", „viermal" etc. Doch muss selbstverständlich auch überprüft werden, ob die „Richtung" des dargestellten Verhältnisses korrekt ist.

Aussage IV: korrekt
Diese Aussage kann so abgeleitet werden. Denn aus dem Text geht hervor, dass der Substanzdefekt bei einem Durchbruch Ulcus genannt wird, während es sich im vorangegangenen Stadium um eine Erosion handelt.

Aussage V: inkorrekt
Wir haben keinen Textbeleg dafür, dass die chronischen Infektionen vor den 1980er-Jahren selten waren. Erst zu diesem Zeitpunkt wurde eine chronische Infektion mit Helicobacter pylori als wichtiger Ulcus-Auslöser erkannt, doch dies hat keine Auswirkung auf die Anzahl der Erkrankungen im Vorfeld.

14 Gesucht ist die **nicht ableitbare Aussage**. **Aussage III** ist als falsch auszuwählen.

Aussage I: korrekt
Aus dem Text geht hervor, dass das kleinste bekannte Wirbeltier der Frosch Paedophryne amauensis ist. Die Formulierung impliziert, dass es noch kleinere geben kann, somit ist diese Aussage als richtig anzusehen.

Aussage II: korrekt
Vertebrata sind ein Unterstamm der Chordatiere, d. h., nicht alle Chordatiere sind Vertebrata, aber alle Vertebrata sind Chordatiere. Achten Sie bitte darauf, dass bei Klassifizierungen oftmals Begriffe vertauscht werden, um falsche Aussagen zu erzeugen.

Aussage III: inkorrekt
Bei dieser Aussage ging es wieder um die genaue Zuordnung der Zahl zu den Begriffen. Die 58 000 lebenden Arten werden den Vertebrata zugesprochen, von denen die Chordatiere einen Unterstamm darstellen. Somit kann die Aussage nicht richtig sein.

Aussage IV: korrekt
Es ist richtig, dass der Balaenoptera musculus, auch Blauwal genannt, zu den Schädeltieren zählt. Der Text nennt ihn als größtes bekanntes Wirbeltier; die Taxa „Schädeltier“ und „Wirbeltier“ werden synonym gebraucht.

Aussage V: korrekt
Auch diese Information können wir so dem Text entnehmen. Die Verwendung des Konjunktivs „könnte“ macht diese Aussage noch einmal überzeugender. Bitte achten Sie auf solche Schlüsselwörter.

15 Gesucht sind die **ableitbaren Zusammenhänge**. **Antwortmöglichkeit b** ist richtig.

Aussage I: korrekt
Aus dem Text geht hervor, dass eine erhöhte CO_2-Konzentration die zentralen Chemorezeptoren stimuliert. Durch diesen Prozess werden der Atemantrieb und damit das Atemminutenvolumen erhöht. Der Zusammenhang ist somit vorhanden und auch richtig dargestellt.

Aussage II: inkorrekt
Diese Aussage ist nicht richtig. Zwar werden durch die fallende Sauerstoffkonzentration Chemorezeptoren angesprochen, doch handelt es sich hierbei um die peripheren Chemorezeptoren. Die im Hirnstamm werden als zentrale Chemorezeptoren bezeichnet. Somit ist der Zusammenhang nicht gegeben.

Aussage III: korrekt
Wie wir dem Text entnehmen können, werden durch einen niedrigen pH-Wert die peripheren Chemorezeptoren angesprochen. Ein Teil von diesen befindet sich im Glomus caroticum. Somit ist der Zusammenhang vorhanden und richtig dargestellt.

16 Gesucht sind die **ableitbaren Aussagen**. **Antwortmöglichkeit c** ist richtig.

Aussage I: inkorrekt
In diesem Fall wurden ähnliche Worte mit unterschiedlicher Bedeutung verwendet. Jedoch ist die Bezeichnung für eine Leukozytenanzahl von über 100 000/μl Hyperleukozytose, nicht Hyperleukopenie (vgl. auch Leukopenie = Verminderung der Leukozyten). Bitte achten Sie deswegen besonders auf die Endungen von Fachbegriffen.

Aussage II: inkorrekt
Aus dem Text geht hervor, dass es bei einer Leukämie zu einer Vermehrung der weißen Blutkörperchen kommt. Dies lässt jedoch keinen Schluss auf die Anzahl der Blutplättchen zu. Somit ist die Aussage nicht ableitbar.

Aussage III: inkorrekt
Auch hier ist ein falscher Zusammenhang dargestellt. Wir wissen, dass beide Umstände eine Leukozytose erzeugen. Doch der Schluss, dass sie sich deswegen gegenseitig ausschließen, folgt daraus nicht. Auch liefert der Text hierfür keinen Hinweis.

Schlauchfiguren

Auf den kommenden Seiten werden die Lösungen zu den Übungsaufgaben des Untertests „Schlauchfiguren“ behandelt. Bitte beachten Sie, dass die Merkmale, mit deren Hilfe die Verschiebung der Perspektive um den Würfel festgelegt wurde, frei gewählt wurden. Sollten Sie mit anderen Kennzeichen gearbeitet haben und mit diesen auf dasselbe Ergebnis gekommen sein, so ist das ebenso gut. Im TMS zählt am Ende nur das Resultat, nicht der Weg dorthin – und da gibt es meist mehrere.

Um einen besonders guten Lerneffekt zu erzielen, sollten Sie sich jedes verschobene Merkmal genau ansehen und sich fragen, ob Sie es auch gesehen hätten. Oft ist es so, dass bestimmte Eigenschaften eines Würfels nicht nur einmalig, sondern methodisch ignoriert werden. Erweitern Sie also Ihre Lösungswege um den Teil, den Sie bis dahin nicht beachtet haben.

Dokumentieren Sie Ihre Feststellungen im abschließenden Unterkapitel „Verbesserungsstrategie“ des Kapitels „Schlauchfiguren“.

17

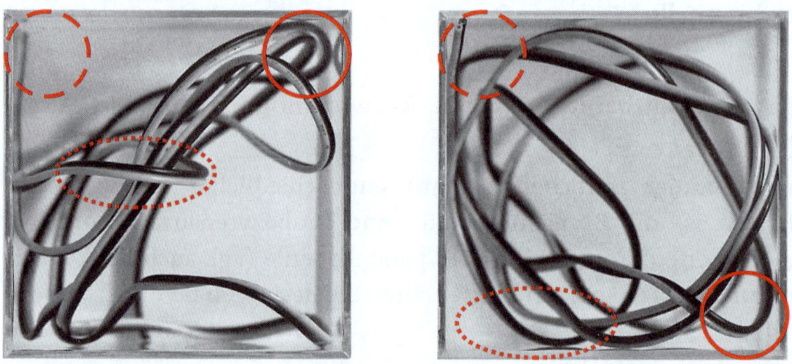

In diesem Fall haben sich die Merkmale auf einer vertikalen Linie verschoben. Es handelt sich also um eine Kippbewegung um den Würfel. Betrachten wir im Originalwürfel die Berührung des Schlauches mit der Vorderseite, so wandert diese bei unserer veränderten Betrachtung auf die untere Seite. Auch das Schlauchende, welches in der ersten Würfel-Ansicht unscharf im Hintergrund ist, wirkt im zweiten Bild scharf. Dies geschieht, da Merkmale der oberen Seite bei einer Kippbewegung der Perspektive nach oben im zweiten Bild als dem Betrachter zugewandt erscheinen. Auch an der Gesamtausrichtung der Schläuche lässt sich die Kippbewegung erahnen.

18

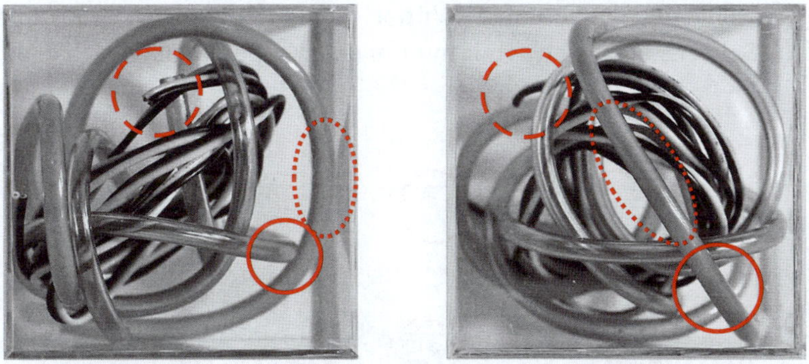

Bei dieser Betrachtung können wir erkennen, dass sich alle Merkmale in ihrer Ausrichtung auf einer horizontalen Linie wiederfinden. Es kann sich also nur um eine Drehbewegung um den Würfel handeln. Sehen wir uns als Erstes Kennzeichen das offene Schlauchende aus der Originalperspektive an, so finden wir dieses auf selber Höhe, aber uns abgewandt und unscharf wieder. Die Berührung des Schlauches mit der rechten Wand erscheint jetzt frontal zum Betrachter. Auch die Überkreuzung der Schläuche ist nun nicht mehr zur rechten Wand ausgerichtet, sondern zur Vorderseite. Es kann sich somit nur um eine Betrachtung von rechts handeln.

19

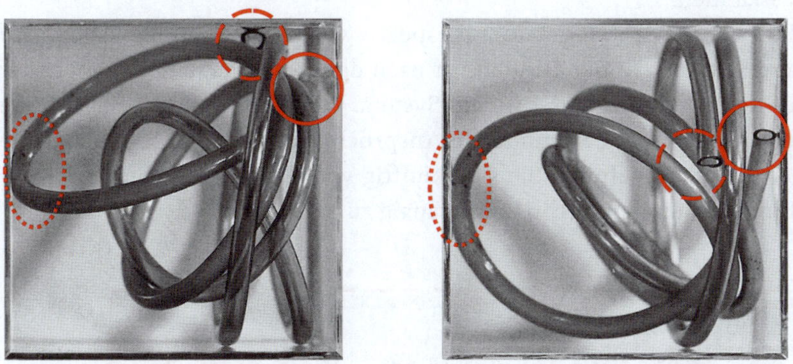

In diesem Fall hat sich die Perspektive auf alle beobachteten Merkmale in einer vertikalen Linie verschoben. Es muss sich also um eine Kippbewegung um den Würfel handeln. Was einem hier besonders gut weiterhelfen kann, ist die Tatsache, dass wir beim Originalbild genau eine Berührung des Schlauches mit der linken Seite des Würfels sehen. In der zweiten Betrachtung finden wir diese Berührung auch auf ebendieser Seite. Die beiden markierten Schlauchenden waren nahe der oberen Seite des Würfels und befinden sich nach der

Bewegung der Perspektive um den Würfel nun auf der dem Betrachter zugewandten Seite. Es kann sich somit nur um eine Kippbewegung nach oben handeln.

20

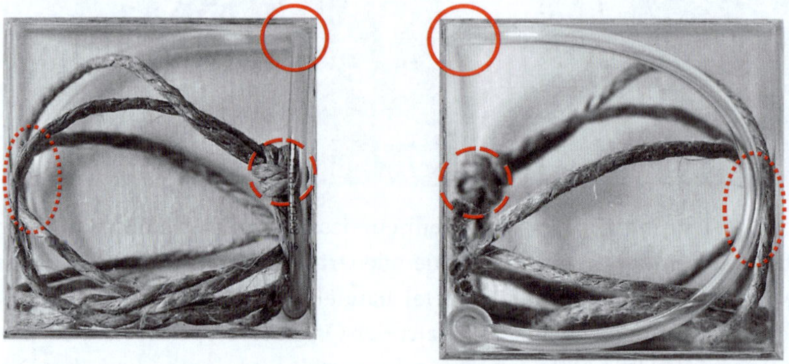

Bei Betrachtung dieser Würfel-Abbildungen sollte sehr schnell auffallen, dass alle beobachteten Merkmale auf der zweiten Abbildung gespiegelt erscheinen. Selbstverständlich handelt es sich auch bei der Betrachtung von hinten um eine Drehbewegung auf einer horizontalen Linie. Sie können alle Öffnungen, Knoten, Berührungen mit den Wänden und Freiräume ebenso gut wie im Original erkennen.

Die Prüfung, ob es sich bei dem Perspektivwechsel um eine Bewegung auf die hintere Seite des Kubus handelt, ist nach der Hervorhebung ausgewählter Merkmale der erste Schritt in unserem System. Deswegen sollte diese Aufgabe nicht mehr als maximal 7 Sekunden in Anspruch genommen haben. Haben Sie länger gebraucht, so nehmen Sie sich künftig vor, die Frage nach der Spiegelung in Ihrem Lösungsalgorithmus vorrangig zu behandeln.

21

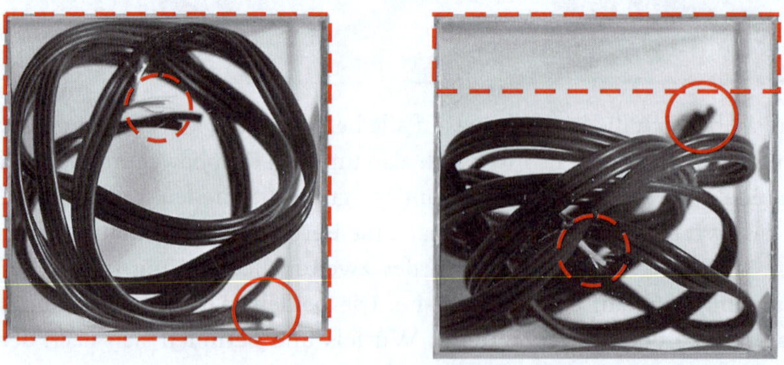

In diesem Fall stellen wir uns eine Verschiebung aller beobachteten Merkmale auf einer vertikalen Linie vor. Es muss sich also um eine Kippbewegung um den Würfel handeln. Bei der Klärung der Frage, ob diese nach oben oder unten erfolgt ist, hilft uns besonders der Freiraum im oberen Bereich des zweiten Kubus. Wenn wir den ersten Würfel betrachten, so sehen wir, dass die Kabel nahe der Frontseite erscheinen. Der freie Raum muss also im hinteren Bereich des Würfels liegen. Würden wir den Würfel von unten betrachten, so würde der Freiraum den unteren Bereich des zweiten Würfels ausfüllen. Es kann also nur eine Kippbewegung nach oben sein.

22

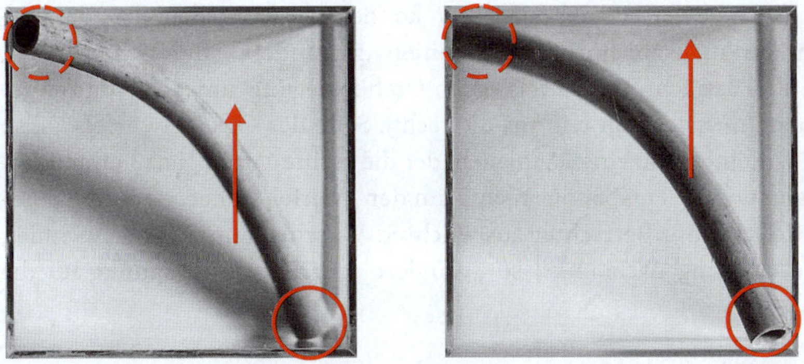

Diese Verschiebung hat es in sich, da wir nicht viele Strukturen haben, mit denen wir arbeiten können. Deswegen müssen wir aus den vorhandenen möglichst viele nützliche Informationen ziehen. Sowohl eine Dreh- als auch eine Kippbewegung des Würfels wären denkbar. Nehmen wir als zusätzliche Idee die Ausrichtung des Schlauches im Raum, können wir dennoch eine eindeutige Bestimmung vornehmen. Im Originalwürfel beschreibt der Schlauch insgesamt einen Bogen zur oberen Seite hin. Diese Ausrichtung bleibt auch im zweiten Würfel erhalten. Würden wir eine Kippbewegung durchführen, so würde sich diese Ausrichtung zur Rückseite hin verschieben. Auch die Berührungen der Schlauchenden mit der Wand sowie der mögliche Blick in deren Öffnungen sind willkommene Indikatoren.

23

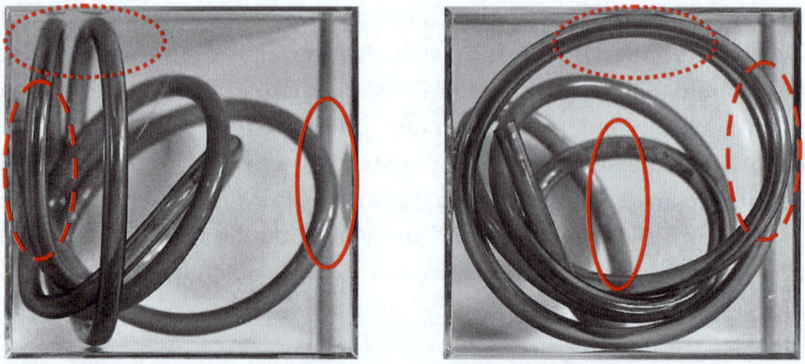

Beim Vergleich beider Würfel-Ansichten können wir feststellen, dass die beobachteten Merkmale auf horizontalen Linien „gewandert“ sind. Das bedeutet, dass sich die Betrachtung mittels einer Drehbewegung um den Würfel geändert haben muss. Sehen wir uns die rechte Seite des Originalwürfels an, so erblicken wir einen einzelnen Schlauch, der die rechte Wand genau einmal berührt. Wenn wir die Perspektive rechts um den Würfel drehen, so ist diese Berührung frontal zum Betrachter ausgerichtet. Verschieben wir aber, wie hier, unsere Betrachtung nach links, so „wandert“ der Berührungspunkt auf die Rückwand.

24

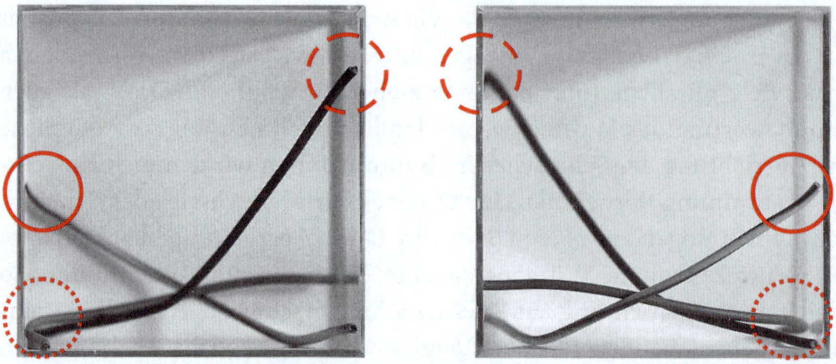

In dieser Abbildung sehen wir, dass alle Merkmale gespiegelt auftreten. Es muss sich also um eine Betrachtung von hinten handeln. Alle Öffnungen, die im ersten Bild schon sichtbar waren, sind auch in der zweiten Ansicht wieder erkennbar.

Wie bei allen Schlauchfiguren, bei denen die Perspektive zu einer Betrachtung von hinten verändert wurde, verschieben sich alle Strukturen, die zuvor dem Betrachter zugewandt waren, nun auf die Rückseite des Würfels.

Quantitative und formale Probleme

Da es bei den meisten Aufgaben unterschiedliche Lösungsansätze gibt und es von Vorteil ist, diese je nach Aufgabe flexibel anwenden zu können, bieten wir für jede Übungsaufgabe aus dem Bereich „Quantitative und formale Probleme" zwei Lösungswege sowie ein paar Tipps zur Aufgabeart an.

Informationen hinter diesem Symbol stehen für **strategische Hinweise** zur Aufgabe. Diese sind oft aufgabenübergreifend und können Ihnen wichtige Informationen darüber geben, wie die Herangehensweise an bestimmte Problemstellungen sein sollte.

Dieses Symbol kennzeichnet einen **mathematischen Weg**. Dabei kann die gezeigte Methode von dem bereits besprochenen Vorgehen abweichen. Dies ist beabsichtigt, da auf diese Weise verschiedene Lösungswege angeboten werden können.

Viele Aufgaben des TMS sind so konzipiert, dass keine komplexe mathematische Berechnung nötig ist, um eine Lösung zu erhalten. Hinter dem Glühbirnen-Symbol finden Sie **alternative Lösungswege**, in welchen logische Annäherung oder das direkte Arbeiten mit den in der Aufgabenstellung angegebenen Lösungsmöglichkeiten bevorzugt behandelt werden.

Hinweis: Sollten Sie beim Abgleich Ihrer eigenen Lösungen mit den hier aufgeführten feststellen, dass Sie Schwierigkeiten mit den Übungsaufgaben zu einem bestimmten Thema haben, so setzen Sie sich mit dem Abschnitt „Verbesserungsstrategie" im entsprechenden Unterkapitel zu „Quantitative und formale Probleme" auseinander. Denn die Werkzeuge, die Ihnen durch dieses Buch geboten werden, sind nur dann effektiv, wenn sie auch genutzt werden.

1 Prozentrechnen

25 Für die Mischung brauchen wir insgesamt **150 g** Bananen. Somit ist **Antwort d** korrekt.

In dieser Aufgabe wird mit prozentualem Anteil gerechnet. Weil der Anteil des Zuckers im Getränk als Prozentsatz angegeben ist, kann hier unabhängig davon das Verhältnis des Zuckergehalts von Bananen und Kirschen verglichen werden.

Da alle Lösungsmöglichkeiten „runde" Werte vorschlagen (z. B. 125 statt 127,15), darf davon ausgegangen werden, dass man hier entweder durch runden bzw. überschlagen oder über einen einfachen Berechnungsweg zum Ergebnis gelangen kann.

Um ein Ergebnis auf mathematischem Weg zu finden, ist als Erstes zu bestimmen, wie viel Zucker am Ende in dem Getränk enthalten sein darf.

$$\text{Gewicht (Zucker)} = 300\,m\ell \cdot 10\,\% = \frac{300\,m\ell}{10} = 30\,m\ell = 30\,g$$

Als nächstes wird ein lineares Gleichungssystem mit zwei Variablen (x = Kirschgewicht, y = Bananengewicht) aufgestellt und gelöst.

$$\begin{array}{lll} \text{I} & x + y = 300\,g & \Leftrightarrow\ y = 300\,g - x \\ \text{II} & x \cdot 8\,\% + y \cdot 12\,\% = 30\,g & \\ & x \cdot 8\,\% + (300\,g - x) \cdot 12\,\% = 30\,g & \\ & 0{,}08x + 36 - 0{,}12x = 30\,g & \\ & 0{,}04x = 6\,g & \Leftrightarrow\ x = 150\,g \\ & & \Rightarrow\ y = 150\,g \end{array}$$

Es dürfen also maximal 150 g Bananen für das Getränk verwendet werden.

Bei dieser Aufgabe bietet es sich an, als Erstes zu überprüfen, welchen Zuckergehalt eine Eins-zu-eins-Mischung von Kirschen und Bananen ergibt. Denn anhand der angegebenen Lösungsmöglichkeiten darf man erwarten, hier auf ein glattes Verhältnis zu kommen.

$7{,}98\,g + 12{,}02\,g = 20g$ auf $100\,g + 100\,g = 200g$

$$\frac{20\,g}{200\,g} = 10\,\%$$

Bei einem Eins-zu-eins-Mischverhältnis liegt also bereits ein Zuckeranteil von 10 % vor. Insbesondere für 300 $m\ell$ eines Getränks mit 10 % Zuckeranteil muss also auch eine Mischung von 1 : 1 angewendet werden. Das Ergebnis ist also d mit 150 g.

26 Der Alkoholgehalt beläuft sich auf etwa **5,5 %** pro Getränk. **Antwort a** ist somit korrekt.

Da die verschiedenen Amaretti im Verhältnis von $\frac{3\,(\text{mit }(25\,\%)}{4\,(\text{mit }20\,\%)}$ verwendet werden, kann man ebenso gut mit einem Amaretto mit ca. 22 % Alkohol arbeiten. Da auch bei dieser Aufgabe die Ergebnisse prozentuale Anteile angeben, kann mit beliebigen Werten erweitert werden, um die Rechnungen zu vereinfachen. Dies gilt allerdings nur, wenn wir davor mit dem oben angesprochenen „Ersatz"-Amaretto arbeiten.

Um die Mischverhältnisse zu bestimmen, müssen zuerst die Zutatenmengen für 14 Cocktails bestimmt werden. Hierzu multipliziert man die Zutatenmengen mit der Anzahl der Getränke:

14 *cl* Erdbeersirup; 70 *cl* Amaretto; 112 *cl* Mangosaft; 84 *cl* Bananensaft

Gesamtvolumen = 280 *cl*

Da nur noch 30 *cl* Amaretto mit 25 % Alkoholgehalt vorhanden sind, werden insgesamt 40 *cl* Amaretto mit 20 % Alkoholgehalt benötigt. Die Gesamtmenge an Alkohol kann also bestimmt werden als die Summe der einzelnen absoluten Alkoholmengen:

$30\,cl \cdot 25\,\% + 40\,cl \cdot 20\,\%$

$7{,}5\,cl + 8\,cl$ Volumen (Alkohol) = 15,5 *cl*

Zuletzt muss nur noch das Alkoholvolumen zum Gesamtvolumen der Mischung ins Verhältnis gesetzt werden, was dem Quotienten der Werte entspricht:

$$\frac{15{,}5\,cl}{280\,cl} \approx 0{,}055 = 5{,}5\,\%$$

Insgesamt hat das Getränk also einen durchschnittlichen Alkoholgehalt von 5,5 %.

Um hier mit möglichst wenig Aufwand ein Ergebnis zu erhalten, wird zunächst ermittelt, wie viel Amaretto in einem normalen Amaretto Sunrise ist.

Gesamtvolumen = 20 *cl*
Volumen (Amaretto) = 5 *cl* (entspricht 25 % des Gesamtvolumens)

Wenn der Amaretto 25 % des Gesamtvolumens einnimmt und selbst nur zu 25 % aus Alkohol besteht, so ergibt das Produkt dieser Anteile den prozentualen Anteil des Alkohols in der normalen Mischung:

$$\text{Volumen (Alkohol)} = 25\,\% \cdot 25\,\% = \frac{25\,\%}{4} \approx 6\,\%$$

Weil der Amaretto, der zusätzlich verwendet wird, weniger als 25 % Alkoholanteil besitzt, ist jede Lösung mit mehr als 6 % abwegig. Somit kann nur Antwort a korrekt sein.

2 Mischungsaufgaben

Mischungsaufgaben arbeiten oft mit prozentualen Anteilen. Investieren Sie deswegen ein wenig Zeit am Anfang, um die Angaben besonders genau zu lesen sowie um eine kurze Übersicht zu erhalten. Oftmals gibt es Möglichkeiten, sich hier viel Zeit zu sparen. Verwenden Sie aber nicht zu viel Zeit darauf. Auch ist es oftmals hilfreich, von den Lösungen ausgehend zu rechnen.

27 Der Alkoholgehalt beträgt **72 %**, damit ist **Lösung b** korrekt.

Die Ergebnisse decken hier einen Rahmen von 66 % bis 74 % ab. Da diese in regelmäßigen Abständen liegen, kann man hier das mittlere Ergebnis von 70 % auch direkt überprüfen. Sollte es die Lösung sein, so hat man die Aufgabe bereits bewältigt. Ist das Ergebnis kleiner oder größer, so scheiden gleich drei Ergebnisse aus. Dieser Weg bietet sich immer an, wenn die Lösungen gleich verteilt sind.

Zuerst wird das Gesamtvolumen der Mischung bestimmt:

$$\text{Gesamtvolumen} = 1\,200\,m\ell + 800\,m\ell = 2\,000\,m\ell$$

Das Volumen des Alkohols in dieser Mischung berechnet sich wie folgt:

$$\begin{aligned}\text{Volumen (Alkohol)} &= 1200\,m\ell \cdot 0{,}8 + 800\,m\ell \cdot 0{,}6\\ &= 1200\,m\ell \cdot \frac{2^3}{10} + 800\,m\ell \cdot \frac{2 \cdot 3}{10}\\ &= 960\,m\ell + 480\,m\ell = 1\,440\,m\ell\end{aligned}$$

Zuletzt muss nur noch das Volumen des Alkohols ins Verhältnis zum Gesamtvolumen gesetzt werden, um den Prozentsatz zu berechnen:

$$\text{Prozentsatz (Alkohol)} = \frac{1\,440\ m\ell}{2\,000\ m\ell} = \frac{720\ m\ell}{1\,000\ m\ell} = 0{,}72 = 72\ \%$$

Es befinden sich also insgesamt 72 % Alkohol in der Mischung. Antwort b ist somit korrekt.

In dieser Aufgabe sollen zwei Alkohole miteinander gemischt werden. Es ist logisch zu sagen, dass das Ergebnis (unabhängig von dem Volumen der beiden Flüssigkeiten) nicht niedriger als 60 % und nicht höher als 80 % werden kann, da dies die Werte der Ausgangsflüssigkeiten sind.
Aus den Werten der Ausgangsflüssigkeiten folgt des Weiteren, dass eine Eins-zu-eins-Mischung beider Flüssigkeiten einen Alkoholgehalt von 70 % ergibt. In unserem Fall haben wir 1,2 ℓ der 80 %igen Flüssigkeit gegenüber 0,8 ℓ der 60 %igen Flüssigkeit. Somit ist es unmöglich, dass die Lösung 70 % oder niedriger ist. Die Antworten a, c und d sind somit falsch.
Um zu bestimmen, ob b oder e korrekt ist, ist zu betrachten, wie sehr die tatsächliche Mischung von einer Eins-zu-eins-Mischung abweicht. Hier entsprechen 200 mℓ einer Abweichung von 2 % (der Bereich geht von 60 % bis 80 % auf 2 000 mℓ). Somit kann nur Antwort b korrekt sein.

28 Insgesamt benötigt man **7 Liter** aus dem zweiten Behälter. **Antwort d** ist richtig.

In diesem Fall ist direkt nach einem Volumen gefragt. Setzt man also eine der möglichen Lösungen ein, so kann man darüber bis zu drei Antwortmöglichkeiten ausschließen.

Die Berechnung des Volumens ist eine feste Formel, die auswendig gelernt werden sollte.

Für das Alkoholvolumen aus dem 10 ℓ-Kanister gilt:

$$\text{Volumen (Alkohol)} = 10\,000\ m\ell \cdot 0{,}36 = 3\,600\ m\ell$$

Da nur die Hälfte davon verwendet werden soll, liegen also 5 ℓ Flüssigkeit mit einem Alkoholvolumen von 1 800 mℓ vor.

Im zweiten Schritt wird eine Gleichung aufgestellt, welche x als Variable für die zu verwendende Flüssigkeitsmenge aus dem zweiten Behälter enthält. Die gesamte Menge an Alkohol ergibt sich dann als Summe aus 60 % von x und den soeben errechneten 1 800 $m\ell$. Diese muss laut Aufgabenstellung 50 % des Gesamtvolumens der Mischung entsprechen. Gleichsetzen und anschließendes Auflösen der resultierenden Gleichung nach x ergibt:

$$1800\,m\ell + x \cdot 0{,}6 = (5\,000\,m\ell + x) \cdot 0{,}5$$

$$1800\,m\ell + 0{,}6x = 2\,500\,m\ell + 0{,}5x$$

$$0{,}1x = 700\,m\ell \quad \Leftrightarrow \quad x = 7\,000\,m\ell$$

Aus dem zweiten Behälter werden also 7 Liter benötigt. Antwort d ist somit korrekt.

Um auf logischem Weg eine Lösung zu finden, wird als Erstes der Alkoholgehalt einer Eins-zu-eins-Mischung beider Flüssigkeiten ermittelt. Dieser entspricht dem Mittelwert der beiden Prozentsätze 36 % und 60 %. Bei einer Mischung im Verhältnis 1 : 1 hat die Flüssigkeit demnach einen Alkoholgehalt von 48 %.
Bei einer Eins-zu-zwei-Mischung macht der 60 %ige Alkohol zwei Drittel der Flüssigkeit aus. Da die Skala über 24 Prozentpunkte reicht (von 36 % bis 60 %), entsprechen zwei Drittel genau 16 Prozentpunkten. Die Eins-zu-zwei-Flüssigkeit hat folglich einen Alkoholgehalt von 52 %.

Wir können erkennen, dass wir etwa einen Mittelwert aus 1 : 1 und 1 : 2 brauchen. Die einzigen beiden Lösungen, die das ermöglichen, sind d und e. Sobald wir einen der Werte überprüft haben, kennen wir also die Lösung.

3 Funktionen

29 Ab **76 Packungen** lohnt es sich, in der Apotheke Rosenthal zu bestellen. **Antwort e** ist richtig.

In diesem Fall macht es wenig Sinn, sich eine Skizze anzufertigen, da es sich in beiden Fällen um lineare Funktionen handelt. Es gibt also keine Unterschiede im Verhalten, die man sich zum Vorteil machen kann.
Achten Sie darauf, dass hier Geldbeträge sowohl in Cent als auch in Euro vorliegen. Entscheiden Sie sich für eine Einheit und wandeln Sie die anderen Beträge entsprechend um, bevor Sie damit arbeiten.

Der Preis für die Packungen in der Apotheke Alexa errechnet sich wie folgt:

$$\text{Kosten (Alexa)} = 35\ \text{Cent} + (35\ \text{Cent} \cdot 0{,}2) = 35 + \left(35 \cdot \frac{1}{5}\right)\ \text{Cent} = 42\ \text{Cent}$$

Im nächsten Schritt erstellt man für die Kosten in Abhängigkeit von der Anzahl der Packungen für beide Apotheken jeweils eine Funktion (wobei alle Preise einheitlich entweder in Euro oder in Cent angegeben werden), setzt dann die beiden Funktionsterme gleich und bestimmt aus der resultierenden Gleichung den gesuchten Wert für x:

$$f_{Rosenthal}(x) = 38x + 600$$
$$f_{Alexa}(x) = 42x + 300$$
$$\Rightarrow 38x + 600 = 42x + 300$$
$$\Leftrightarrow 300 = 4x$$
$$\Leftrightarrow x = 75$$

Ab einer Bestellmenge von 75 + 1 Packungen ist es demnach sinnvoll, in der Apotheke Rosenthal zu bestellen. Antwort e ist richtig.

Um bei dieser Aufgabe schnell eine Lösung zu erhalten, muss zunächst ermittelt werden, was eine Packung in der Apotheke Alexa kostet. Dies funktioniert wie oben beschrieben.

Nun kann ganz einfach errechnet werden, wie hoch der Kostenunterschied bei einer Einzelpackung zwischen den beiden Apotheken eigentlich ist. Analog erhält man den Kostenunterschied bei den Versandkosten:

$$\text{Kostenunterschied (Einzelpackung)} = 42\ \text{Cent} - 38\ \text{Cent} = 4\ \text{Cent}$$

$$\text{Kostenunterschied (Versandkosten)} = 600\ \text{Cent} - 300\ \text{Cent} = 300\ \text{Cent}$$

Wenn also bei jeder gekauften Packung vier Cent gespart werden, so müssen so viele Packungen gekauft werden, dass damit die 300 Cent zusätzliche Versandkosten ausgeglichen werden. Ab diesem Punkt ist es vorteilhaft, bei Apotheke Alexa zu bestellen.

$$\text{Anzahl (Packungen)} = \frac{300}{2^2} = 75$$

30 Die Generationszeit beträgt **50 Minuten**. **Antwort d** ist richtig.

Bei dieser Aufgabe handelt es sich um ein exponentielles Wachstum. Diese Aufgaben sind oft sehr einfach im Kopf zu berechnen, weil alle Stufen des

Wachstums durch den Wert 2^x bestimmt werden können. Zählen Sie also die Anzahl der Verdopplungen.
Bei exponentiellem Wachstum ist es eine sehr gute Idee, eine simple Skizze anzufertigen. Diese muss keinen Graphen zeigen. Oft reicht es vollkommen, sich die einzelnen Werte der Verdopplung zu notieren und mit Pfeilen zu verbinden.

Um diese Aufgabe mathematisch zu bestimmen, müssen wir als Erstes eine Funktion aufstellen, die es uns erlaubt, die Anzahl der Verdopplungen zu berechnen:

$$\text{Funktion}_{\text{Wachstum}}:\ 16\,000 = 250 \cdot 2^x$$

$$2^x = \frac{16\,000}{250}$$

$$2^x = 64 \quad \rightarrow x = 6$$

Zugegeben scheint es nicht einfach, diese Berechnung anzustellen. Doch sind alle Potenzen mit der Basis 2 als Grundwissen zu deklarieren.

Im nächsten Schritt bestimmen wir die verstrichene Zeit und teilen diese durch die Anzahl der Verdopplungen, um die Generationszeit zu bestimmen:

$\text{Differenz}_{\text{Zeit}}$: 12 Uhr – 7 Uhr = 5 Stunden → 300 Minuten

Generationszeit: $\frac{300}{6}$ Minuten = 50 Minuten

Die Generationszeit des Bakteriums beträgt also 50 Minuten. Antwort d ist korrekt.

Da wir es hier mit einer exponentiellen Wachstumsrate zu tun haben, brauchen wir keine umständliche Berechnung. Es reicht vollkommen, wenn wir die Verdopplungsschritte abzählen, die notwendig sind, um von 250 auf 16 000 zu kommen.

250 → 500 → 1 000 → 2 000 → 4 000 → 8 000 → 16 000

Um jetzt auf unsere Generationszeit zu kommen, müssen wir nur noch die Anzahl der Verdopplungsschritte durch unsere Gesamtzeit teilen.

Weil von 7 Uhr bis 12 Uhr insgesamt 5 Stunden vergangen sind, teilen wir also unsere 300 Minuten durch die 6 Verdopplungsschritte. So erhalten wir 50 Minuten und können Antwort d als richtig bestätigen.

4 Proportionalität

31 **Antwort a** ist korrekt. Der Wellenwiderstand Z_w wird in $\frac{kg}{m^2 \cdot s}$ angegeben.

In dieser Aufgabe geht es um direkte und indirekte Proportionalität. Es ist zwingend notwendig, dass Sie die Grundregeln der mathematischen Theorie dahinter auswendig lernen. Ansonsten ist der Zeitverlust bei den Überlegungen viel zu hoch.

Es werden in solchen Aufgaben nie falsche Formeln verwendet. Sollte Ihnen also eine Formel bereits bekannt sein, so können Sie auch direkt mit dieser arbeiten. In diesem Fall ist die Herleitung der Dichte Grundwissen aus der Physik.

Im ersten Schritt wird die Formel für die Dichte aus der Angabe abgeleitet (für Volumen$\neq$0):

$$\text{Dichte} \cdot \text{Volumen} = \text{Masse} \quad \Leftrightarrow \quad \text{Dichte} = \frac{\text{Masse}}{\text{Volumen}}$$

(indirekte Proportionalität von Dichte und Volumen)

Laut Angabe ist der Wellenwiderstand Z_w das Produkt aus Dichte und Schallgeschwindigkeit. In der Kombination der beiden Formeln ergibt sich:

$$Z_w = \text{Dichte} \cdot \text{Schallgeschwindigkeit} = \frac{\text{Masse} \cdot \text{Schallgeschwindigkeit}}{\text{Volumen}}$$

Im letzten Schritt erhält man durch Einsetzen der Einheiten und Kürzen:

$$Z_w = \frac{kg \cdot \frac{m}{s}}{m^3} = \frac{kg}{m^3} \cdot \frac{m}{s} = \frac{kg}{m^2 \cdot s}$$

Auch auf diesem Weg müssen wir als Erstes die Formel der Dichte ableiten (oder aus unserem Grundwissen zitieren). Allerdings können wir hier gleich die SI-Einheiten einsetzen:

$$\text{Dichte} = \frac{\text{Masse}}{\text{Volumen}} = \frac{kg}{m^3}$$

Weil der Wellenwiderstand Z_w ein Produkt aus Dichte und Schallgeschwindigkeit ist, kann die Masse in der Formel nur weiterhin im Zähler stehen. Somit fallen die Antwortmöglichkeiten b und c direkt weg.

Durch die Verrechnung der Dichte mit der Schallgeschwindigkeit wissen wir, dass ein weiteres Mal die SI-Einheit Meter verrechnet werden muss. Somit

fallen auch die Antwortmöglichkeiten d und e weg, da in einem Fall sich die Potenz bei Meter um zwei unterscheidet (m^3 im Gegensatz zu m) oder gar nicht verändert hat.
Nur Antwort a entspricht den erwarteten Veränderungen.

32 Die Beziehung $\mathbf{d^2 \cdot i = \frac{s}{n}}$ ist korrekt. **Antwort e** ist richtig.

Auch bei dieser Aufgabe handelt es sich um direkte und indirekte Proportionalität. Nutzen Sie kurze Markierungen, um zu sehen, wie die verschiedenen Werte sich zueinander verhalten.
Leiten Sie sich aus jeder Bedingung einen mathematischen Zusammenhang ab und führen Sie diese am Ende zusammen. Auf diese Weise können Sie bereits mit Teilergebnissen Antwortmöglichkeiten streichen.

Als Erstes müssen wir uns die mathematischen Zusammenhänge aus den Bedingungen herleiten, um diese danach miteinander zu verknüpfen.

Bedingung 1: $i = s$ bzw. $\frac{i}{s} = 1$

Bedingung 2: $d^2 \cdot n = 1$ bzw. $d^2 = \frac{1}{n}$

Bedingung 3: $s = d^2$ bzw. $\frac{s}{d^2} = 1$

Im nächsten Schritt werden die Bedingungen miteinander verknüpft. Hierfür beachten wir, wie die einzelnen Variablen zueinander stehen und welchen Exponenten sie erhalten müssen:

$i \cdot d^2 \cdot n = s$ bzw. $d^2 \cdot i = \frac{s}{n}$

Somit ist Lösung e korrekt.

Im ersten Schritt müssen wir die mathematischen Zusammenhänge aus den einzelnen Bedingungen ableiten. Danach können wir diese Informationen verwenden, um falsche Lösungen zu streichen.
Da wir wissen, dass $i = s$ sein muss, kann Lösung d nicht richtig sein. Hier unterscheiden sich beide im Exponenten. Durch die Information, dass $d^2 \cdot n = 1$ ist, können wir die Lösungen a und b streichen. Hier stehen die Variablen nicht in der richtigen Relation zueinander. Zuletzt können wir mit der dritten

Bedingung, dass $d^2 \cdot n = 1$ sein muss, auch Lösung c streichen, da sich hier s und d nicht im Exponenten unterscheiden. Somit kann nur Lösung e richtig sein.

5 Dreisatz

33 **Antwort c** ist richtig. Wir brauchen **7 internationale Einheiten Insulin**.

Wenn es in einer Aufgabe mehrere Einheiten gibt, lohnt es sich oft, sie kurz in Beziehung zu setzen, bevor man mit dem Rechnen beginnt.
Sollten Ihnen in einer Aufgabe Einheiten begegnen, mit denen Sie so noch nie gerechnet oder gearbeitet haben, so sind Sie damit garantiert nicht der Einzige. Lassen Sie sich deswegen nicht aus der Ruhe bringen, denn die Gelassenheit durch Vorbereitung wird Sie dann von den anderen abheben.

Als Erstes bestimmen wir die Änderung des Blutzuckerspiegels pro Broteinheit als Verhältnis von Kohlenhydrat zu Blutzucker:

$$3\,g = 10\,\frac{mg}{\%} = 0{,}5\,\frac{mmol}{\ell}$$

$$12\,g = 40\,\frac{mg}{\%} = 2\,\frac{mmol}{\ell}$$

Im nächsten Schritt berechnen wir, wie hoch der Blutzuckerspiegel durch den Verzehr von 9 Broteinheiten steigt:

$$x = 80\,\frac{mg}{\%} + 9 \cdot 40\,\frac{mg}{\%} \quad \Leftrightarrow \quad x = 440\,\frac{mg}{\%}$$

Jetzt müssen wir über die Differenz der beiden Blutzuckerspiegel noch berechnen, wie viel Insulin benötigt wird, um den Wert auf $160\,\frac{mg}{\%}$ zu senken:

$$440\,\frac{mg}{\%} - 160\,\frac{mg}{\%} = x \cdot 40\,\frac{mg}{\%} \quad \Leftrightarrow \quad 280\,\frac{mg}{\%} = x \cdot 40\,\frac{mg}{\%} \quad \Leftrightarrow \quad x = 7$$

Wir benötigen also 7 I. E. Insulin, um den Blutzucker auf $160\,\frac{mg}{\%}$ zu senken. Antwort c ist richtig.

Für diese Aufgabe bestimmen wir als Erstes den Zusammenhang zwischen einer Broteinheit und einer internationalen Einheit Insulin:

$$3\,\text{g} = 10\,\frac{\text{mg}}{\%} = 0{,}5\,\frac{\text{mmol}}{\ell}$$

$$12\,\text{g} = 40\,\frac{\text{mg}}{\%} = 2\,\frac{\text{mmol}}{\ell}$$

An dieser Stelle können wir bereits erkennen, dass eine Broteinheit den Blutzuckerspiegel um $2\,\frac{\text{mmol}}{\ell}$ erhöht, während eine internationale Einheit Insulin ihn um den gleichen Wert mindert. Wir wären also in der Lage, den Effekt von 9 Broteinheiten durch die Zugabe von 9 I. E. Insulin aufzuheben. Beachten wir jetzt noch den Grenzwert von $160\,\frac{\text{mg}}{\%}$, welcher dem Nüchternwert plus 2 Broteinheiten entspricht, so brauchen wir nur noch 7 I. E. Insulin.

34 Das Kind mit 25 kg darf höchstens **3 Tabletten** einnehmen. **Antwort c** ist richtig.

Sollten Sie (beim Üben) den Einstieg in eine Aufgabe nicht auf Anhieb finden, können Sie von dieser Aufgabe mehr lernen. Schreiben Sie sich auf, wo Ihre Schwierigkeiten liegen und analysieren Sie danach die Lösung. Auf diesem Weg finden Sie eine neue Herangehensweise an Probleme.

Im ersten Schritt bestimmen wir die Menge an Wirkstoff pro Tablette. Die Information darüber finden wir darin, dass eine Vergiftungserscheinung bei einem durchschnittlichen Erwachsenen bei 16 Tabletten auftritt und mit 8 Gramm Wirkstoff erreicht wird:

$$16x = 8\text{g} \;\Leftrightarrow\; x = 0{,}5\,\text{g}$$

Im nächsten Schritt müssen wir berechnen, wie hoch die maximale Dosis ist, welche ein Kind mit einem Gewicht von 25 kg Gewicht zu sich nehmen darf:

$$25\,\text{kg} \cdot 60\,\frac{\text{mg}}{\text{kg}} = 1\,500\,\text{mg} = 1{,}5\,\text{g}$$

Anschließend müssen wir nur noch die Anzahl der Tabletten bestimmen, welche insgesamt diese Menge an Wirkstoff enthalten:

$$x \cdot 0{,}5\,\text{g} = 1{,}5\,\text{g} \;\Leftrightarrow\; x = 3$$

Somit ist Lösung c korrekt.

In dieser Aufgabe gibt es kaum eine Möglichkeit, durch Logik schneller eine Lösung zu erarbeiten. Allein in der Art, wie man die Berechnungen anstellt, kann man hier noch ein wenig effektiver werden.
Immer, wenn wir eine Zahl durch 16 teilen wollen, so können wir sie alternativ auch durch 2^4 teilen. Dividieren wir sie also vier Mal durch den Wert zwei, so kommen wir einfacher auf das Ergebnis.
Des Weiteren ist es so, dass wenn wir eine Zahl mit 25 multiplizieren wollen, wir sie ebenso durch 2^2 teilen und dann mit 100 multiplizieren können.
Diese Berechnungen scheinen komplizierter zu sein, doch mit etwas Übung ist man vor allem in Stresssituationen sicherer und schont seine Ressourcen.

6 Umformungen

35 Wir können insgesamt 1 650 Zellmembranen mittig durch den Zellkern legen. Somit ist **Antwort e** mit **$1{,}65 \cdot 10^3$** richtig.

Es ist nicht nur ratsam, sondern notwendig, sich vor der Prüfung die Tabellen für die Einheiten zu verinnerlichen (vgl. Seite 134). Die Mühe, die man hier anfangs investiert, kommt einem danach in Form von richtigen Ergebnissen und einem guten Gefühl zugute.
Da in dieser Aufgabe verschiedene Größeneinheiten vorkommen, ist es ratsam, sich eine kurze Skizze über ihren Zusammenhang zu machen (sich dabei aber auf die Größen, die in der Aufgabe auch eine Rolle spielen, zu beschränken):
$1\ \mu m = 1\ nm \cdot 10^3$

Um diese Werte miteinander vergleichen zu können, müssen wir sie zuerst auf eine gemeinsame Einheit bringen.
$10\ \mu m = 10\ nm \cdot 10^3 = 10\,000\ nm$

Jetzt setzen wir nur noch die Breite des Zellkerns ins Verhältnis zur Dicke der Zellmembran:
$$\frac{10\,000\ nm}{6\ nm} \approx 1650$$
Zuletzt kann diese Zahl noch umgeformt werden, damit sie auch in der Darstellung einem der Ergebnisse entspricht.
$1\,650 = 1{,}65 \cdot 10^3$

Somit ist Antwort e richtig.

Mikrometer unterscheiden sich von Nanometern um den Faktor 10^3. Da es sich nicht um 1 Mikrometer gegenüber 1 Nanometer, sondern um 10 Mikrometer gegenüber 6 Nanometern handelt, ergibt sich folgendes Verhältnis:

$$\frac{10 \cdot 10^3\ \text{nm}}{6\ \text{nm}} = \frac{10\,000\ \text{nm}}{6\ \text{nm}}$$

Dieser Bruch muss nicht einmal mehr gekürzt werden, um das Ergebnis eindeutig zu bestimmen. Denn wenn wir unsere Auswahlmöglichkeiten überprüfen, sehen wir, dass wir nur die Auswahl zwischen 165 (b), 1 650 (e), 16 500 (a sowie d und damit ohnehin falsch, da es nur eine richtige Lösungsmöglichkeit gibt) und 165 000 (c) haben. Wir können mit einem Blick abschätzen, dass die Lösung etwas mit 1 000 sein muss. Somit kann nur e die richtige Lösung sein.

36 Ab einer Masse von **7,2 mg** Batrachotoxin wird das beschriebene Gift für einen Organismus mit 3,6 Tonnen Körpergewicht tödlich. **Antwort c** ist korrekt.

Bei Aufgaben, bei denen es um das Verhältnis von zwei Einheiten zueinander geht (wie hier Giftmenge zu Körpergewicht), ist es oftmals vorteilhaft, auf ein ganzzahliges Verhältnis zu erweitern. Viele Schätzungen lassen sich dann unkompliziert treffen.
Um im Vorfeld ein Gefühl für verschiedene Größeneinheiten zu bekommen, ist es hilfreich, sich Beispiele für die jeweiligen Größen zu merken. Auf diese Weise ist es viel einfacher, neue Informationen einzubinden. Die dadurch wieder freien Kapazitäten sind während des TMS mehr als willkommen.

Um einen guten Einstieg in die Aufgabe zu finden, bringen wir als Erstes unser angegebenes Verhältnis der letalen Dosis in eine anschaulichere Form:

$$\frac{0{,}25\ \mu\text{g}}{125\ \text{g}} = \frac{2\ \mu\text{g}}{1000\ \text{g}} = 2\ \frac{\mu\text{g}}{\text{kg}}$$

Da wir nun wissen, welche Masse an Gift auf 1 kg Körpergewicht tödlich ist, müssen wir dieses nur noch auf das gesuchte Gewicht hochrechnen. Dazu setzen wir das bekannte Gewicht mit der errechneten Dosierung gleich:

$$\frac{2\ \mu\text{g}}{1\ \text{kg}} = \frac{x\ \mu\text{g}}{3\,600\ \text{kg}} \quad \Leftrightarrow \quad x = 7\,200\ \mu\text{g} = 7{,}2 \cdot 10^3\ \mu\text{g} = 7{,}2\ \text{mg}$$

Antwort c ist korrekt.

Um hier die richtigen Lösungen zu finden, müssen wir uns eigentlich nur zwei Fragen stellen. Welche Kombination muss das Ergebnis haben (72 oder 36) und in welchem Größenverhältnis bewegen wir uns (µg oder mg)?
Durch das Hochrechnen des Verhältnisses auf ganze Zahlen erhalten wir die Antwort auf die erste Frage:

$$\frac{0{,}25\,\mu g}{125\,g} = \frac{2\,\mu g}{1\,kg} \Rightarrow \text{Verhältnis von } 2:1$$

Bei 3,6 Tonnen kann es also nur ein Ergebnis mit 7,2 sein. Auch hier zählt das Verhältnis von 2:1, welches sich nicht mehr ändern lässt. Die Antworten b und d scheiden also aus.
Kilogramm und Tonne unterscheiden sich um den Faktor 10^3. Von unseren übrigen Lösungen 72 µg, 720 µg und 7 200 µg (7,2 mg) entspricht das Antwort c.

7 Potenzen

37 Auf dem Nährboden befinden sich **$10{,}101 \cdot 10^{10}$** Bakterien. **Antwort b** ist richtig.

In Aufgaben, die sich um Potenzen drehen, werden oft Zahlenwörter und Potenzen gemischt verwendet. Deswegen ist es notwendig, beides frei ineinander umwandeln zu können. Lernen Sie bitte die dafür vorgesehene Tabelle auswendig (vgl. Seite 134).
Orientieren Sie sich bei der Umwandlung daran, wie die Lösungen gestaltet sind. Werden diese in Potenzen angegeben, so ist es auf lange Sicht sinnlos, nur mit Zahlenwörtern weiterzuarbeiten.
Auch hier kann es Lösungsmöglichkeiten geben, welche keinen Sinn machen. Verwenden Sie also einen kurzen Moment, um diese genauer zu betrachten.

Im ersten Schritt wandeln wir die Zahlenwörter in Potenzen um.

20 Milliarden $= 20 \cdot 10^9$
200 Millionen $= 200 \cdot 10^6$
2 Millionen $= 2 \cdot 10^6$

Im nächsten Schritt bringen wir alle Zahlen auf den gleichen Exponenten. Danach können wir eine einfache Addition nach den Potenzgesetzen durchführen:

$20 \cdot 10^9 + 0{,}2 \cdot 10^9 + 0{,}002 \cdot 10^9 = 20{,}202 \cdot 10^9$

Da dies nur ein Fünftel des Nährbodens darstellt, multiplizieren wir den Wert noch mit 5:

$20{,}202 \cdot 10^9 \cdot 5 = 101{,}01 \cdot 10^9 = 10{,}101 \cdot 10^{10}$

Somit ist Lösung b korrekt.

Um auf diesem Weg schnell eine Lösung zu finden, sehen wir uns als Erstes die angebotenen Lösungsmöglichkeiten an. Antwort c können wir gleich streichen, da die Anzahl der Bakterien nicht unter 1 fallen wird.
Da wir bereits über zwei Angaben in Millionen verfügen, können wir die dritte Angabe in Millionen umwandeln, um uns einen Überblick zu verschaffen. Die Addition ergibt dann folgendes Bild:

$20\,000\text{ M} + 200\text{ M} + 2\text{ M} = 20\,202\text{ M} = 20\,202 \cdot 10^6$

Wenn wir diese Zahl mit 5 multiplizieren, wird sich eine wechselnde Folge von Nullen und Einsen ergeben. Somit müssen die Lösungen d und e falsch sein.
Im letzten Schritt erhöhen wir die Zehnerpotenz um 1, teilen dabei aber die Zahl durch 2. Dies entspricht einer Multiplikation mit 5:

$$20201 \cdot 10^6 \cdot 5 = \frac{20\,202}{2} \cdot 10^7 = 10\,101 \cdot 10^7 = 10{,}101 \cdot 10^{10}$$

Somit ist Lösung b korrekt.

38 Die Reihenfolge ist **O – D – U – C – L**, damit ist **Antwort a** korrekt.

Wenn wir einen Vergleich von Potenzen machen müssen, so ist eine simple Skizze oft sehr hilfreich, um die Übersicht zu behalten. Investieren Sie aber nicht zu viel Zeit. Ziel sollte immer eine kurze Orientierung sein.
Bei Aufgaben wie dieser ist es zudem hilfreich, sich neben die Angaben bereits einen kurzen mathematischen Ausdruck zu schreiben, was die Formulierung bedeutet. In diesem Fall wird selbstverständlich keine Skizze mehr benötigt. Diese würde nur die gleiche Information grafisch darstellen.

Im ersten Schritt stellen wir die Informationen aus der Angabe mathematisch dar:

Kultur_L: dritte Potenz $= x^3$

$Kultur_U$: proportional $= x$

$Kultur_C$: zum Quadrat $= x^2$

$Kultur_D$: Quadratwurzel $= x^{\frac{1}{2}}$

$Kultur_O$: umgekehrt proportional $= \frac{1}{x}$

Jetzt müssen wir diese Werte nur noch in die richtige Reihenfolge bringen, und zwar aufsteigend nach der Wachstumsgeschwindigkeit:

$$\frac{1}{x} < x^{\frac{1}{2}} < x < x^2 < x^3$$

Schließlich ordnen wir den Werten ihre zugehörigen Kulturen zu:

O < D < U < C < L

Auch bei dieser Aufgabe kann man recht schnell das richtige Ergebnis identifizieren. Betrachten wir die angebotenen Lösungsmöglichkeiten, so sehen wir, dass zwei davon mit der Kultur O, zwei mit der Kultur L und eine mit der Kultur D beginnen.

Vergleichen wir die Geschwindigkeit dieser drei Kulturen miteinander, so können wir sofort die Lösungsmöglichkeiten c, d und e streichen. Denn es gibt kein langsameres Wachstum als das von Kultur O.

Vergleichen wir nun unsere verbleibenden Lösungsmöglichkeiten a und b direkt miteinander, so ist der einzige Unterschied die Position der Kulturen D und U zueinander. Da die Kultur D langsamer wächst als Kultur U, kann somit nur Lösungsmöglichkeit a richtig sein.

Konzentriertes und sorgfältiges Arbeiten

39

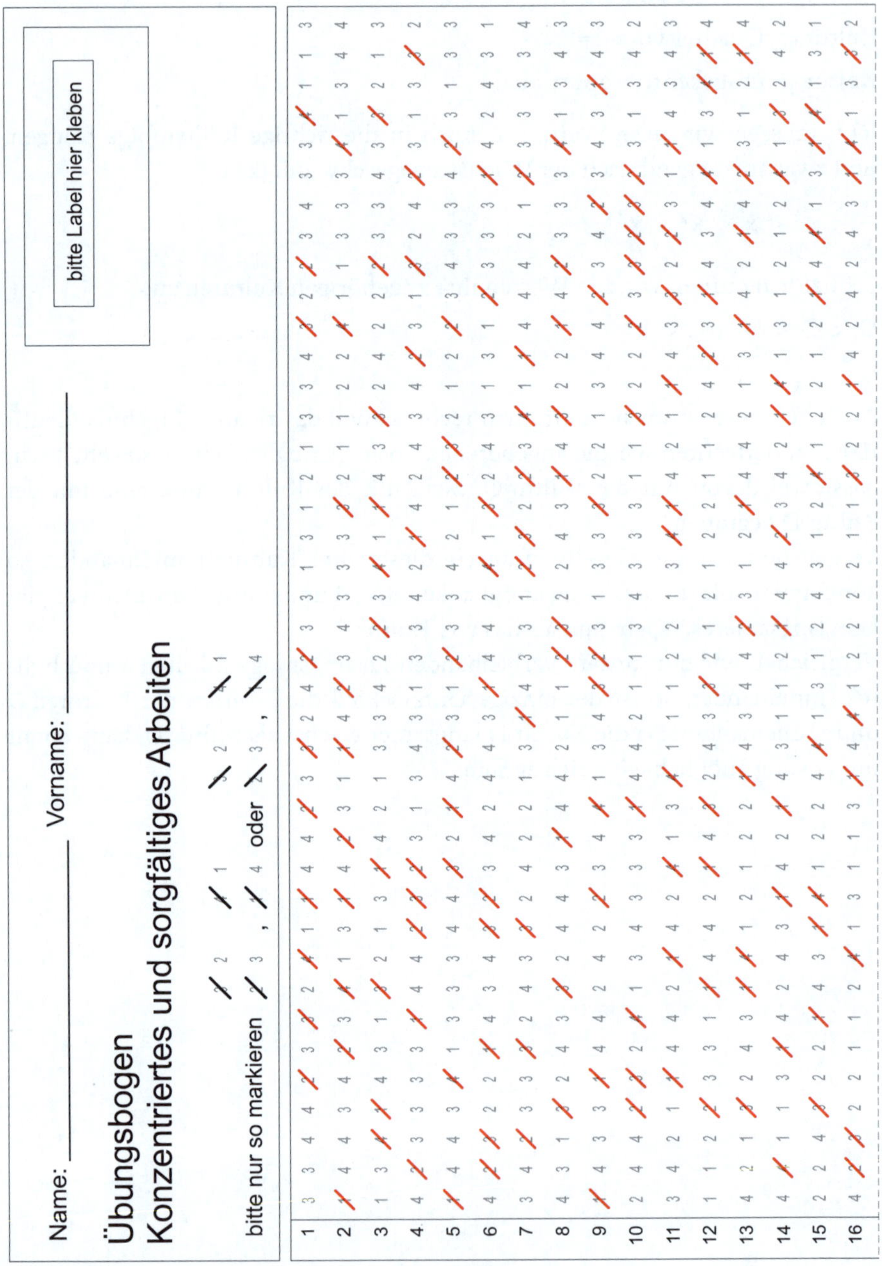

17	4	4	2	1	~~1~~	~~4~~	1	1	~~2~~	3	3	~~1~~	4	4	4	2	2	1	~~1~~	~~4~~	1	3	~~1~~	4	3	~~4~~	1	2	2	1	1	2	1	~~2~~	3	~~3~~	2	4	~~4~~	1
18	1	2	~~1~~	4	~~2~~	3	4	2	1	2	~~1~~	~~4~~	1	1	2	~~1~~	4	4	3	1	2	2	~~4~~	1	2	1	1	3	~~1~~	4	2	~~2~~	3	4	3	~~1~~	4	2	~~4~~	1
19	~~4~~	~~1~~	4	2	1	1	2	~~4~~	1	3	4	3	~~3~~	2	2	4	~~4~~	1	1	1	1	3	4	4	~~3~~	2	1	~~2~~	3	4	3	3	1	~~2~~	~~3~~	2	~~2~~	3	1	2
20	~~1~~	4	2	2	1	~~2~~	3	3	~~1~~	4	2	~~1~~	4	3	~~4~~	1	1	2	1	2	~~1~~	4	4	3	~~1~~	4	2	~~4~~	~~1~~	4	2	1	2	2	1	2	1	3	~~4~~	1
21	3	~~1~~	4	3	4	2	1	~~1~~	4	4	2	2	1	1	3	4	3	~~1~~	~~4~~	1	2	~~1~~	4	4	3	1	~~3~~	2	~~4~~	1	~~2~~	~~3~~	2	2	2	1	3	1	~~2~~	3
22	2	1	~~3~~	2	~~1~~	4	3	4	3	4	~~2~~	3	3	4	~~3~~	~~2~~	3	~~1~~	4	~~4~~	1	[illegible]	2	~~2~~	3	4	3	3	3	4	2	~~2~~	3	1	2	1	3	~~3~~	2	2
23	2	~~1~~	4	3	1	3	~~3~~	2	1	1	3	4	~~3~~	2	4	3	~~1~~	~~4~~	1	3	3	[illegible]	4	3	3	1	2	2	2	~~2~~	3	~~4~~	1	~~3~~	2	4	3	~~3~~	2	1
24	4	3	~~1~~	4	4	2	~~2~~	3	3	3	1	~~3~~	2	4	4	~~2~~	3	1	~~3~~	2	4	~~3~~	2	3	1	~~3~~	2	1	3	3	4	3	3	~~4~~	~~1~~	4	3	~~4~~	1	2
25	2	~~1~~	4	3	1	3	~~3~~	2	~~4~~	1	3	4	2	4	3	3	4	~~3~~	2	2	1	1	1	~~3~~	2	2	4	~~4~~	1	3	1	3	1	~~3~~	2	1	~~3~~	~~2~~	~~3~~	2
26	1	2	1	~~1~~	4	~~2~~	3	4	~~3~~	2	~~2~~	3	~~1~~	4	3	1	~~3~~	2	4	2	~~1~~	4	3	1	3	4	~~4~~	1	2	4	3	~~3~~	2	2	1	3	1	1	~~2~~	3
27	~~4~~	1	~~3~~	2	2	4	3	4	4	3	1	3	1	~~2~~	3	4	3	3	1	1	1	~~1~~	~~4~~	~~1~~	~~4~~	1	2	1	3	3	~~3~~	2	1	1	~~2~~	3	4	2	~~4~~	1
28	~~4~~	1	3	3	4	~~2~~	3	1	1	~~1~~	4	2	1	~~2~~	3	1	2	~~2~~	3	4	~~3~~	2	1	3	1	~~1~~	4	~~3~~	2	4	4	~~2~~	3	4	2	4	~~4~~	1	1	3
29	3	4	~~3~~	2	1	2	1	1	~~1~~	~~4~~	1	~~2~~	3	3	~~4~~	1	3	3	4	2	~~1~~	4	~~2~~	3	~~1~~	4	3	4	4	2	2	1	1	3	~~3~~	2	1	~~3~~	2	4
30	2	1	3	4	~~2~~	3	1	2	1	3	~~1~~	4	4	~~3~~	2	~~1~~	~~4~~	1	2	1	~~2~~	3	3	~~1~~	4	~~2~~	3	1	2	4	4	~~3~~	2	2	1	2	~~2~~	3	~~4~~	1
31	3	~~1~~	~~4~~	1	1	2	~~4~~	1	3	3	~~3~~	2	2	1	1	2	~~4~~	1	3	4	[illegible]	3	~~1~~	4	3	1	~~2~~	~~3~~	2	1	1	3	3	4	4	3	1	~~1~~	4	4
32	1	2	1	1	3	~~4~~	1	2	~~2~~	3	4	~~3~~	2	2	~~1~~	4	~~3~~	2	2	1	[illegible]	~~1~~	4	~~3~~	2	4	3	4	2	~~2~~	3	4	~~2~~	3	1	3	1	~~2~~	3	1
33	1	1	~~1~~	4	2	1	~~3~~	~~2~~	3	4	2	~~4~~	1	3	1	2	~~2~~	3	4	~~4~~	1	3	3	3	~~4~~	1	3	3	1	~~3~~	2	2	1	3	~~4~~	1	3	~~1~~	4	2
34	4	~~2~~	3	1	2	~~1~~	4	2	4	3	3	1	1	~~2~~	~~3~~	2	4	~~2~~	3	1	~~3~~	2	1	2	1	3	4	~~3~~	~~2~~	3	~~4~~	1	3	4	3	4	3	~~1~~	4	3
35	2	~~1~~	4	2	~~2~~	3	3	3	1	1	3	~~1~~	4	2	2	1	~~3~~	2	4	2	~~4~~	1	~~3~~	~~2~~	3	3	~~4~~	1	2	1	~~3~~	2	4	4	2	2	1	~~2~~	3	4
36	4	4	~~3~~	2	2	4	~~4~~	1	1	3	~~3~~	~~2~~	3	~~3~~	2	2	1	1	~~1~~	~~4~~	1	1	2	4	4	4	~~2~~	3	3	3	~~3~~	2	2	1	~~2~~	3	1	3	3	4
37	~~4~~	1	1	1	2	1	~~2~~	3	3	4	~~2~~	3	~~1~~	~~4~~	1	1	2	~~2~~	3	4	2	4	~~2~~	3	3	3	4	3	1	2	~~4~~	1	1	~~2~~	3	4	~~2~~	3	3	4
38	2	4	~~4~~	1	1	1	2	~~2~~	3	~~1~~	~~4~~	1	3	1	~~3~~	2	4	3	1	2	~~2~~	3	4	2	~~2~~	3	1	~~2~~	3	3	1	3	4	4	3	4	~~2~~	3	~~3~~	2
39	~~1~~	~~4~~	1	2	~~2~~	3	3	3	3	1	2	4	4	~~4~~	1	3	4	4	~~3~~	[illegible]	2	4	3	~~1~~	~~4~~	1	3	~~4~~	1	2	2	~~1~~	4	~~2~~	3	3	1	3	4	2
40	2	1	~~3~~	2	1	~~3~~	2	2	4	3	1	~~3~~	2	4	2	~~4~~	1	3	4	[illegible]	1	~~3~~	2	1	2	1	~~2~~	~~3~~	2	1	1	~~1~~	4	3	4	3	4	~~3~~	2	1

40

Name: __________ Vorname: __________

bitte Label hier kleben

Übungsbogen
Konzentriertes und sorgfältiges Arbeiten

bitte nur so markieren ⧄ , ⧄ , ⧅ oder ⧅ , ⧅

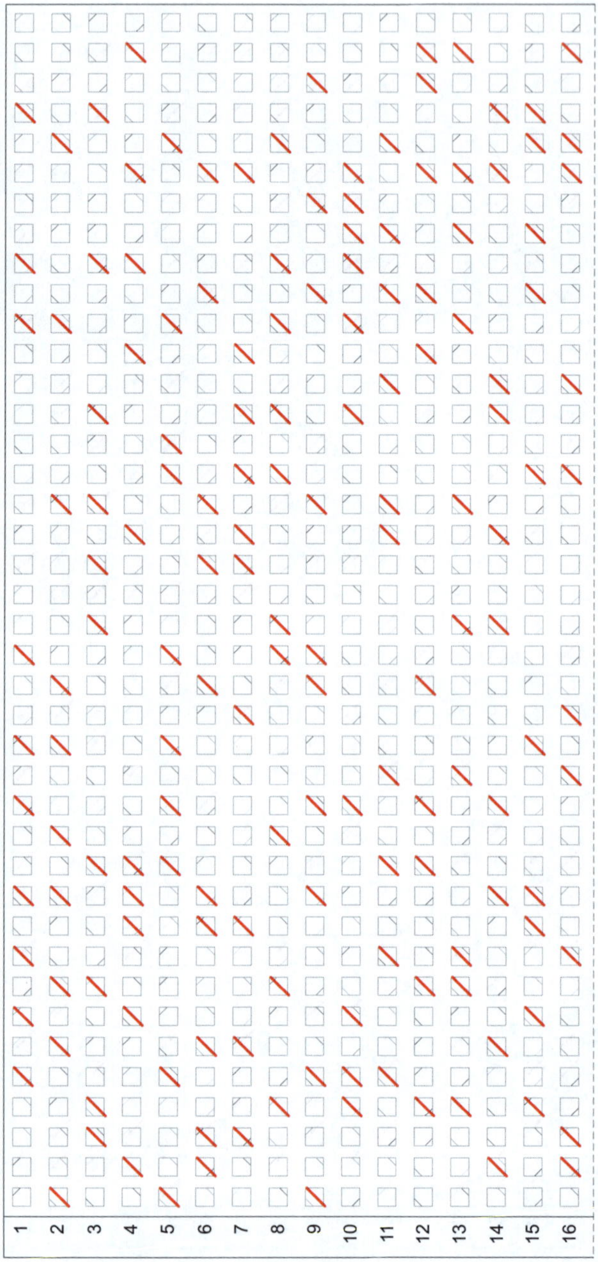

17
18
19
20
21
22
23
24
25
26
27
28
29
30
31
32
33
34
35
36
37
38
39
40

41

Name:
Vorname:
bitte Label hier kleben
Übungsbogen
Konzentriertes und sorgfältiges Arbeiten
bitte nur so markieren
oder
1
2
3
4
5
6
7
8
9
10
11
12
13
14
15
16

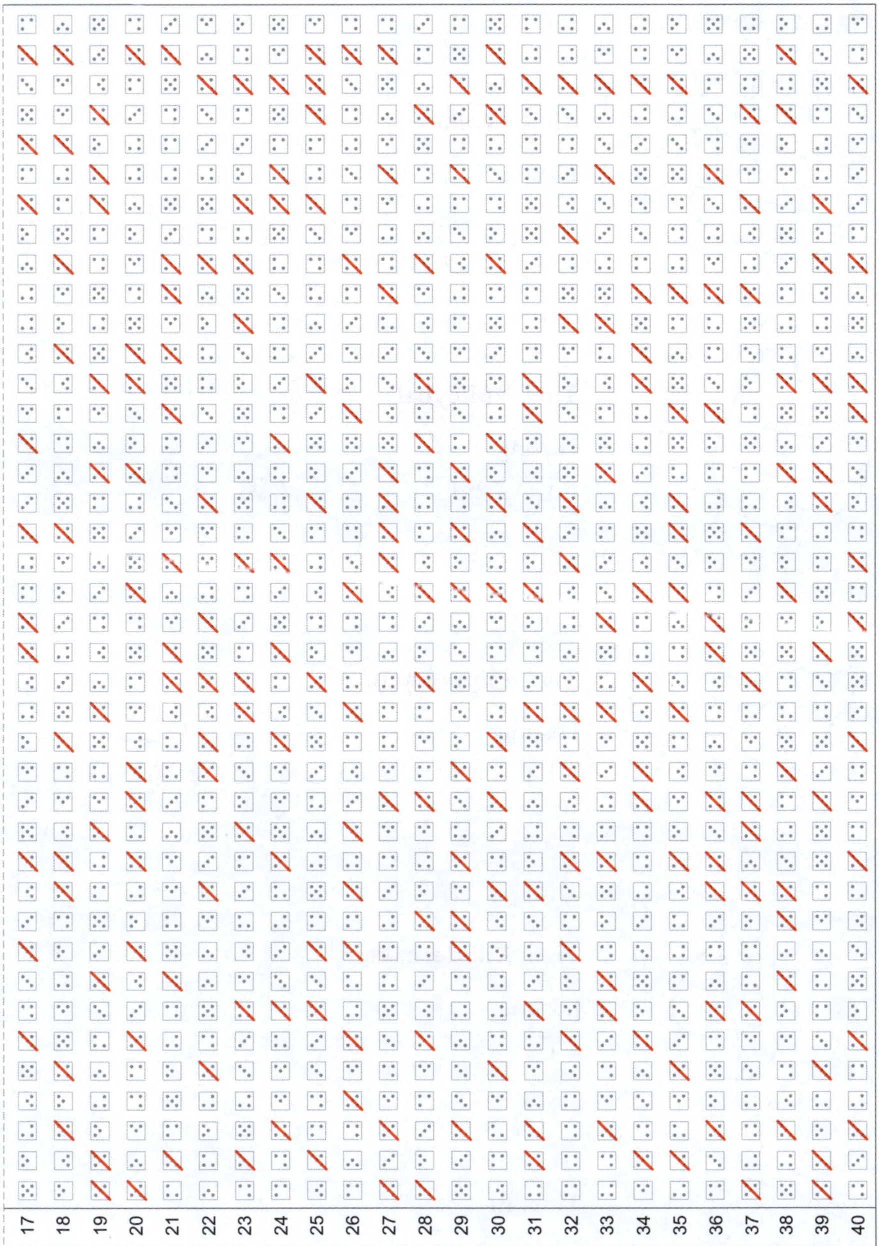

Figuren lernen

42

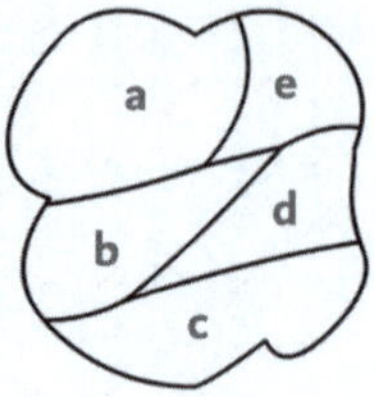

Titel: **Wolke**

Lösung:

a ☒ b ☐ c ☐ d ☐ e ☐

43

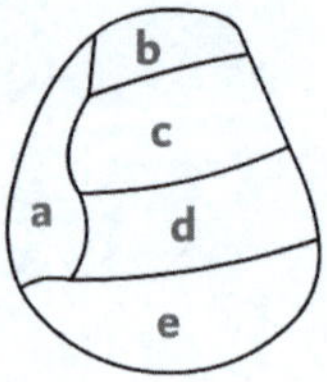

Titel: **Volleyball**

Lösung:

a ☐ b ☐ c ☐ d ☒ e ☐

44

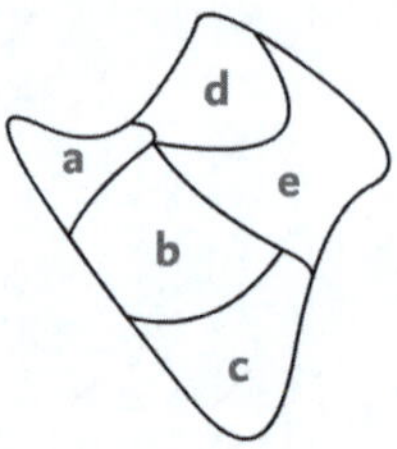

Titel: **Flipperstein**

Lösung:

a ☐ b ☐ c ☐ d ☐ e ☒

45

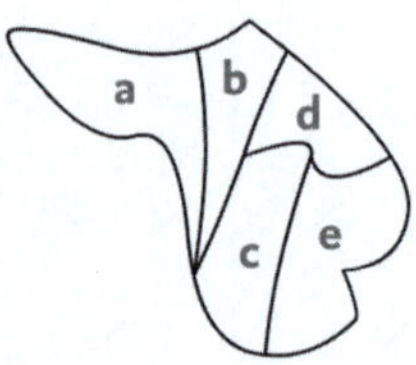

Titel: **Kleiderhaken**

Lösung:

a ☐ b ☐ c ☒ d ☐ e ☐

46

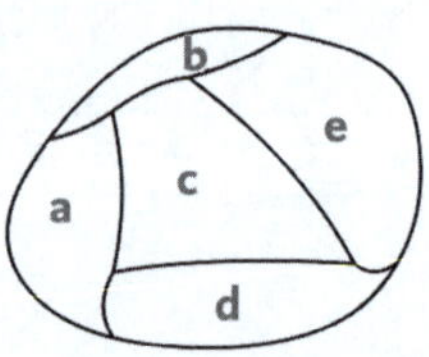

Titel: **Ei**

Lösung:

a ☒ b ☐ c ☐ d ☐ e ☐

47

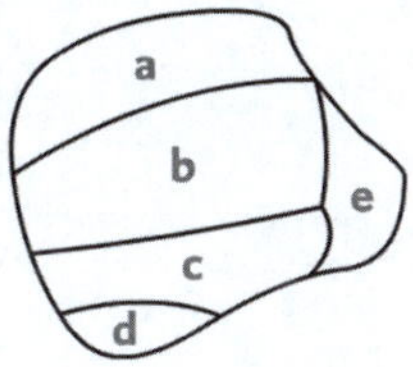

Titel: Ihre individuelle Lösung

Lösung:

a ☐ b ☐ c ☐ d ☒ e ☐

48

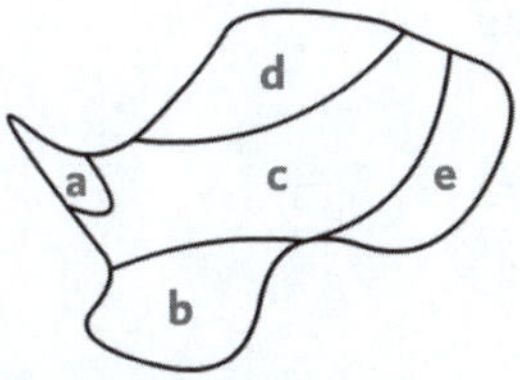

Titel: **Nashorn**

Lösung:

a ☐ b ☒ c ☐ d ☐ e ☐

49

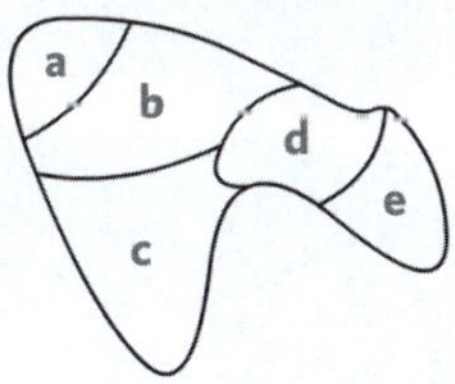

Titel: Ihre individuelle Lösung

Lösung:

a ☐ b ☒ c ☐ d ☐ e ☐

50

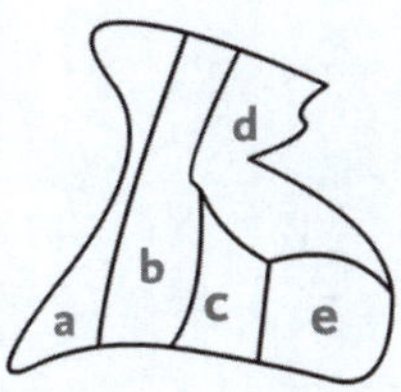

Titel: Ihre individuelle Lösung

Lösung:

a ☐ b ☐ c ☐ d ☐ e ☒

51

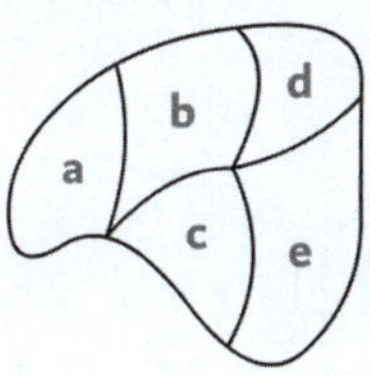

Titel: Ihre individuelle Lösung

Lösung:

a ☐ b ☐ c ☐ d ☒ e ☐

52

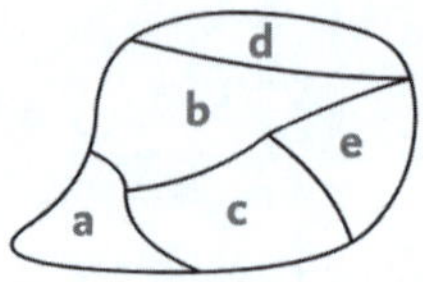

Titel: Ihre individuelle Lösung

Lösung:

a ☐ b ☐ c ☒ d ☐ e ☐

53

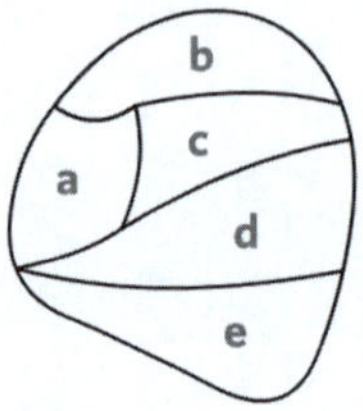

Titel: Ihre individuelle Lösung

Lösung:

a ☒ b ☐ c ☐ d ☐ e ☐

54

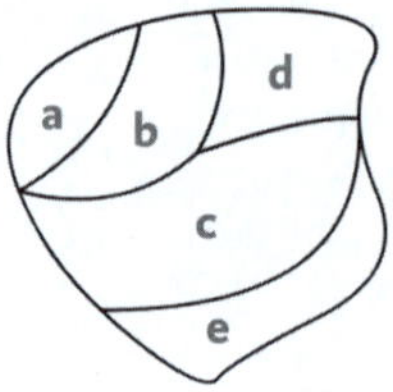

Titel: Ihre individuelle Lösung

Lösung:

a ☐ b ☒ c ☐ d ☐ e ☐

55

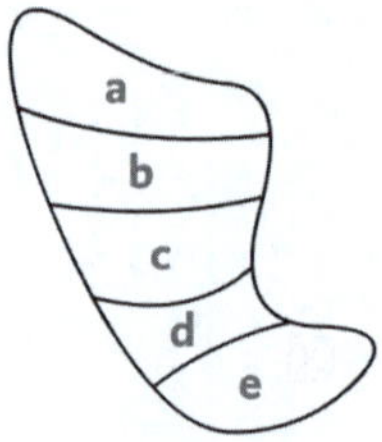

Titel: Ihre individuelle Lösung

Lösung:

a ☐ b ☒ c ☐ d ☐ e ☐

56

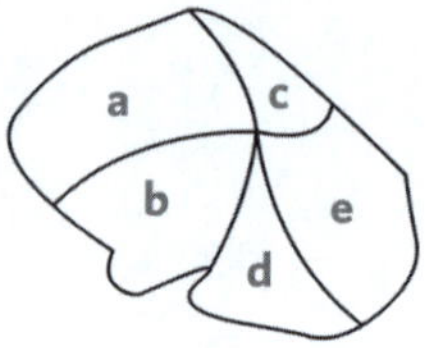

Titel: Ihre individuelle Lösung

Lösung:

a ☐ b ☒ c ☐ d ☐ e ☐

57

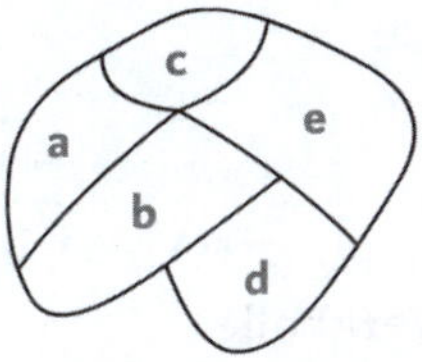

Titel: Ihre individuelle Lösung

Lösung:

a ☐ b ☒ c ☐ d ☐ e ☐

58

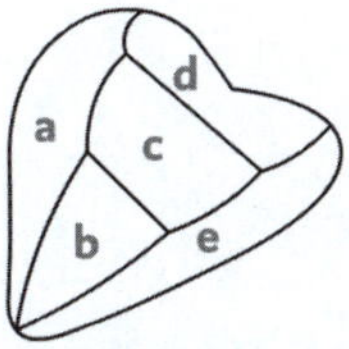

Titel: Ihre individuelle Lösung

Lösung:

a ☐ b ☒ c ☐ d ☐ e ☐

59

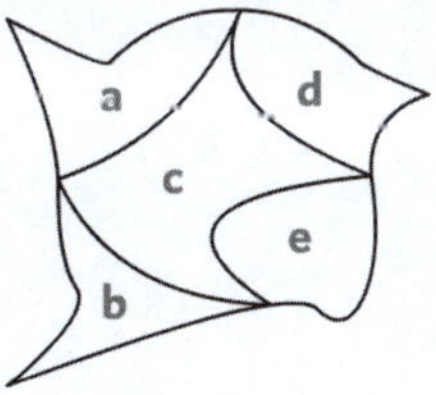

Titel: Ihre individuelle Lösung

Lösung:

a ☐ b ☐ c ☒ d ☐ e ☐

60

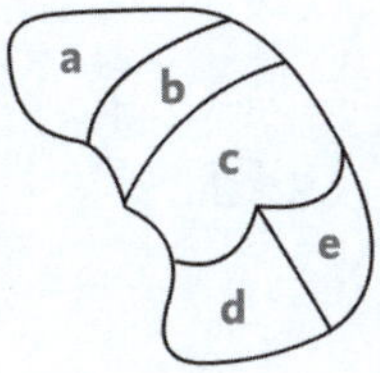

Titel: Ihre individuelle Lösung

Lösung:

a ☐ b ☐ c ☐ d ☐ e ☒

61

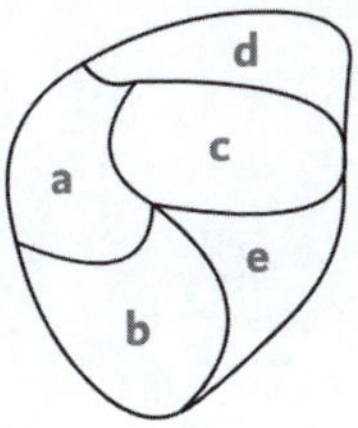

Titel: Ihre individuelle Lösung

Lösung:

a ☐ b ☐ c ☐ d ☒ e ☐

Fakten lernen

62 Frau Gräbner leidet an ...

a Schlafstörung.
b Depression.
c Schwindel.
d Bluthochdruck.
e Sonnenbrand.

Raum:
50 Quadratmeter große Werkhalle

Lösung:
a ☐ b ☐ c ☒ d ☐ e ☐

63 Die 45-jährige Patientin ist von Beruf ...

a Ärztin.
b Reisebegleiterin.
c Baggerfahrerin.
d Architektin.
e Hausfrau.

Raum:
Ihre individuelle Lösung

Lösung:
a ☐ b ☒ c ☐ d ☐ e ☐

64 Der Rapper hat ...

a eine gebrochene Nase.
b Malaria.
c Wasser in der Lunge.
d Prostatakrebs.
e einen Herzinfarkt.

Raum:
Ihre individuelle Lösung

Lösung:
a ☒ b ☐ c ☐ d ☐ e ☐

65 An einer Nervenschädigung erkrankt ist der ...

a Kapitän.
b Bankier.
c Bauunternehmer.
d Lehrling.
e Elektriker.

Raum:
Ihre individuelle Lösung

Lösung:
a ☐ b ☐ c ☐ d ☐ e ☒

66 Frau Wegner ist …

a ca. 20-jährig.
b ca. 30-jährig.
c ca. 40-jährig.
d ca. 45-jährig.
e ca. 50-jährig.

Raum:
Ihre individuelle Lösung

Lösung:
a ☐ b ☒ c ☐ d ☐ e ☐

67 Der Totengräber heißt …

a Gruber.
b Angler.
c Kaspar.
d Härtel.
e Strasser.

Raum:
Ihre individuelle Lösung

Lösung:
a ☒ b ☐ c ☐ d ☐ e ☐

68 Der Moderator ist …

a unpünktlich.
b aufgeregt.
c manisch.
d reizbar.
e verwitwet.

Raum:
Ihre individuelle Lösung

Lösung:
a ☐ b ☐ c ☒ d ☐ e ☐

69 Überwiesen ist …

a Frau Ruderer.
b Herr Angler.
c Herr Gruber.
d Herr Härtel.
e Herr Trauriger.

Raum:
Ihre individuelle Lösung

Lösung:
a ☒ b ☐ c ☐ d ☐ e ☐

70 Frau Weichberger ist von Beruf …

a Bauunternehmerin.
b Ärztin.
c Reisebegleiterin.
d Baggerfahrerin.
e Hausfrau.

Raum:
Ihre individuelle Lösung

Lösung:
a ☐ b ☐ c ☐ d ☐ e ☒

71 Der Dachdecker leidet an …

a Bluthochdruck.
b Depression.
c Oberschenkelhalsbruch.
d Herzinfarkt.
e Sonnenbrand.

Raum:
Ihre individuelle Lösung

Lösung:
a ☐ b ☐ c ☐ d ☐ e ☒

72 Vier Enkel hat …

a der Bauunternehmer.
b der Gärtner.
c die Baggerfahrerin.
d der Kapitän.
e die Hausfrau.

Raum:
Ihre individuelle Lösung

Lösung:
a ☐ b ☐ c ☐ d ☐ e ☒

73 ca. 75-jährig ist …

a der Elektriker.
b der Dachdecker.
c der Architekt.
d die Reisebegleiterin.
e der Totengräber.

Raum:
Ihre individuelle Lösung

Lösung:
a ☐ b ☐ c ☒ d ☐ e ☐

74 Der Mann mit Bluthochdruck ist …

a ca. 22-jährig.
b ca. 30-jährig.
c ca. 40-jährig.
d ca. 50-jährig.
e ca. 65-jährig.

Raum:
Ihre individuelle Lösung

Lösung:
a ☐ b ☒ c ☐ d ☐ e ☐

75 Herr Gruber ist …

a taub.
b labil.
c manisch.
d reizbar.
e egoistisch.

Raum:
Ihre individuelle Lösung

Lösung:
a ☒ b ☐ c ☐ d ☐ e ☐

76 Der Patient mit der Stimmbandentzündung heißt …

a Herr Trauriger.
b Herr Lustig.
c Herr Gassler.
d Herr Härtel.
e Frau Weichberger.

Raum:
Ihre individuelle Lösung

Lösung:
a ☐ b ☒ c ☐ d ☐ e ☐

77 Die ca. 50-jährige Baggerfahrerin ist …

a rastlos.
b verwitwet.
c ledig.
d überheblich.
e labil.

Raum:
Ihre individuelle Lösung

Lösung:
a ☐ b ☐ c ☒ d ☐ e ☐

78 Der Kapitän heißt ...

a Herr Fischer
b Herr Angler
c Herr Härtel
d Herr Lustig
e Herr Gassler

Raum:
Ihre individuelle Lösung

Lösung:
a [x] b [ ] c [ ] d [ ] e [ ]

79 Frau Wegner ist ...

a manisch.
b arbeitslos.
c überwiesen.
d pensioniert.
e labil.

Raum:
Ihre individuelle Lösung

Lösung:
a [ ] b [x] c [ ] d [ ] e [ ]

80 Herr Strasser ist ...

a ca. 20-jährig.
b ca. 30-jährig.
c ca. 45-jährig.
d ca. 50-jährig.
e ca. 75-jährig.

Raum:
Ihre individuelle Lösung

Lösung:
a [ ] b [x] c [ ] d [ ] e [ ]

Textverständnis

Hinweis: Im Gegensatz zum Untertest „Medizinisch-naturwissenschaftliches Grundverständnis" gibt es hier wesentlich komplexere Zusammenhänge, welche nachvollzogen werden müssen.

Bitte nehmen Sie sich daher die Zeit und setzen Sie sich nicht nur mit den falsch beantworteten Fragen auseinander. Für den Erfolg im TMS ist es wichtig, dass Sie sich nicht nur auf Ihre Schwächen konzentrieren, sondern auch Alternativen für bereits richtige Antworten finden. Behalten Sie im Hinterkopf, dass der Großteil der Prüfung eine Lösungsfindung ist. Je mehr Werkzeuge Ihnen hier zur Verfügung stehen, umso flexibler werden Sie auch auf die gestellten Anforderungen reagieren können.

Text 1

„Apoptose“ ist ein deklarativer Text. Da er auch Elemente eines Regelkreises hat, sind beide Antworten für die Bearbeitungsstrategie förderlich.

81 Gesucht sind aus dem Text **ableitbare Aussagen**. Die richtige **Lösung** ist **d**.

Aussage I: **inkorrekt**
Diese Aussage ist falsch, da von aktivierten Caspasen gesprochen wird. Diese sind nur in apoptotischen Zellen vorhanden.

Aussage II: **korrekt**
Ein solches Aktivieren ohne äußere Signaleinwirkung nennen wir den „intrinsischen Weg“. Somit kann die Aussage aus dem Text abgeleitet werden.

Aussage III: **korrekt**
Auch wenn beide Enzyme in verschiedenen Signalwegen aktiv sind, so haben sie in diesen doch die gleiche Funktion – Aktivierung der Effektorcaspasen. Dies geht aus dem Text hervor, die Aussage kann als richtig angesehen werden.

82 Gesucht sind aus dem Text **ableitbare Aussagen**. Die richtige **Lösung** ist **e**. Bcl-2 ist der Gegenspieler von Bax, Bid und Bak. Durch eine Skizze des Zusammenhangs können die folgenden Aussagen sehr einfach bearbeitet werden.

Aussage I: **inkorrekt**
Durch die vermehrte Produktion des Bcl-2 kommt es zur Abschwächung des intrinsischen Signalweges. Somit ist die Aussage nicht richtig.

Aussage II: **inkorrekt**
Auch diese Aussage ist inkorrekt, da eine erhöhte Bcl-2-Konzentration dies verhindern würde.

Aussage III: **inkorrekt**
Wie wir dem Text entnehmen können, wird durch das Bcl-2 auch das Bax blockiert. Da dies eine Voraussetzung für den angesprochenen Reaktionsweg ist, muss die Aussage als falsch betrachtet werden.

Hinweis: Bitte machen Sie sich anhand von Aufgabe 82 noch einmal das Vorgehen auf Basis der Lösungsmöglichkeiten bewusst. Bereits durch das Identifizieren von Aussage I als inkorrekt sind wir in der Lage, die Lösungsmöglichkeiten a, b und d zu streichen. Wenn wir nun Aussage III überprüfen und sich diese als falsch herausstellt, so kann nur noch die Option e richtig sein. Dies ist ein gutes Beispiel dafür, dass bei geplantem Vorgehen oft nicht alle Aussagen zu überprüfen sind.

83 Gesucht sind aus dem Text **ableitbare Aussagen**. Die richtige **Antwort** ist **d**.

Aussage I: inkorrekt
Aus dem Text geht hervor, dass erst die Caspase 8 die Effektorcaspasen aktivieren kann. Die Procaspase selbst entfaltet keine Wirkung.

Aussage II: inkorrekt
Auch diese Aussage ist so nicht korrekt. Um die Aktivierung des extrinsischen Signalwegs zu ermöglichen, müssen Fas-Liganden mit dem Fas einen Komplex eingehen. Danach folgt über PC8 die gewohnte Signalkaskade.

Aussage III: korrekt
Wie wir dem Text entnehmen können, haben wir es hier mit einem rezeptorvermittelten System zu tun. Dies wird aktiv, wenn das Fas-Molekül gebunden wird, worauf sich der DISC bildet. Die Aussage ist damit richtig.

84 Gesucht sind aus dem Text **ableitbare Aussagen**. Die richtige **Antwort** ist **a**.

Aussage I: inkorrekt
Diese Aussage lässt sich in der Form nicht aus dem Text ableiten. Wir wissen, dass in jedem Fall Cystein enthalten ist und hinter Aspartat schneidet. Aber das bedeutet nicht, dass sie dieses selbst auch enthalten müssen. Somit kann die Aussage nicht als allgemeingültig angenommen werden.

Aussage II: korrekt
Aus dem Text geht hervor, dass sich aktivierte Caspasen aus zwei kleinen und zwei großen Procaspasen zusammensetzen. Die Information ist somit im Text vorhanden und im genannten Zusammenhang richtig.

Aussage III: korrekt
Auch hier können wir die Information direkt aus dem Text entnehmen. Denn wir wissen, dass die Apoptose durch verschiedene Gruppen von Proteinen reguliert wird, wovon die Caspasen die Hauptmediatoren sind. Aus diesem Zusammenhang wird offensichtlich, dass Caspasen zur Gruppe der Proteine gehören müssen.

85 Gesucht sind aus dem Text **ableitbare Aussagen**. Die richtige **Antwort** ist **d**.

Aussage I: korrekt
Durch das Akkumulieren von p53 wird das Bax aktiviert. Hierdurch kommt es zur Einleitung des intrinsischen Weges. Wir können die Aussage deswegen als bestätigt ansehen.

Aussage II: inkorrekt
Der Fehler in dieser Aussage liegt in der Behauptung, dass p53 direkt aktiviert wird. In einem vorangegangenen Schritt muss dieses erst über die ATM-Kinase phosphoryliert werden. Somit ist die Aussage nicht richtig.

Aussage III: inkorrekt
Aus dem vorliegenden Text kann entnommen werden, dass eine Steigerung der p53-Konzentration den Zellzyklus unterbricht. Von diesem Punkt aus kann aber auch eine Reparatur der Zelle einsetzen, wonach die p53-Konzentration wieder sinkt. Da es also mehr als nur eine Möglichkeit gibt, kann die Aussage nicht als allgemeingültig angesehen werden.

86 Gesucht sind aus dem Text **ableitbare Aussagen**. Die richtige **Antwort** ist **c**.

Aussage I: korrekt
Diese Aussage muss als richtig angenommen werden. Über den Text wissen wir, dass Bax- und Bak-Moleküle für die Einleitung der Apoptose benötigt werden. Eine Verminderung der Konzentration hätte eine anti-apoptotische Wirkung. Somit ist der dargestellte Zusammenhang von der Richtung her vorstellbar und richtig.

Aussage II: inkorrekt
Der Zusammenhang wird im Text genau andersherum dargestellt. Durch einen verminderten Einbau an Todesrezeptoren kommt es zu einer verminderten Aktivierung dieser. Das Resultat wäre eine geringere Anzahl von Zelluntergängen. Die Aussage ist damit nicht richtig.

Tipp: In diesem Fall kann aber auch bereits durch aufmerksames Lesen der Aussage eine Entscheidung getroffen werden.

Aussage III: inkorrekt
Diese Aussage kann auch nicht richtig sein, da durch das p53 die Apoptose eingeleitet wird. Somit steigt die Wahrscheinlichkeit des Zelltods und nicht einer erhöhten Teilungsrate.

Text 2

Bei „Hypophyse“ handelt es sich um einen definitorischen Text. Zwar ist es auch möglich, den Prozessverlauf als deklarativen Text zu beschreiben, doch ist es aufgrund der Vielzahl der Begriffe und Eigenschaften einfacher, diese nach einer Auflistung zu verbinden.

87 Gesucht ist eine aus dem Text **ableitbare Aussage**. Die richtige **Antwort** ist **d**.

Aussage A: **inkorrekt**
Aus dem Text geht hervor, dass der HZL zwischen HVL und HHL liegt.

Aussage B: **inkorrekt**
Da die Rathke-Tasche nicht im Text erwähnt wird, kann diese Aussage nicht als richtig angenommen werden.

Tipp: Behalten Sie im Hinterkopf, dass wir immer sehen müssen, ob eine Information aus dem Text abgeleitet werden kann, nicht ob sie „richtig“ ist. Zudem wäre sie auch falsch, da die Rathke-Tasche vom Rachendach ausgehend die Adenohypophyse bildet.

Aussage C: **inkorrekt**
Wir können dem Text entnehmen, dass die Axone im Mengenverhältnis gesehen die Neurohypophyse dominieren. Dies bedeutet jedoch nicht, dass sie ausschließlich aus diesen Zellfortsätzen bestehen. Das „nur“ ist in diesem Zusammenhang ein Signalwort, welches zum Ausschluss der Aussage führt.

Aussage D: **korrekt**
Dieser Zusammenhang kann eindeutig dem Text entnommen werden. Somit ist diese Aussage richtig.

Tipp: Da bei dieser Aufgabe nach der ableitbaren Information gesucht wurde, kann die Aufgabe durch Markierungen schnell gelöst werden. Legen Sie Ihren Fokus dafür vorwiegend auf Signalwörter.

Aussage E: **inkorrekt**
Der Fehler in dieser Aussage ist, dass die Ausschüttung weiterer Hormone durch die Neurohypophyse gesteuert wird. Diese ist nur für die Speicherung von Botenstoffen zuständig und ist selbst kein Drüsenorgan wie die Adenohypophyse.

88 Gesucht sind aus dem Text **ableitbare Aussagen**. Die richtige **Antwort** ist **d**.

Aussage I: **korrekt**
Diese Aussage kann als richtig angesehen werden, da LF und FSH auf Drüsen im Körper (glandotrop) sowie auf Geschlechtsorgane (gonadotrop) einwirken. Somit ist der dargestellte Zusammenhang richtig.

Aussage II: **inkorrekt**
Aus dem Text geht hervor, dass STH und Prolactin nicht glandotrope Hormone sind. Prolactin ist zudem gonadotrop. Nur einer dieser Punkte reicht aus, um die Aussage zu widerlegen.

Tipp: Um einen einfacheren Überblick über die Eigenschaften der einzelnen Hormone zu erhalten, bietet es sich an, in der Auflistung eine kleine Tabelle zu machen. Fügen Sie dann (+) für das Vorhandensein einer Eigenschaft ein. Dies spart Zeit und schafft Sicherheit.

Aussage III: **korrekt**
Dies ist richtig, da ACTH und TSH zwar auf endokrine Drüsen wirken (z. B. die Schilddrüse), jedoch nicht zugleich auf Geschlechtsorgane. Die Aussage kann somit durch den Text bestätigt werden.

89 Gesucht ist eine aus dem Text **ableitbare Aussage**. Die richtige **Antwort** ist **e**.

Aussage a: **inkorrekt**
Dies ist nicht korrekt, da die Hormone des Hypophysenvorderlappens in eben diesem gebildet werden.

Aussage b: **inkorrekt**
In dieser Aussage befindet sich das Signalwort „immer“. Aus dem Text geht hervor, dass die Aussage häufig zutrifft. Somit ist die Aussage nicht allgemeingültig.

Tipp: Passen Sie bei derartigen Signalwörtern besonders auf und überprüfen Sie kritisch, ob die Aussage sinnvoll ist.

Aussage c: **inkorrekt**
In diesem Fall müssen Sie darauf achten, dass Gigantismus nur dann verursacht werden kann, wenn das Längenwachstum noch nicht abgeschlossen ist. Somit ist die Verknüpfung, dass ein Somatotropin-Überschuss zu Gigantismus führt, nur im Konjunktiv korrekt. Als allgemeingültige Aussage lässt sie sich nicht durch den Text bestätigen.

Aussage d: inkorrekt
Diese Aussage wäre prinzipiell korrekt, doch sind wir nicht in der Lage, sie aus dem Text abzuleiten. So finden wir hier keine Informationen über Stammfettsucht, Gewichtszunahme oder Osteoporose.

Tipp: Behalten Sie im Hinterkopf, dass es nicht darum geht, eine „richtige" Aussage zu finden, sondern eine „ableitbare". Der kritische Umgang mit Informationen ist ein zentrales Element des TMS.

Aussage e: korrekt
Diese Aussage lässt sich durch zwei Textstellen belegen. So wissen wir, dass STH durch Somatoliberin und Somatostatin aus dem Hypothalamus reguliert wird. Des Weiteren wird die Hormonproduktion der Hypophyse mittels Liberinen und Statinen, welche aktivierend respektive hemmend wirken, durch den Hypothalamus geregelt. Somit kann der Zusammenhang als bestätigt angesehen werden.

90 Geprüft werden soll die **Richtigkeit der Aussagen** und ihrer **Verknüpfungen**. Die richtige **Antwort** ist **c**.

Aussage I: **korrekt**
Diese Aussage stimmt, da ADH zwar auf V2 wirken kann, jedoch durch den beschädigten Nucleus supraopticus kein ADH mehr produziert wird.

Aussage II: inkorrekt
Das paraneoplastische Syndrom kann, wie der Test sagt, z. B. bei Lungenkrebs entstehen, jedoch ist es nicht die Folge eines beschädigten Nucleus supraopticus.

Da wir nun eine richtige sowie eine falsche Aussage haben, müssen wir die Verknüpfung nicht mehr überprüfen. Die Antwortmöglichkeit c ist korrekt.

91 Gesucht sind aus dem Text **nicht ableitbare Aussagen**. Die richtige **Antwort** ist **d**.

Aussage I: inkorrekt
Durch das Signalwort „maximal" sollten Sie dieser Aussage skeptisch gegenüberstehen. Die angegebene Größe bezieht sich auf momentan aktuelle Daten. Doch dies ist kein Dogma und kann sich selbstredend ändern. Aus diesem Grund ist die Aussage als nicht richtig anzusehen.

Aussage II: **inkorrekt**
Kann ADH am V2-Rezeptor nicht mehr wirken, kommt es zum Diabetes insipidus. Der Erkrankte scheidet große Mengen Wasser aus und muss diese kompensatorisch wieder zuführen. Die Richtung ist also falsch beschrieben.

Aussage III: **inkorrekt**
Auch diese Aussage ist in dieser Form nicht korrekt. Das Vorhandensein von Lungenkrebs bedeutet nicht zeitgleich, dass ein paraneoplastisches Syndrom entwickelt werden muss. Insofern gibt der Text keinen Hinweis, dass ein Lungenkrebs einen ADH-Mangel ausschließt.

92 Gesucht ist eine aus dem Text **ableitbare Aussage**. Die richtige **Antwort** ist **d**.

Aussage a: **inkorrekt**
Dieser Zusammenhang ist nicht richtig. Die Schilddrüse steht unter dem Einfluss des TSH des Hypophysevorderlappens (oder auch Adenohypophyse), jedoch nicht der Neurohypophyse.

Aussage b: **inkorrekt**
Aus dem Text geht hervor, dass das ADH im Hypophysenhinterlappen gebildet wird. Verwechseln Sie dieses nicht mit ACTH, welches auf die Nebennierenrinde einwirkt. Dies ist ein gänzlich anderes Organ. Die Aussage lässt sich somit nicht aus dem Text ableiten.

Aussage c: **inkorrekt**
Hier wird wieder ein ähnlicher Begriff verwendet, wodurch der dargestellte Zusammenhang jedoch falsch wird. So wirkt die Adenohypophyse auf die Nebennierenrinde, jedoch nicht auf das Nebennierenmark. Die Aussage kann somit nicht als richtig betrachtet werden.

Aussage d: **korrekt**
Dieser Zusammenhang ist richtig und kann auch so dem Text entnommen werden.

Aussage e: **inkorrekt**
Bei STH handelt es sich um ein nicht-glandotropes Wachstumshormon. Als solches wirkt es auf keine weiteren Hormondrüsen. Die Aussage ist somit durch den Text widerlegt.

Diagramme und Tabellen

Hinweis: Die Schlüsselfrage zur Bearbeitung der Übungsaufgaben dieses Kapitels sollte immer sein: „Konnte ich die Aussage wirklich aus den vorliegenden Informationen ableiten oder widerlegen?"

Die angewandte Bearbeitungsstrategie sollte hierbei die Funktion erfüllen, die Menge an Informationen auf essenzielle Elemente zu reduzieren und visuell zu verknüpfen. Je näher Sie sich hier an die im Abschnitt „Bearbeitungsstrategie" beschriebenen Schritte gehalten haben, umso höher sollten die Übereinstimmungen mit den folgenden Ergebnissen sein.

Bitte legen Sie ihren Fokus nicht nur auf die von Ihnen korrekt beantworteten Fragen. Hierdurch würden Sie nur Ihren Lerneffekt einschränken. Das Ziel sollte es sein, dass Sie sich Ihrer Stärken nochmals bewusst werden, während Sie zeitgleich an Ihren Schwächen arbeiten können. Sehen Sie deswegen jede falsch verstandene Aussage als Chance, Ihre Leistung noch weiter zu steigern.

Nehmen Sie sich nach der Überprüfung Ihrer Ergebnisse bitte die Zeit, Ihre Erfahrungen zu reflektieren.

93 Gesucht ist eine aus dem Diagramm **ableitbare Aussage**. Die richtige **Antwort** ist **a**.

Aussage a: Diese kann als richtig angesehen werden, da sich durch das Verhältnis von 11 zu 89 in der Tat etwa achtmal so viele Männer wie Frauen der 20- bis 39-jährigen stationär behandeln lassen. Diese Aussage ist auch bei relativen Angaben richtig, da sich beide Werte auf die gleiche Basis beziehen.

Aussage b: Die hier getätigte Aussage bezieht sich auf absolute Zahlen. Da sich jedoch die prozentualen Angaben der zwei Personengruppen auf unterschiedliche Basiswerte beziehen, können wir diese Information nicht aus dem Diagramm ableiten.

Aussage c: Wie auch bereits bei Aussage b bezieht sich diese Aussage auf absolute Werte. Diese können wir nicht anhand relativer Daten überprüfen, sofern sich diese auf jeweils andere Basiswerte beziehen.

Aussage d: In diesem Fall wird nach einer relativen Angabe gefragt. Deswegen können wir die Aussage überprüfen. Jedoch nimmt der Anteil immer weiter ab, somit ist die Aussage nicht richtig.

Aussage e: Die hier geschriebene Aussage impliziert, dass 32 % aller stationär behandelten Frauen im Alter zwischen 55 und 65 Jahren sind. Dies können wir nicht überprüfen.

Tipp: Verwechseln Sie dies nicht mit der Tatsache, dass die Frauen von allen 55- bis 65-jährigen einen Anteil von 32 % stellen. Dies entspricht nicht der getätigten Aussage.

94 Gesucht ist eine aus dem Diagramm **ableitbare Aussage**. Die richtige **Antwort** ist **c**.

Aussage a: Diese Aussage ist nicht korrekt, da die entsprechende Kurve steigt. Mit steigender Außentemperatur lässt sich somit nur eine steigende Körpertemperatur ablesen.

Aussage b: Die Wärmebildung des Körpers ist zu keinem beobachteten Zeitpunkt null. Somit wird bei jeder Außentemperatur eigene Wärme produziert, auch wenn diese zwischen 4 °C und etwa 28 °C stetig abnimmt.

Aussage c: Betrachten wir das absolute Minimum der Wärmebildung, so finden wir dieses um den beschriebenen Rahmen von 25 °C bis 30 °C. Durch diese Circa-Angabe können wir diese Information definitiv auch aus der Grafik ablesen.

Aussage d: Bei dieser Aussage gibt es zwei Probleme. Zum einen ist schwer zu sagen, welcher Bereich des Diagramms mit „niedrigen Umgebungstemperaturen" gemeint sein soll. Dies allein macht eine Bearbeitung auf der Basis von Fakten nahezu unmöglich. Zum anderen steigt die Körperkerntemperatur kontinuierlich an, wohingegen die Wärmebildung bereits ab 2 °C an Wert verliert. Somit ist kein direkt proportionaler Zusammenhang gegeben.

Aussage e: Dies ist nicht richtig. Ab einer Außentemperatur von etwa 28 °C steigt die Wärmeabgabe durch Atmung und Haut stark an, jedoch nicht die trockene Wärmeabgabe durch Strahlung.

95 Gesucht ist eine aus der Tabelle **ableitbare Aussage**. Die richtige **Antwort** ist **c**.

Aussage a: Diese Aussage kann nicht überprüft werden, da sich die prozentualen Anteile von 70,3 % (Männer) und 56,4 % (Frauen) auf unterschiedliche Basiswerte beziehen. Somit kann keine Antwort auf eine Frage nach absoluten Zahlen gegeben werden.

Aussage b: Auch diese Aussage kann nicht anhand der vorliegenden Tabelle überprüft werden, weil hier impliziert wird, dass es „schon immer" so war und wir nur drei Messzeitpunkte haben. Wir haben also nicht die Informationen, um die Aussage zu überprüfen.

Aussage c: Diese Aussage zeichnet sich durch eine gute Formulierung aus. Verglichen mit Aussage b ist die Tatsache, dass sie sich auf die einzelnen Zeitpunkte bezieht, als seriöser zu betrachten. Zudem sind die Anteile der Frauen, welche relative Werte darstellen, mit 3,7 % über 5,3 % auf 8,8 % stetig gestiegen. Die Aussage kann also bestätigt werden.

Aussage d: Der Wert von 34,2 % im Jahr 1991 entspricht tatsächlich einem Gegenwert von etwa einem Drittel. Jedoch haben wir zum Jahr 2010 mit einem Wert von 16,2 %, weit weniger als ein Viertel. Dies würde 25 % entsprechen. Somit ist die Aussage nicht korrekt.

Aussage e: Auch diese Aussage ist mathematisch gesehen falsch. Weniger als eine Person von 50 entspricht einem Gegenwert von unter 2 %. Weil im Jahr 2010 der Anteil bei 2,8 % liegt, können wir diese Lösungsoption als widerlegt betrachten.

96 Gesucht ist eine aus den beiden Diagrammen **ableitbare Aussage**. Die richtige **Antwort** ist **c**.

Aussage a: Diese Aussage ist überprüfbar. Da sich die Frage auf die relativen Werte bezieht, ist sie aber falsch. Der Anteil von Bauchspeicheldrüsenkrebs (3,5 %) bei Männern ist geringer als der Anteil bei Frauen (4,2 %).

Aussage b: Um diese Aussage überprüfen zu können, müssen wir eine Überschlagsrechnung machen. Die Basiswerte der einzelnen Personengruppen sind bekannt, ebenso wie die relativen Anteile der betrachteten Erkrankungen:

- Prostatakrebs (24,9 %) auf einer Basis von 19 526 Männern entspricht etwa 5 000 Personen.
- Brustkrebs (28,5 %) auf einer Basis von 17 413 Frauen entspricht auch etwa 5 000 Personen.

Da der Anteil von 10 000 Personen weit unter der Hälfte von 37 000 liegt, muss die Aussage als falsch angenommen werden.

Tipp: Es gibt auch einen deutlich einfacheren logischen Lösungsweg. Da in beiden Gruppen (Männer/Frauen) jeweils der Anteil von Prostata- und Brustkrebs weniger als 50 % ausmacht, kann auch die Summe in beiden nicht mehr als 50 % ausmachen. Eine Rechnung ist dafür nicht zwingend nötig.

Aussage c: Es ist richtig, dass die relativen Anteile von Männern und Frauen mit 3,9 % gleich hoch sind. Jedoch muss beachtet werden, dass sich die Aussage auf absolute Zahlen bezieht. Da wir mehr erkrankte Männer (19 526) als Frauen (17 413) haben, ist die Anzahl der Magenkrebspatienten höher. Die Aussage ist somit korrekt.

Aussage d: Um diese Aussage zu überprüfen, müssen wir wieder eine Überschlagsrechnung machen. Gehen wir bei den Männern von einem Basiswert um die 20 000 aus, so würden 2 800 Erkrankungen einem Gegenwert von 14 % entsprechen. Da der Basiswert aber geringer ist, so muss von einem etwas niedrigeren Prozentsatz ausgegangen werden. Jedoch sind 8,6 % viel zu gering, um diesem zu entsprechen. Die Aussage ist somit widerlegt.

Aussage e: Angesichts der Tatsache, dass die Aufzählungen in der Legende eines Kreisdiagramms immer nach absteigender Größe sortiert sind, können wir diese Aussage mit einem Blick überprüfen. Gebärmutterkrebs steht somit an vierter Stelle der häufigsten Erkrankungen. Die Aussage ist also nicht richtig.

97 Gesucht ist eine aus dem Diagramm **ableitbare Aussage**. Die richtige **Antwort** ist **d**.

Aussage a: Betrachten wir den Verlauf der Viruslast über den gesamten Zeitraum, so ist diese zum Zeitpunkt des Todes am höchsten. Die Aussage ist somit nicht richtig.

Aussage b: Hier gilt es zu beachten, dass die rechts aufgetragene y-Skala eine logarithmische Einteilung hat. Dies hat zur Folge, dass sie in den dargestellten Stufen jeweils um den Faktor 10 steigt. Betrachten wir nun die Viruslast im Zeitraum vom 9. bis zum 10. Lebensjahr, so steigt diese um eine Achseneinteilung an. Doch dies sind 1 000 % des Basiswertes, also eine Steigerung um 900 %.

Aussage c: Auch diese Aussage ist nicht korrekt, da zwar der Graph der Viruslast über dem der $CD4^+$-T-Lymphozyten liegt, sie aber ja jeweils ihre eigene Achse haben. Auch im 5. Jahr gibt es nur 350 $CD4^+$-T-Lymphozyten pro mm^3 (also 350 000 pro *mℓ*), aber über 1 000 Viruskopien pro *mℓ*.

Aussage d: Um diese Aussage zu überprüfen, müssen wir wieder die rechte logarithmische Skala betrachten, welche sich auf die Viruslast bezieht. Da der Wert hier von der 6. bis zur 10. Woche von 10^6 auf unter 10^4 fällt, haben wir eine Veränderung von über 10^2. Dies entspricht einem Faktor von 100.

Aussage e: Auch diese allgemeine Aussage können wir widerlegen, sobald wir eine Ausnahme finden. Da es zwischen der 6. und der 12. Woche nach der Infektion nochmals zu einem Anstieg der $CD4^+$-T-Lymphozyten kommt, muss die Aussage also als falsch betrachtet werden.

98 Gesucht ist eine aus dem Diagramm **ableitbare Aussage**. Die richtige **Antwort** ist **c**.

Aussage a: Da in der Angabe erwähnt wird, dass die Höhe des Ausschlags nicht zwangsläufig auf die Menge der Substanz schließen lässt, kann diese Aussage nicht überprüft werden. Sie kann somit nicht als richtig angenommen werden.

Aussage b: Diese Aussage ist höchstwahrscheinlich von vielen als richtig markiert worden. Der Fehler hierbei ist, dass es nicht zwangsläufig Substanz L sein muss, welche einen Peak bei 6,1 Minuten erzeugt. Wir haben nur eine Auswahl charakteristischer Retentionszeiten, was nicht bedeutet, dass es keine weiteren Substanzen mit diesen Zeiten gibt. Korrekt wäre es, zu sagen, dass es sich um die Substanz L handeln kann. Doch dass es auf jeden Fall Substanz L sein muss, ist nicht korrekt. Die Aussage kann also in dieser Form nicht als richtig angesehen werden.

Aussage c: Weil Substanz D einen Ausschlag bei 8,3 Minuten haben müsste, wir aber hier keine Abweichung von der Grundlinie haben, darf diese Aussage als richtig angenommen werden. Dies wäre anders, wenn in der Angabe ein weiterer Weg erklärt worden wäre, durch den ein Peak unterdrückt worden wäre. Aber auf Basis der vorhandenen Informationen muss diese Aussage als richtig angesehen werden.

Aussage d: Aus der Angabe geht hervor, dass Substanzen mit höherer Polarität schneller wandern als Substanzen, die hier einen niedrigeren Wert aufweisen. Angesichts der Tatsache, dass Substanz I (5,1 Minuten) eine kürzere Zeit benötigt, um durch das Glasrohr zu wandern (Substanz H = 7,8 Minuten), muss diese die höhere Polarität besitzen. Die Aussage ist somit falsch.

Aussage e: Dies ist mathematisch nicht richtig. Weil Substanz D 8,3 Minuten benötigt, müsste Substanz S eine Retentionszeit von unter 4,15 Minuten haben. Da dies nicht der Fall ist, muss die Aussage als falsch betrachtet werden.